高等职业教育"十三五"规划教材

建设工程监理

主　编　温秀红　赵育英　郑敏丽
副主编　吴　畏

北京理工大学出版社
BEIJING INSTITUTE OF TECHNOLOGY PRESS

内 容 提 要

本书按照高职高专院校人才培养目标及专业教学改革的需要,详细阐述了建设工程监理的基本概念、基本理论、基本方法和监理过程中易出现问题的解决方法。全书共分为13章,主要内容包括绪论、监理工程师和监理企业、建设工程监理组织、建设工程目标控制、建设工程项目投资控制、建设工程质量控制、建设工程进度控制、建设工程合同管理、建设工程信息管理、建设工程监理工作文件管理、建设工程监理项目管理服务、建设工程安全生产管理、建设工程监理的组织协调等。

本书内容丰富,通俗易懂,实用性和可操作性强,可作为高职高专院校土建类相关专业的教材,也可作为成人高等教育和在职工程技术人员的培训教材和自学用书。

版权专有　侵权必究

图书在版编目(CIP)数据

建设工程监理/温秀红,赵育英,郑敏丽主编.—北京:北京理工大学出版社,2019.8(2019.9重印)

ISBN 978-7-5682-7314-5

Ⅰ.①建… Ⅱ.①温… ②赵… ③郑… Ⅲ.①建筑工程—监理工作—高等学校—教材 Ⅳ.①TU712.2

中国版本图书馆CIP数据核字(2019)第150772号

出版发行 / 北京理工大学出版社有限责任公司
社　　址 / 北京市海淀区中关村南大街5号
邮　　编 / 100081
电　　话 / (010)68914775(总编室)
　　　　　(010)82562903(教材售后服务热线)
　　　　　(010)68948351(其他图书服务热线)
网　　址 / http://www.bitpress.com.cn
经　　销 / 全国各地新华书店
印　　刷 / 北京紫瑞利印刷有限公司
开　　本 / 787毫米×1092毫米　1/16
印　　张 / 16.5
字　　数 / 442千字
版　　次 / 2019年8月第1版　2019年9月第2次印刷
定　　价 / 45.00元

责任编辑 / 陈莉华
文案编辑 / 陈莉华
责任校对 / 周瑞红
责任印制 / 边心超

图书出现印装质量问题,请拨打售后服务热线,本社负责调换

前　言

本书根据高等职业教育建筑工程技术专业教学标准和人才培养方案及主干课程教学大纲编写。本书严格依据现行法律法规及国家相关标准规范编写而成，且针对工程建设监理过程中常见的问题给出了具体的解决方案，不仅具有原理性、基础性，还具有较强的实用性。本书的编写倡导实践性，注重可行性，注意淡化细节，强调对学生综合思维能力的培养，既考虑了教学内容的相互关联性和体系的完整性，又考虑到了教学实践的需要，能较好地促进"教"与"学"的良好互动。

为了方便教学，本书在各章前面设置了【内容提要】【知识目标】【能力目标】，这些是对学生需要了解和掌握的知识要点进行了提示，对教学进行引导；在各章后面设置了【本章小结】和【练习与思考】，【本章小结】以学习重点为框架，对各章知识作了归纳，【练习与思考】以习题的形式，从更深的层次给学生提供思考和复习的切入点，从而构建了一个"引导—学习—总结—练习"的教学全过程。

本书由阜新高等专科学校温秀红、赵育英和盘锦职业技术学院郑敏丽担任主编，由阜新德龙工程建设监理有限公司吴畏担任副主编。具体编写分工如下：第5章、第6章、第7章由温秀红编写；第1章、第2章、第3章、第4章、第11章、第12章由赵育英编写；第13章及二维码资源部分由郑敏丽编写；第8章、第9章、第10章由吴畏编写。本书在编写过程中参考了大量同类教材、专著和有关资料，在此对相关作者一并表示感谢。

由于编者的水平有限，书中难免存在疏漏之处，恳请读者批评指正。

编　者

目 录

第1章 绪论 ··········· 1
1.1 我国建设工程监理制的产生 ········· 1
1.2 建设工程监理的概念及相关法规 ···· 2
1.2.1 建设工程监理的概念 ········· 2
1.2.2 建设工程监理相关法规 ······· 2
1.3 建设工程基本程序及管理体制 ······ 3
1.3.1 基本建设程序 ·············· 3
1.3.2 工程项目建设的管理体制 ····· 5
1.4 建设工程监理的性质和作用 ········ 7
1.4.1 建设工程监理的性质 ········· 7
1.4.2 建设工程监理的作用 ········· 8

第2章 监理工程师和监理企业 ········ 11
2.1 监理工程师 ···················· 11
2.1.1 工程师的概念 ·············· 11
2.1.2 监理工程师的素质 ·········· 11
2.1.3 监理工程师的职业道德 ······ 12
2.1.4 监理工程师的法律地位 ······ 13
2.1.5 监理工程师的法律责任 ······ 13
2.1.6 各级监理人员的职责 ········ 15
2.1.7 监理工程师的注册与继续教育 ··· 16
2.2 工程监理企业 ·················· 18
2.2.1 工程监理企业资质等级 ······ 18
2.2.2 工程监理企业组织形式 ······ 20

第3章 建设工程监理组织 ············ 22
3.1 组织的基本原理 ················ 22
3.1.1 组织和组织结构 ············ 22
3.1.2 组织设计 ·················· 23
3.1.3 监理组织活动的基本原理 ···· 25
3.2 工程监理组织模式 ·············· 25
3.2.1 建设工程监理委托方式 ······ 25
3.2.2 建设工程监理实施程序和原则 ·· 28
3.3 项目监理机构 ·················· 29
3.3.1 项目监理机构的设立 ········ 29
3.3.2 项目监理机构组织形式 ······ 30
3.3.3 项目监理机构人员配备及职责分工 ··· 32

第4章 建设工程目标控制 ············ 34
4.1 目标控制概述 ·················· 34
4.1.1 动态控制原理 ·············· 34
4.1.2 目标控制的流程及基本环节 ·· 35
4.1.3 目标控制的类型 ············ 37
4.2 建设工程目标控制的含义 ········ 39
4.2.1 目标控制的前提工作 ········ 39
4.2.2 建设工程目标确定 ·········· 41
4.2.3 建设工程三大目标的关系 ···· 42
4.3 建设工程目标控制的任务 ········ 43
4.3.1 工程设计和施工阶段的特点 ·· 43
4.3.2 设计阶段监理目标控制的主要任务 ··· 46
4.3.3 施工招标阶段监理目标控制的主要任务 ··· 47
4.3.4 施工阶段监理目标控制的主要任务 ··· 47
4.3.5 建设工程目标控制的措施 ···· 48

第5章　建设工程项目投资控制……50
5.1　建设工程项目投资的概念和特点……50
　　5.1.1　建设工程项目投资的概念……50
　　5.1.2　建设工程项目投资的特点……50
5.2　建设工程项目投资控制原理及投资控制的主要任务……52
　　5.2.1　投资控制动态原理……52
　　5.2.2　投资控制的目标……53
　　5.2.3　投资控制的重点……53
　　5.2.4　投资控制的措施……54
　　5.2.5　我国项目监理机构在建设工程投资控制中的主要工作……55
5.3　建设工程投资构成……56
　　5.3.1　我国现行建设工程总投资构成……56
　　5.3.2　建筑安装工程费用的组成与计算……58
5.4　建设工程各阶段的投资控制……61
　　5.4.1　建设工程设计阶段的投资控制……61
　　5.4.2　施工图预算的审查……63
　　5.4.3　建设工程招标阶段的投资控制……65
　　5.4.4　合同价款的约定……66
　　5.4.5　合同价款约定内容……70
5.5　建设工程施工阶段的投资控制……72
　　5.5.1　施工阶段投资目标控制……72
　　5.5.2　工程计量……74
　　5.5.3　合同价款调整……76
　　5.5.4　工程变更价款的确定……82
　　5.5.5　施工索赔与现场签证……84
　　5.5.6　合同价款期中支付……86
　　5.5.7　竣工结算与支付……88
　　5.5.8　投资偏差分析……88

第6章　建设工程质量控制……90
6.1　建设工程质量控制的相关知识……90
　　6.1.1　建设工程质量的概念……90
　　6.1.2　影响工程质量的因素……91
　　6.1.3　工程质量的特点……92
　　6.1.4　工程质量控制主体和原则……92
　　6.1.5　工程质量管理主要制度……94
　　6.1.6　工程参建各方的质量责任……94
6.2　工程项目质量控制的主要制度及主要工作……96
　　6.2.1　制定工作制度……96
　　6.2.2　监理工作中的主要手段……98
6.3　建设工程施工质量控制……98
　　6.3.1　工程施工质量控制的依据……98
　　6.3.2　工程施工准备阶段的质量控制……99
　　6.3.3　工程施工过程质量控制……101
6.4　建设工程质量缺陷及事故……103
　　6.4.1　工程质量缺陷……103
　　6.4.2　工程质量事故……104
　　6.4.3　工程保修阶段的质量管理……105

第7章　建设工程进度控制……107
7.1　概述……107
　　7.1.1　影响建设工程进度的主要因素……108
　　7.1.2　建设工程项目进度控制的一般程序……109
　　7.1.3　建设工程监理进度控制的主要内容……109
　　7.1.4　建设工程监理单位的进度计划……110
　　7.1.5　建设工程监理进度控制的措施……111
7.2　建设工程进度控制的主要方法……112
　　7.2.1　实际进度与计划进度的比较方法……112
　　7.2.2　进度计划实施过程中的调整方法……119
7.3　建设工程设计阶段的进度控制……120
　　7.3.1　设计阶段进度控制的目标……120
　　7.3.2　影响设计进度的主要因素……121
　　7.3.3　设计阶段的进度监控……121
　　7.3.4　设计阶段进度控制的内容……123
　　7.3.5　设计阶段进度的测定方法……123
7.4　建设工程施工阶段的进度控制……124
　　7.4.1　施工阶段进度控制的目标……124
　　7.4.2　影响施工进度的主要因素……125
　　7.4.3　施工阶段进度控制的任务……126
　　7.4.4　施工阶段进度控制的程序……126
　　7.4.5　施工阶段进度控制的主要内容……126

第8章 建设工程合同管理 ... 132

8.1 建设工程合同管理概述 ... 132
- 8.1.1 建设工程合同管理的目标 ... 132
- 8.1.2 建设工程合同的种类 ... 133
- 8.1.3 建设工程合同的特征 ... 133
- 8.1.4 招标投标与合同的关系 ... 133
- 8.1.5 建设工程合同管理的基本方法 ... 133

8.2 建设工程合同管理法律基础 ... 134
- 8.2.1 合同法律关系 ... 134
- 8.2.2 合同担保 ... 136
- 8.2.3 工程保险 ... 138

8.3 建设工程施工招标 ... 139
- 8.3.1 建设工程施工招标概述 ... 139
- 8.3.2 施工招标程序 ... 140
- 8.3.3 投标人的资格审查 ... 143
- 8.3.4 施工评标办法 ... 143

8.4 建设工程设计招标和设备材料采购招标 ... 144
- 8.4.1 工程设计招标 ... 144
- 8.4.2 设备材料采购招标 ... 146

8.5 建设工程勘察、设计合同管理 ... 148
- 8.5.1 建设工程勘察、设计合同概述 ... 148
- 8.5.2 建设工程勘察、设计合同的订立 ... 148
- 8.5.3 建设工程勘察、设计合同履行管理 ... 150

8.6 建设工程施工合同管理 ... 153
- 8.6.1 建设工程施工合同概述 ... 153
- 8.6.2 施工合同的订立 ... 154
- 8.6.3 施工准备阶段的合同管理 ... 155
- 8.6.4 施工阶段的合同管理 ... 156
- 8.6.5 竣工和缺陷责任期阶段的合同管理 ... 160
- 8.6.6 施工分包合同管理 ... 161

8.7 建设工程设计施工总承包合同管理 ... 163
- 8.7.1 设计施工总承包合同概述 ... 163
- 8.7.2 设计施工总承包合同的订立 ... 163
- 8.7.3 设计施工阶段的总承包合同履行管理 ... 165

8.8 建设工程材料设备采购合同管理 ... 167
- 8.8.1 建设工程材料设备采购合同概述 ... 167
- 8.8.2 材料采购合同的履行管理 ... 167
- 8.8.3 设备采购合同的履行管理 ... 169

8.9 FIDIC合同文本简介 ... 170
- 8.9.1 FIDIC发布的标准合同文本 ... 170
- 8.9.2 FIDIC施工合同条件部分条款 ... 171

第9章 建设工程信息管理 ... 173

9.1 建设工程信息管理的相关知识 ... 173
- 9.1.1 建设工程信息 ... 173
- 9.1.2 建设工程信息管理的主要任务 ... 175
- 9.1.3 建设工程信息的收集 ... 175
- 9.1.4 建设工程信息的加工整理与存储 ... 178

9.2 工程监理文件档案资料管理 ... 179
- 9.2.1 工程监理文件档案资料管理的概念 ... 179
- 9.2.2 工程监理文件档案资料管理的主要内容 ... 179
- 9.2.3 监理工作的基本表式 ... 181
- 9.2.4 基本表式应用说明 ... 183

9.3 计算机辅助监理 ... 184
- 9.3.1 计算机辅助监理的意义 ... 184
- 9.3.2 监理工作中的计算机辅助作用 ... 184
- 9.3.3 计算机辅助监理的具体内容 ... 185
- 9.3.4 计算机辅助监理的编码系统 ... 187
- 9.3.5 监理常用软件简介 ... 188
- 9.3.6 建筑信息建模（BIM） ... 190

第10章 建设工程监理工作文件管理 ... 193

10.1 监理大纲 ... 193
- 10.1.1 监理大纲的作用 ... 193
- 10.1.2 监理大纲的编制要求 ... 193
- 10.1.3 监理大纲的编制内容 ... 194

10.2 监理规划 ... 194

- 10.2.1 监理规划编制的依据……195
- 10.2.2 监理规划编制的原则……196
- 10.2.3 监理规划的内容……197
- 10.2.4 监理规划报审……201
- 10.3 监理实施细则……203
  - 10.3.1 监理实施细则编写依据和要求……203
  - 10.3.2 监理实施细则主要内容……204
  - 10.3.3 监理实施细则报审……207
  - 10.3.4 监理大纲、监理规划、监理实施细则之间的关系……208
- 10.4 监理工地例会及监理月报……208
  - 10.4.1 监理工地例会……208
  - 10.4.2 监理月报……210
- 10.5 监理记录……212
  - 10.5.1 历史性记录……212
  - 10.5.2 工程计量及工程款支付记录……214
  - 10.5.3 监理工作总结……215

第11章 建设工程监理项目管理服务……216
- 11.1 项目管理知识体系（PMBOK）……216
- 11.2 建设工程风险管理……218
  - 11.2.1 建设工程风险及其管理过程……218
  - 11.2.2 建设工程风险识别与评价……219
  - 11.2.3 建设工程风险对策及监控……223
- 11.3 建设工程勘察、设计、保修阶段服务内容……225
  - 11.3.1 勘察设计阶段服务内容……226
  - 11.3.2 工程勘察过程中的服务……226
  - 11.3.3 工程设计过程中的服务……228
  - 11.3.4 工程勘察设计阶段其他相关服务……229
  - 11.3.5 保修阶段服务内容……230
- 11.4 建设工程监理与项目管理一体化……230
  - 11.4.1 建设工程监理与项目管理服务的区别……230
  - 11.4.2 建设工程监理与项目管理一体化的实施条件和组织职责……231
- 11.5 项目全过程集成化管理……232
  - 11.5.1 全过程集成化管理服务模式……232
  - 11.5.2 全过程集成化管理服务内容……233
  - 11.5.3 全过程集成化管理服务的重点和难点……234

第12章 建设工程安全生产管理……236
- 12.1 建设工程安全生产管理概述……236
  - 12.1.1 建设工程安全生产……236
  - 12.1.2 安全生产管理的相关知识……237
  - 12.1.3 建设工程安全生产管理的相关工作内容……239
  - 12.1.4 建设工程安全生产管理的工作方法……240
- 12.2 现场安全控制……243
  - 12.2.1 做好现场安全控制的宣传工作……243
  - 12.2.2 安全隐患的整改控制……243
  - 12.2.3 安全检查的方法……243
- 12.3 建设工程安全生产管理体制……245

第13章 建设工程监理的组织协调……249
- 13.1 建设工程监理组织协调概述……249
- 13.2 项目监理机构组织协调的工作内容……250
- 13.3 建设工程监理组织协调的方法……253

参考文献……256

第1章 绪 论

内容提要

本章主要内容包括建设工程监理的基本概念及相关法规、基本程序及主要管理体制、监理的作用。

知识目标

1. 了解建设工程监理的概念。
2. 了解建设工程监理的基本程序。
3. 掌握建设工程监理的主要管理体制。
4. 掌握建设工程监理的性质。
5. 掌握建设工程监理的作用。

能力目标

1. 能理解建设工程监理的概念、基本程序、主要管理体制、监理的性质。
2. 能明确建设工程监理的作用。

1.1 我国建设工程监理制的产生

在计划经济时期,我国的基本建设由国家统一安排项目,统一调派建设物资,建设项目的管理往往由计划委员会组织验收,施工单位进行自我控制。少数大项目成立了项目指挥部,在当地或全国范围内调集工程管理人员,随着建设项目的结束,抽调的人员也回到原单位,这样不利于对工程项目管理经验的收集与总结,并且在工程项目目标的控制方面易出现质量低劣、投资超标、进度滞后等各种不利影响,同时,施工单位的自我控制无法保证建设项目目标的实现。20世纪80年代,我国进行改革开放,引进外资,按照国际惯例,利用国外资金的工程项目进行工程项目管理,如利用世行贷款的项目鲁布格水利工程,由德国工程管理公司对工程项目进行管理,在工程质量、进度、投资等方面取得了很好的效果,当时在全国形成了鲁布格风潮。随着改革开放的进一步发展,一些大型项目、国外项目建设的引进,使原来的计划经济管理模式极大地不适应经济建设的需要,因此,国务院决定在基本建设领域采取一些重大改革措施,如投资有偿使用(即"拨改贷")、投资包干责任制、投资主体多元化、工程招标投标制。在这样的背景下,人们才认识到建设单位的项目管理是一项专业的学问,需要一大批专门的机构和人才,为建设单位的工程项目管理服务。

20世纪80年代,一般由设计院成立监理公司(原因是设计院的工程技术人员多,懂技术和管理),但是,在运行的过程中发现,设计院在技术、经济管理中人员不到位,对自己设计的工程项目管理很难做到公正,因此,国家要求设计院与监理公司分设。

工程项目管理的核心是应用专业知识，客观、公正、科学地进行项目的管理，以实现建设单位对建设工程项目质量、投资和进度目标的控制，施工单位不能作为管理单位，原因是在实施中很难做到公正。政府部门委托的第三方质量监督站，它的职能是代表政府对建设工程的有关参与方进行强制监督，但是，这样的第三方会产生与工程项目管理的技术服务性的不适应，面对这样的情况，原建设部在1988年发布了《关于开展建设监理工作的通知》，明确提出了要建立建设工程监理制度。

建设工程监理制在1988年开始试点，1993年正式在我国推行。自我国推行建设工程监理制以来，共经历了3个阶段，即工程监理试点阶段（1988—1993年）、工程监理稳步推进阶段（1994—1995年）、工程监理全面推进阶段（1996年至今）。目前，大、中城市和新开工的大、中型建设项目都逐步实行了建设工程监理，监理工作逐步达到了规范化，监理队伍的总量已经基本满足监理业务总量的需要，形成了一定规模的产业化队伍。在法律、法规建设方面，各地方、各部门的监理法规已经基本健全完善，这对我国建设工程监理制度的推行和发展、对规范监理工作的行为都具有十分重要的意义。

1.2 建设工程监理的概念及相关法规

1.2.1 建设工程监理的概念

建设工程监理是指具有相应资质的工程监理企业接受建设单位的委托，承担其项目管理工作，并代表建设单位对承包单位的建设行为进行监督管理的专业化服务活动。

建设单位，又称业主、项目法人，是委托监理的一方。建设单位在工程建设中具有确定建设工程规模、标准、功能以及选择勘察单位、设计单位、监理单位和施工单位等工程建设中重大问题的决策权，也是项目法人责任制的体现。

工程监理企业是指取得企业法人营业执照，具有相应工程监理资质证书的，依法从事建设工程监理业务活动的经济组织。

1.2.2 建设工程监理相关法规

我国推行建设工程监理制以来，在法律、法规方面，以及各地方、各部门的监理法规都对建设工程监理作出了相应的规定。

1997年颁布的《中华人民共和国建筑法》中专门列出"建筑工程监理"一章，从第30条到第35条，对建筑工程监理的性质、含义、作用、范围、任务以及责、权、利等作出了具体的法律规定；在第二章"建筑许可"及第七章"法律责任"中，对建筑工程监理单位及监理工程师的执业、法律责任也作出了具体的规定。

2000年，国务院颁发了《建设工程质量管理条例》，对必须实行监理的工程作出了规定。

2001年，建设部发布了《工程监理企业资质管理规定》，2007年对该规定作出了全面的修订，对工程监理企业的资质等级、资质标准、申请与审批、业务范围等进行了规范。

2013年5月13日，为了提高建设工程监理与相关服务水平，规范建设工程监理与相关服务行为，住房和城乡建设部与国家质量技术监督总局联合发布了国家标准《建设工程监理规范》(GB/T 50319—2013)。

这些法律、法规的颁布及实施对我国建设工程监理制度的形成与发展、对规范监理工作的行为都具有十分重要的意义。目前，与建设工程监理活动有关的法律、法规主要有以下几项。

1. 法律

(1)《中华人民共和国建筑法》(1997年11月1日发布，1998年3月1日起施行，2011年修订)。

(2)《中华人民共和国合同法》(1999年第九届全国人民代表大会第二次会议通过，自1999年10月1日起施行，2017年修正)。

(3)《中华人民共和国招标投标法》(1999年第九届全国人民代表大会常务委员会第十一次会议通过，自2000年1月1日起施行，2017年修正)。

《中华人民共和国建筑法》

2. 行政法规

(1)《建设工程质量管理条例》(2000年1月10日经国务院第二十五次常务会议通过，2000年1月30日由中华人民共和国国务院令第二期九号发布)。

(2)《建设工程安全生产管理条例》(2003年11月12日经国务院第二十八次常务会议通过，2003年11月24日由中华人民共和国国务院令第393号公布，自2004年2月1日起施行)。

(3)《汶川地震灾后恢复重建条例》(2008年6月4日经国务院第十一次常务会议通过，2008年6月8日由中华人民共和国国务院令第526号公布施行)。

(4)《民用建筑节能条例》(2008年7月23日经国务院第十八次常务会议通过，2008年8月1日由中华人民共和国国务院令第530号公布，自2008年10月1日起施行)。

(5)《国务院关于加快发展服务业的若干意见》(国发[2007]7号)。

3. 部门规章

(1)《建设工程监理范围和规模标准规定》(2001年1月17日，中华人民共和国建设部令第86号发布)。

(2)《城市建设档案管理规定》(1997年12月23日，中华人民共和国建设部令第61号发布，2001年7月4日，中华人民共和国建设部令第90号进行修正，2001年7月4日起施行)。

(3)《注册监理工程师管理规定》(2005年12月31日经建设部第83次常务会议讨论通过，2006年1月26日由中华人民共和国建设部令第147号发布，自2006年4月1日起施行)。

(4)《工程监理企业资质管理规定》(2007年6月26日由中华人民共和国建设部令第158号发布实施)。

(5)《建设工程监理与相关服务收费管理规定》(2007年3月3日由国家发展改革委、建设部发改价格[2007]670号发布实施)。

1.3 建设工程基本程序及管理体制

1.3.1 基本建设程序

基本建设程序是拟建工程项目在整个建设过程中必须遵循的客观规律，它是几十年来我国基本建设工程实施经验的科学总结，反映了一项建设工程从设想提出到决策经过设计、施工直到投产或交付使用的整个过程中应当遵循的内在规律。

目前，我国的建设工程均实行项目决策咨询评估制度、工程招标投标制度、建设工程监理制度、项目法人责任制度等。

1. 工程项目生命周期的概念

由于工程项目有时间限制，所以工程项目存在完整的生命周期，即在此时间期限内项目会经历发生、发展和消亡的过程。不同类型和规模的项目，其生命周期长短不同，但均可划分为项目的前期策划和确立阶段、项目的设计与计划阶段、项目的实施阶段、项目的使用阶段四个阶段。

由于项目的设计与计划阶段的工作属于项目实施前技术和规划方面的准备工作，所以可将这一阶段合并到项目实施阶段。这样，项目生命周期就划分为项目决策、项目实施和项目使用三个阶段。

项目决策阶段和实施阶段是工程项目的建设过程，从管理的角度讲，属于工程项目管理；而项目使用阶段是工程项目建成后的运营过程，属于企业管理或物业管理。

2. 工程项目前期的策划工作

工程项目的前期策划是指从项目设想到项目批准、正式立项的一系列工作。在项目的生命周期中，前期策划工作的好坏在经济方面对项目的影响最大，而且影响深远，因此，要使一个项目成功并达到优化，必须在项目确立阶段就进行严格的监督管理。现代的工程项目投资多、规模大、技术复杂，故项目的确立必须经过一个严谨、慎重的过程。

(1)项目设想的产生和选择。许多项目都起源于项目设想，而项目设想的产生对拟建项目的投资者来说，通常是为了解决存在的某些问题，或是满足某些需求，或是为了取得投资效益等。为达其目的，可能有多种解决途径和方法。也就是说，会有多个项目设想，但不可能对多个设想都做进一步的研究，这会消耗大量的经费和时间，所以要在多个项目设想中选择有价值、有现实意义的设想，并经有关权力部门批准，进行进一步的研究。

(2)目标设计和项目定义。此阶段的工作包括情况的分析和问题的研究；针对实际情况和存在的问题，提出目标因素，并建立目标系统，即项目的目标设计；划定项目的构成和界限，并对项目的内涵和外延做确切而简要的说明，即进行项目定义；进行项目评审，对目标系统和目标决策提出项目建议书。

项目建议书是拟建项目的轮廓设想，主要作用是为推荐拟建项目提出说明，论述建设它的必要性，以供有关部门参考，决定是否有必要进行可行性研究。项目建议书批准后方可进行可行性研究。

(3)可行性研究。可行性研究是在项目建议书批准后开展的一项重要的决策准备工作，即提出项目实施方案，并对拟建项目进行全面的技术和经济论证，将其结果作为项目决策、投资决策的依据。

承担可行性研究的单位应当是经过资质审定的规划、设计、咨询和监理单位中的某个单位。他们通过对拟建项目进行经济、技术方面的分析论证和多方案的比较，提出科学、客观的评价意见，确认可行后编写可行性研究报告。

(4)编制可行性研究报告。可行性研究报告要选择最优的建设方案进行编制。批准后的可行性研究报告是项目的最终决策文件和设计依据。

可行性研究报告经有资格的工程咨询等单位评估后，由计划或其他有关部门审批。经批准的可行性研究报告不得随意修改和变更。

可行性研究报告批准后，要组建项目管理班子，并着手项目实施阶段的工作。

3. 项目实施阶段的工作

立项后，建设项目进入实施阶段。实施阶段的主要工作包括项目设计、建设准备、施工安装、动用前准备、竣工验收、项目后评价等。

(1)项目设计。对于一般项目，设计按初步设计和施工图设计两个阶段进行。有特殊要求的项目可在初步设计之后增加技术设计。

初步设计是在批准的可行性研究报告和设计基础资料的基础上，通过对项目进行系统的研究、概率计算和估算，作出的总体安排。其目的是在指定的空间、时间、投资额度和质量要求的限制条件下，作出技术可行、经济上合理的设计，并编制项目总概算。

在初步设计的基础上进行施工图设计，使工程设计达到施工安装的要求，并编制施工图的预算。

(2)建设准备。项目施工前必须要做好建设准备工作，包括征地、拆迁、平整场地、通水、通电、通路等，组织设备、材料订货和施工招标，选择施工单位，报批开工报告等工作。

施工前，施工单位要根据施工项目管理的要求做好施工准备工作。同时，项目业主也应根据施工要求做好属于业主方的施工准备工作，如提供合格的施工现场、设备和材料等。

(3)施工安装和动用前准备。施工单位根据设计要求组织施工和安装，建成工程实体。与此同时，业主要做好动用前的准备工作，如人员培训、组织准备、物质准备等。

(4)竣工验收。竣工验收是全面考核项目建设成果、检验设计和施工质量、实施建设过程事后控制的重要步骤。申请验收前需要做好的准备工作包括技术资料的整理、绘制项目竣工图纸、编制项目决算等。

对于大、中型项目，应当先经过初验，然后再进行最终的竣工验收；对于简单、小型项目，可进行一次性全部项目的竣工验收。当建设项目全部完成，各单项工程已经全部验收完成，且符合设计要求，并具备项目竣工图、项目决算、汇总技术资料及工程总结等资料之后，建设单位应及时向住房城乡建设主管部门或其他有关部门申报备案验收并移交建设项目档案。

项目验收合格即交付使用，与此同时，按规定实施保修。

(5)项目后评价。在项目建成投产并达到设计生产能力(一般为项目建成后一到三年)后，通过对项目前期工作、项目实施、项目运营情况的综合研究、衡量和分析项目的实际情况及其与预测情况的差距，确定有关项目预测和判断是否正确并分析其原因，从项目完成过程中吸取经验教训，为今后改进项目准备、决策、管理、监督等工作创造条件，并为提高项目投资效益提出切实可行的改进措施。

项目后评价的主要内容有：影响评价，是对项目投产后对各方面的影响进行评价；经济效益评价，即对项目投资、国民经济效益、财产效益、技术进步和规模效益、可行性研究深度进行评价；过程评价，是对项目的立项、设计施工、建设管理、竣工投产、生产运营等全过程进行评价；持续性运营评价，是对项目持续运营的预期效果进行评价。

项目后评价一般按三个层次组织实施，即项目法人的自我评价、项目行业的评价、计划部门或主要投资方的评价。

1.3.2 工程项目建设的管理体制

目前，我国工程项目建设的管理体制是在政府有关部门的监督管理下，由项目业主、承建商、建设监理单位直接参加的三方管理体制。这种三方构成的建设工程管理体制符合目前工程项目建设的国际惯例。三方的关系是通过签订建设工程施工合同在承建商与项目业主之间建立承发包关系；通过建设工程委托监理合同在项目业主与监理单位之间建立委托服务关系；根据建设工程监理制度的规定及建设工程施工合同和建设工程委托监理合同进一步的明确，在监理单位与承建商之间建立监理与被监理关系。这样，三方通过三种关系紧密联系起来，形成一个完整的项目组织系统。这个系统有利于在项目建设过程中形成相互约束、相互协调的机制，在政府有关部门的监督管理下一体化运行，顺利地完成工程项目建设任务。

这种工程项目建设管理体制的建立，是在工程建设中，可真正实现政企分开，使政府有关部门集中精力去做好立法和执法工作，充分发挥"规划、监督、协调、服务"功能，加强对建设事业的宏观管理，使项目业主、承建商和监理单位的建设行为更加规范化。

从微观层次上讲，具体工程项目建设的监督管理由社会化、专业化的建设监理单位去做，使工程项目建设的全过程在监理单位的参与下得到科学有效的监督管理，有利于提高建设水平和投资效益。

在目前的管理体制下，形成了很多相互关联、相互支持的新型管理制度，包括项目决策评估制、项目法人责任制、建设工程施工许可制、从业资格与资质许可制、工程招标投标制、建设工程监理制、合同管理制、安全生产责任制、工程质量保修制、工程竣工验收制、工程质量备案制、设计审查制等。

1. 项目法人责任制

项目法人责任制是为规范建设单位的行为，按政企分开的原则组建项目法人，由项目法人对项目的策划、资金的筹措、建设实施、生产经营、债务偿还和资产的保值增值等实行全过程负责的制度。实行项目法人责任制是目前管理体制中的一项重大变革。

需要说明的是，项目法人不等同于建设单位，建设单位只是项目法人对工程建设进行管理的机构。

实行项目法人责任制具有重要的意义，一是明确了项目法人应承担的投资风险，从而强化了项目法人的自我约束机制，对控制工程投资、保证工程质量和工程进度起到了积极作用；二是项目法人对工程建设及建成后的经营和还贷实行了统一管理，较好地避免了资金使用的盲目性，避免了建设与生产经营相互脱节的弊端；三是直接促进了招标工作、建设工程监理工作等其他基本建设管理制度的健康发展，提高了投资效益。

2. 工程招标投标制

工程招标投标制是市场经济下的客观产物。在建设领域实行招标投标制可以减少国有资产的投资风险，避免投资浪费，提高经济效益；为民主、科学的投资决策提供保障，防止市场竞争中由于盲目性、随意性、自发性带来的决策失误；可以有效地遏制投资领域的不正之风和贪污腐败行为；可以为所有符合条件的供应商、承包商提供公开、公平、公正的竞争环境，保证招标者择优选择勘察、设计、施工、监理、材料及设备供应单位，保证工程质量；有利于打破采购供应领域的地方、行业、部门的垄断及保护政策。

《中华人民共和国招标投标法》明确规定，在中华人民共和国境内进行下列工程建设项目，包括项目的勘察、设计、施工、监理以及与工程建设项目有关的重要设备、材料等的采购，必须进行招标：

(1) 大型基础设施、公共事业等关系社会公共利益、公众安全的项目；

(2) 全部或者部分使用国有资金投资或者国家融资的项目；

(3) 使用国际组织或者外国政府贷款、援助资金的项目；

(4) 依照其他法律或者国务院规定必须进行招标的项目。

3. 建设工程监理制

建设工程监理制是我国工程建设领域中管理体制的一项重大改革，它与工程项目的投资体制、项目承包经济责任制、建筑市场开放体制、工程项目招标投标体制及项目业主体制等改革体制相匹配，是为适应社会化大生产的需要以及社会主义市场经济发展需要而产生的一项体制。

4. 合同管理制

合同管理制是指为规范工程合同的管理，防范与控制合同风险，做到管理有规章，签约有约束，履行有检查，维护各经济主体合法权益的一种制度。

一般情况下，建设各方为同一目标而制定相互约束条款，签订合同。如在建设活动中参与项目建设的勘察、设计、施工、监理、材料设备采购等单位，依照《中华人民共和国合同法》的规定签订合同，在合同中明确对质量、履约担保和违约处罚方面的权利及义务，如果一方违约，可依据相应的合同条款追究其法律责任，从而使工程建设的各方认真地履行合同，保障工程建设的顺利进行。

1.4 建设工程监理的性质和作用

1.4.1 建设工程监理的性质

建设工程监理是一种特殊的工程建设活动，与其他工程建设活动有着明显的区别和差异，其具体特性有以下几点。

1. 服务性

建设工程监理不同于承建商的直接生产活动，也不同于业主的直接投资活动，它不需要投入大量资金、材料、设备、劳动力，只是在工程项目建设过程中，利用自己的工程建设方面的知识、技能和经验为客户提供高智能监督管理服务，以满足业主对项目管理的需求。它所获得的报酬是技术服务性报酬，是脑力劳动的报酬。

建设工程监理的服务性是它与政府质量监督的主要区别。虽然建设工程监理与政府质量监督都属于工程建设领域的监督管理活动，但是建设工程监理属于社会的、民间的行为，政府质量监督属于政府行政行为。建设工程监理是发生在项目组织系统范围内的平行主体之间的横向监督，而政府质量监督是项目组织系统外的监督管理主体对项目组织系统内的建设行为主体进行的一种纵向监督管理行为。因此，它们在性质、任务、范围、工作深度和广度，以及方法、手段等多方面存在着明显的差异，具体表现在以下几个方面：

(1)建设工程监理与政府质量监督在性质上是不同的。建设工程监理是一种委托性的服务活动，而政府质量监督是一种强制性的政府监督行为。

(2)建设工程监理的实施者是社会化、专业化的监理单位，而政府质量监督的执行者是政府建设主管部门的专业执行机构——工程质量监督机构。

(3)建设工程监理是监理单位接受业主的委托和授权为提供的工程技术服务，而政府质量监督是质量监督机构代表政府行使工程质量监督职能。

(4)就工作范围来讲，建设工程监理的工作范围伸缩性较大，它因业主委托范围大小而变化，如果是全过程、全方位的监理，则其范围远远大于政府质量监督的范围。这时的建设工程监理包括整个建设项目的目标规划、动态控制、组织协调、合同管理、信息管理等一系列活动。而政府质量监督只限于施工阶段的工程质量监督，而且工作范围变化较小，相对稳定。

(5)建设工程监理与政府质量监督在工程质量方面的工作也存在着较大的区别。

①工作依据不完全相同。政府质量监督以国家、地方颁发的有关法律和工程质量条例、规定、规范等法规为基本依据，主要是维护法规的严肃性；而建设工程监理不仅以法律、法规为依据，还以工程建设合同为依据，不仅维护法律、法规的严肃性，还维护合同的严肃性。

②建设工程监理与政府质量监督的工作权限不同。例如，政府质量监督拥有最终确定工程质量等级的权利，而目前建设工程监理无权进行这项工作。

③两者的工作方法和手段不完全相同。建设工程监理主要采用组织管理的方法，从多方面

采取措施进行项目质量的控制，而政府职能监督则更侧重于行政管理的方法和手段。

④它们的深度和广度也不相同。建设工程监理所进行的质量控制工作包括对项目质量、目标的详细规划，实施一系列主动控制措施，在控制过程中，既要做到全面控制，又要做到事前、事中、事后控制，它贯穿在整个项目建设的过程中；而政府质量监督主要是在项目建设的施工阶段，对工程质量进行阶段性的监督、检查、确认。

2. 科学性

建设工程监理是一种高智能的技术服务，要求从事建设工程监理活动必须遵循科学准则。在工程建设中承担设计、施工、材料和设备供应的都是社会化、专业化的单位，它们在技术、管理方面都已经达到一定的水平，要监理它们，就要求监理单位和监理工程师具有更高的素质和水平。由于建设工程监理提供的是技术服务，因此要求监理单位和监理工程师在开展监理服务时能够提供科学含量高的服务，以创造更大的价值。由于工程项目建设涉及国计民生，维系着人民的生命和财产安全。因此，监理单位和监理工程师需要以科学严谨的态度，用科学的方法来完成这项工作。

3. 独立性

从事建设工程监理活动的监理单位是直接参与工程项目建设的当事人之一，它与项目的业主方、承建商之间的关系是平行的、横向的。为了保证建设工程监理行业的独立性，从事这一行业的监理单位和监理工程师必须与某些行业或单位断绝人事上的依附关系以及经济上的隶属关系或经营关系，也不能从事这些行业的工作。如《中华人民共和国建筑法》规定，工程监理单位与被监理工程的承包单位，以及建筑材料、构配件和设备供应单位不得有隶属关系或者其他利害关系。监理单位在法律地位、人际关系、经济关系和业务关系上必须独立，建设工程监理单位和个人不得与项目建设的任何一方发生利益关系。监理单位应依法独立地以自己的名义成立自己的组织，并按照监理工作准则，根据自己的判断，独立行使工程承包合同和委托监理合同中所确认的职权，并承担相应的职业道德和法律责任。

4. 公正性

公正性是建设工程监理正常和顺利开展工作的基本条件，也是监理行业的必然要求。它是社会公认的职业准则，也是监理单位和监理工程师的基本职业道德准则。同时，建设工程监理的公正性也是承建商的共同要求。由于建设工程监理制度赋予监理单位在项目建设中监督管理的权力，被监理方必须接受监理方的监督管理，所以他们要求监理单位能够办事公道，公正地开展建设工程监理活动。

1.4.2 建设工程监理的作用

我国实行建设工程监理的时间虽然不长，但在提高建设工程投资经济效益方面发挥了重要作用，被政府和社会所承认。建设工程监理的作用主要表现在以下几个方面。

1. 有利于提高建设工程投资决策科学化水平

在建设单位委托工程监理企业实施全方位、全过程监理的条件下，在建设单位有了初步的项目投资意向之后，工程监理企业可协助建设单位选择适当的工程咨询机构，管理工程咨询合同的实施，并对咨询结果（如项目建议书、可行性研究报告等）进行评估，提出有价值的修改意见和建议；或者直接从事工程咨询工作，为建设单位提供建设方案。这样，不仅可使项目投资符合国家经济发展规划、产业政策、投资方向，而且可使项目投资更加符合市场需求。工程监理企业参与或承担项目决策阶段的监理工作，有利于提高项目投资决策科学化水平，避免项目投资决策失误，也为实现建设工程投资效益、投资综合效益最大化打下了良好的基础。

2. 有利于规范工程建设参与各方的建设行为

工程建设参与各方的建设行为都应当符合法律、法规、规章和市场准则的要求，当然更要有健全的约束机制。约束有自我约束和他人约束，要做到这一点，仅仅依靠自律机制是远远不够的，还需要建立有效的约束机制。为此，首先需要政府对工程建设参与各方的建设行为进行全面的监督管理，这是最基本的约束，也是政府的主要职能之一。但是，由于客观条件的限制，政府的监督管理不可能深入到每一项建设工程的具体实施过程中，因而，还需要建立另一种约束机制，能在工程建设实施过程中对工程参与各方的建设行为进行约束。建设工程监理就是这样的一种约束机制。

在建设工程实施过程中，工程监理企业可依据委托监理合同和有关建设工程合同对承建单位的建设行为进行监督管理。一方面，由于这种约束机制贯穿于工程建设的全过程，采取事前控制、事中控制和事后控制，因此可以有效地规范各承建单位的建设行为，最大限度地减少其不良后果；另一方面，由于建设单位不了解建设工程的有关法律、法规、规章、管理程序和市场行为准则，也可能产生不当的建设行为。在这种情况下，监理单位可以向建设单位提出合理化的建议，尽可能地避免建设单位的不当建设行为，在一定程度上约束建设单位的不当行为，对建设工程的目标完成是必要的。

3. 有利于促使承建单位保证建设工程质量和使用安全

建设工程是一种特殊的产品，不仅价值大、使用寿命长，还关系到人民的生命财产安全、健康和环境。因此，保证建设工程质量和使用安全显得尤为重要，在这方面不允许有丝毫的懈怠和疏忽。

工程监理企业对承建单位建设行为的监督管理，实际上是从产品需求者的角度对建设工程生产过程的管理，这与产品生产者自身的管理有很大的不同。而工程监理企业又不同于建设工程的实际需求者，其监理人员都是既懂工程技术又懂工程经济管理的专业人士，他们有能力及时发现建设工程实施过程中出现的问题，发现工程材料、设备及阶段产品存在的问题，从而避免留下工程质量隐患。因此，在实行建设工程监理制度后，在加强承建单位自身对工程质量管理的基础上，由于工程监理企业介入建设工程生产过程的管理，对保证建设工程质量和使用安全有着重要的作用。

4. 有利于实现建设工程投资效益最大化

建设工程投资效益最大化有以下三种不同表现：

(1)在满足建设工程既定功能和质量标准的前提下，建设投资额最少。

(2)在满足建设工程既定功能和质量标准的前提下，建设工程寿命周期费用(或全寿命费用)最少。

(3)建设工程本身的投资效益与环境、社会效益的综合效益最大化。

实行建设工程监理之后，工程监理企业一般都能协助建设单位实现上述建设工程投资效益最大化的第一种表现，也能在一定程度上实现第二种表现和第三种表现。随着建设工程寿命周期费用思想和综合效益理念被越来越多的建设单位所接受，建设工程投资效益最大化的第二种和第三种表现的比例将越来越大，从而大大地提高了我国全社会的投资效益，促进了我国国民经济的发展。

本章小结

本章简单而准确地阐述了建设工程监理的概念、建设工程监理的基本程序，详细介绍了建设工程监理的主要管理体制、建设工程监理的性质、建设工程监理的作用。其中，重点是建设工程监理的作用，难点是解决监理过程中出现的问题。通过本章的学习，应使学生明确建设工程监理的作用。

练习与思考

1. 什么是建设工程监理？
2. 建设工程监理具有哪些性质？
3. 我国基本建设程序有哪些？
4. 如何理解我国建设监理的特点？
5. 如何理解我国建设监理的作用？

第 2 章　监理工程师和监理企业

内容提要

本章主要内容包括监理工程师的概念，监理工程师应具备的素质，监理工程师的职业道德、法律地位、法律责任，以及各级监理人员的职责，监理企业资质等级。

知识目标

1. 了解监理工程师应具备的素质。
2. 了解工程监理企业的类别、资质等级。
3. 掌握注册监理工程师的概念、法律地位。
4. 掌握监理工程师的职业道德标准以及各级监理人员的职责。

能力目标

1. 理解监理工程师的权利与义务，理解监理工程师的执业特点、法律地位和法律责任。
2. 能明确监理工程师的素质和职业道德要求。

2.1　监理工程师

2.1.1　工程师的概念

监理工程师是指经全国监理工程师执业资格统一考试合格，取得"监理工程师执业资格证书"，并按有关规定注册，取得中华人民共和国注册监理工程师注册执业证书和执业印章，从事工程监理及相关业务活动的专业技术人员。

从事建设工程监理工作，但尚未取得"监理工程师注册证书"的人员统称为监理员。在监理工作中，监理员与监理工程师的区别主要在于监理工程师具有相应的岗位责任的签字权，而监理员没有相应岗位责任的签字权。

2.1.2　监理工程师的素质

具体从事监理工作的监理人员不仅要有一定的工程技术或工程经济方面的专业知识、较强的专业技能，能够对工程建设进行监督管理，提出指导性的意见，而且要有一定的组织协调能力，能够组织、协调工程建设有关各方共同完成的工程建设任务。因此，监理工程师应具备以下素质。

1. 较高的专业学历和复合型的知识结构

工程建设涉及的学科很多，其中主要学科就有几十种，作为一名监理工程师，虽然不可能掌握那么多的专业理论知识，但至少应掌握一种专业理论知识。没有专业理论知识的人员不能胜任监理工程师岗位工作。所以，要成为一名监理工程师，应具有工程类大专以上学历，并了解或掌握一定的工程建设经济、法律、组织和管理等方面的理论知识；不断了解新技术、新设备、新材料、新工艺；具备一定的计算机知识，能以现代化的手段完成信息处理工作；熟悉与工程建设相关的现行法律、法规、政策规定，成为一名多能的复合型人才，持续保持较高的知识水准。

2. 丰富的工程建设实践经验

监理工程师的业务内容体现的是工程技术理论与工程管理理论的应用，具有很强的实践性，因此，实践经验是监理工程师的重要素质之一。据有关资料统计分析工程建设中出现的失误，少数原因是责任心不强，多数原因是缺乏实践经验，实践经验丰富则可以避免或减少工作失误。工程建设中的实践经验，主要包括立项评估、地质勘察、规划设计、工程招标投标、工程设计及设计管理、工程施工及施工管理、工程监理、设备制造等方面。一般来说，理论知识应用的时间越长、次数越多，经验就越丰富，反之则经验不足。所以，世界各国都将工程建设实践经验放在重要地位。例如，英国咨询工程师协会规定，入会会员年龄必须在三十八岁以上；新加坡要求工程结构方面的监理工程师必须具有八年以上的工程结构设计经验；我国根据自己的具体情况，在监理工程师的考试和注册中也做了必要的规定。同时，考察监理工程师的实践经验，除看工程实践的时间长短外，更应注重其实践的成果。如果只是具有较长时间的工程实践，但不善于总结对理论知识应用的经验，同样无法提高监理工作水平。

3. 良好的品德

监理工程师应具有良好的品德，主要体现在以下几个方面：

(1)热爱祖国，热爱人民，热爱社会主义建设事业，热爱本职工作。这是潜心钻研、积极进取、努力工作的动力。

(2)具有科学的工作态度和综合分析问题的能力。处理问题以事实和数据为依据，在复杂的现象中抓本质，而不是"想当然，差不多"，草率行事。

(3)具有廉洁奉公、为人正直、办事公道的高尚情操。对自己，不谋私利；对上级和业主，既能贯彻其正确的意图，又能坚持原则；对设计单位和承包单位等，既能严格监理，又能热情服务；对有争议问题的处理要合情合理，维护各方面的正当权益。

(4)能够听取不同方面的意见，冷静分析问题。具有良好的性格，善于同各方面合作共事。

4. 健康的体魄和充沛的精力

尽管建设工程监理是一种高智能的技术服务，以脑力劳动为主，但是也必须具有健康的体魄和充沛的精力才能胜任繁忙、严谨的监理工作。尤其在建设工程施工阶段，由于露天作业，工作条件艰苦，工期往往紧迫，业务繁忙，更需要有健康的身体，否则，难以胜任工作。我国对年满65周岁的监理工程师不再进行注册，主要是考虑监理从业人员的身体健康状况问题。

2.1.3 监理工程师的职业道德

工程监理工作的主要特点之一是要体现公正原则。监理工程师在执业过程中不能损害工程建设任何一方的利益。因此，为了确保建设监理事业的健康发展，对监理工程师的职业道德和工作纪律都有严格的要求，在有关法规里也做了具体的规定。在监理行业中，监理工程师应严格遵守以下通用职业道德守则：

(1)维护国家的荣誉和利益，按照"守法、诚信、公正、科学"的准则执业。

(2)执行有关工程建设的法律、法规、标准、规范、规程和制度，履行监理合同规定的义务和职责。

(3)努力学习专业技术和建设监理知识,不断提高业务能力和监理水平。
(4)不以个人名义承揽监理业务。
(5)不同时在两个或两个以上监理企业注册和从事监理活动,不在政府部门和施工材料、设备的生产供应等单位兼职。
(6)不为所监理的项目指定承包商,建筑构配件、设备、材料生产厂家和施工方法。
(7)不收受被监理单位的任何礼金。
(8)不泄露所监理工程各方认为需要保密的事情。
(9)坚持独立自主地开展工作。

2.1.4 监理工程师的法律地位

监理工程师的法律地位是由国家法律、法规确定的,并建立在委托监理合同的基础上。这是因为:第一,《中华人民共和国建筑法》明确指出国家推行工程监理制度,《建设工程质量管理条例》赋予了监理工程师多项签字权,并明确规定了监理工程师的多项职责,从而使监理工程师执业有了明确的法律依据,确立了监理工程师作为专业人士的法律地位;第二,监理工程师的主要业务是受建设单位委托从事监理工作,其权利和义务在合同中有具体约定。

监理工程师所具有的法律地位决定了监理工程师在执业中一般应享有的权利和应履行的义务。

1. 注册监理工程师的权利

(1)使用注册监理工程师称谓。
(2)在规定范围内从事职业活动。
(3)依据本人能力从事相应的执业活动。
(4)保管和使用本人的注册证书和执业印章。
(5)对本人执业活动进行解释和辩护。
(6)接受继续教育。
(7)获得相应的劳动报酬。
(8)对侵犯本人权利的行为进行申诉。

2. 注册监理工程师的义务

(1)遵守法律法规和有关管理规定。
(2)履行管理职责,执行技术标准、规范和规程。
(3)保证职业活动成果的质量并承担相应责任。
(4)接受继续教育,努力提高执业水准。
(5)在本人职业活动所形成的工程监理文件上签字,加盖执业印章。
(6)保守在执业中所知悉的国家秘密和他人的商业、技术秘密。
(7)不得涂改、倒卖、出租、出借或者以其他形式非法转让注册证书或者执业印章。
(8)不得同时在两个或者两个以上单位受聘或者执业。
(9)在规定的执业范围和聘用单位业务范围内从事职业活动。
(10)协助注册管理机构完成相关工作。

2.1.5 监理工程师的法律责任

监理工程师的法律责任与其法律地位密切相关,同样是建立在法律、法规和委托监理合同的基础上。因此,监理工程师法律责任的表现行为主要有两个方面:一是违反法律、法规行为;二是违反合同约定的行为。

1. 违法行为

现行法律、法规对监理工程师的法律责任专门作出了具体规定。例如，《中华人民共和国建筑法》第三十五条规定："工程监理单位不按照委托监理合同的约定履行监理义务，对应当监督检查的项目不检查或者不按照规定检查，给建设单位造成损失的，应当承担相应的赔偿责任。"

《中华人民共和国刑法》第一百三十七条规定："建设单位、设计单位、施工单位、工程监理单位违反国家规定，降低工程质量标准，造成重大安全事故的，对直接责任人员处五年以下有期徒刑或者拘役，并处罚金；后果特别严重的，处五年以上十年以下有期徒刑，并处罚金。"

《建设工程质量管理条例》第三十六条规定："工程监理单位应当依照法律、法规以及有关技术标准、设计文件和建设工程承包合同，代表建设单位对施工质量实施监理，并对施工质量承担监理责任。"

这些规定能够有效地规范、指导监理工程师的执业行为，提高监理工程师的法律责任意识，引导监理工程师公正守法的开展监理业务。

2. 违约行为

监理工程师一般主要受聘于工程监理企业，从事工程监理业务。工程监理企业是订立委托监理合同的当事人，是法律定义的合同主体。但委托监理合同在具体履行时，是由监理工程师代表监理企业来实现的，因此，如果监理工程师出现工作过失，违反了合同约定，其行为将被视为监理企业违约，由监理企业承担相应的违约责任。当然，监理企业在承担违约赔偿责任后，有权在企业内部向有相应过失行为的监理工程师追偿部分损失。所以，由监理工程师个人过失引发的合同违约行为，监理工程师应当承担一定的连带责任，其连带责任的基础是监理企业与监理工程师签订的聘用协议或责任保证书。一般来说，授权委托书应包含职权范围和相应责任条款。

3. 安全生产责任

安全生产责任是法律责任的一部分，来源于法律、法规和委托监理合同。国家现行法律、法规未对监理工程师和建设单位是否承担安全生产责任作出明确规定，所以，目前监理工程师和建设单位承担安全生产责任尚无法律依据，由于建设单位没有安全管理生产的权力，因而不可能将其不属于其所有的权利委托或转交给监理工程师，在委托合同中不会约定监理工程师负责管理建设工程的安全生产。

导致建设工程安全事故或问题的原因很多，如自然灾害、不可抗力等客观原因，也有建设单位、设计单位、施工企业、材料供应单位等引发的主观原因。监理工程师虽然不管理安全生产，不直接承担安全责任，但不能排除其间接或连带承担安全责任的可能性。如果监理工程师有下列行为之一，则应当与质量、安全事故责任主体承担连带责任：

(1)违章指挥或者发出错误指令，引发安全事故的。

(2)将不合格的建设工程、建筑材料、建筑构配件和设备按照合格签字，造成工程质量事故，由此引发安全事故的。

(3)与建设单位或施工企业串通，弄虚作假、降低工程质量，从而引发安全事故的。

4. 监理工程师违规行为的处罚

监理工程师在执业过程中必须严格遵纪守法。政府住房城乡建设主管部门将对监理工程师的违法、违规行为追究责任，并根据不同情节给予必要的行政处罚。监理工程师的违规行为及相应的处罚办法如下：

(1)未经注册，擅自以注册监理工程师的名义从事工程监理及相关业务活动的，由县级以上地方人民政府建设主管部门给予警告，责令停止违法行为，并处以三万元以下罚款；造成损失的,依法承担赔偿责任。

(2)以欺骗、贿赂等不正当手段取得注册证书的,由国务院建设主管部门撤销其注册,三年内不得再次申请注册,并由县级以上地方人民政府建设主管部门处以罚款,其中没有违法所得的,处以一万元以下的罚款,有违法所得的,处以违法所得三倍以下且不超过三万元的罚款;构成犯罪的依法追究刑事责任。

(3)如果监理工程师出借"监理工程师执业资格证书""监理工程师注册证书"和执业印章,情节严重的,将被吊销证书,收回执业印章,三年之内不允许考试和注册。

(4)未办理变更注册仍执业的,由县级以上地方人民政府建设主管部门给予警告,责令限期改正;逾期不改的,可处五千元以下罚款。

(5)同时受聘于两个及以上单位执业的,将被注销其"监理工程师注册证书",收回执业印章,并将受到罚款处理;有违法所得的,将被没收。

(6)对于监理工程师在执业中出现的行为过失,产生不良后果的,《建设工程质量管理条例》有明确规定:监理工程师因过错造成质量事故的,责令停止执业一年;造成重大质量事故的,吊销执业资格证书,五年内不予注册;情节特别恶劣的,终生不予注册。

2.1.6 各级监理人员的职责

1. 总监理工程师

总监理工程师是指由工程监理单位法定代表人书面任命,负责履行建设工程监理合同、主持项目监理机构工作的注册监理工程师。总监理工程师应由注册监理工程师担任。一名注册监理工程师可担任一项建设工程监理合同的总监理工程师。当需要同时担任多项建设工程监理合同的总监理工程师时,应经建设单位书面同意,且最多不得超过三项。

总监理工程师应履行下列职责:

(1)确定项目监理机构人员及其岗位职责。

(2)组织编制监理规划,审批监理实施细则。

(3)根据工程进展及监理工作情况调配监理人员,检查监理人员工作。

(4)组织召开监理例会。

(5)组织审核分包单位资格。

(6)组织审查施工组织设计、(专项)施工方案。

(7)审查工程开(复)工报审表,签发工程开工令、暂停令和复工令。

(8)组织检查施工单位现场质量、安全生产管理体系的建立及运行情况。

(9)组织审核施工单位的付款申请,签发工程款支付证书,组织审核竣工结算。

(10)组织审查和处理工程变更。

(11)调解建设单位与施工单位的合同争议,处理工程索赔。

(12)组织验收分部工程,组织审查单位工程质量检验资料。

(13)审查施工单位的竣工申请,组织工程竣工预验收,组织编写工程质量评估报告,参与工程竣工验收。

(14)参与或配合工程质量安全事故的调查和处理。

(15)组织编写监理月报、监理工作总结,组织整理监理文件资料。

2. 总监理工程师代表

具有工程类注册执业资格或具有中级及以上专业技术职称、3年及以上工程实践经验并经监理业务培训的人员。

总监理工程师代表负责总监理工程师指定或交办的监理工作，按监理工程师的授权行使总监理工程师的部分职责和权利。但应注意的是，总监理工程师不得将下列工作委托给总监理工程师代表：

(1)组织编制监理规划，审批监理实施细则。
(2)根据工程进展及监理工作情况调配监理人员。
(3)组织审查施工组织设计、(专项)施工方案。
(4)签发工程开工令、暂停令和复工令。
(5)签发工程款支付证书，组织审核竣工结算。
(6)调解建设单位与施工单位的合同争议，处理工程索赔。
(7)审查施工单位的竣工申请，组织工程竣工预验收，组织编写工程质量评估报告，参与工程竣工验收。
(8)参与或配合工程质量安全事故的调查和处理。

3. 专业监理工程师的职责

专业监理工程师是指由总监理工程师授权，负责实施某一专业或某一岗位的监理工作，有相应监理文件签发权，具有工程类注册执业资格或具有中级及以上专业技术职称、2年及以上工程实践经验并经监理业务培训的人员。

专业监理工程师应履行下列职责：
(1)参与编制监理规划，负责编制监理实施细则。
(2)审查施工单位提交的涉及本专业的报审文件，并向总监理工程师报告。
(3)参与审核分包单位资格。
(4)指导、检查监理员工作，定期向总监理工程师报告本专业监理工作实施情况。
(5)检查进场的工程材料、构配件、设备的质量。
(6)验收检验批、隐蔽工程、分项工程，参与验收分部工程。
(7)处置发现的质量问题和安全事故隐患。
(8)进行工程计量。
(9)参与工程变更的审查和处理。
(10)组织编写监理日志，参与编写监理月报。
(11)收集、汇总、参与整理监理文件资料。
(12)参与工程竣工预验收和竣工验收。

4. 监理员职责

监理员是指从事具体监理工作，具有中专及以上学历并经过监理务培训的人员。监理员应履行下列职责：
(1)检查施工单位投入工程的人力、主要设备的使用及运行状况。
(2)进行见证取样。
(3)复核工程计量有关数据。
(4)检查工序施工结果。
(5)发现施工作业中的问题，及时指出并向专业监理工程师报告。

2.1.7 监理工程师的注册与继续教育

1. 监理工程师注册

(1)监理工程师注册。监理工程师注册是政府对工程监理执业人员实行市场准入控制的有效手段。取得监理工程师资格证书的人员，经过注册方能以注册监理工程师的名义执业。每人最多可以申请两个专业注册。

注册证书和执业印章的有效期为3年。

①初始注册。初始注册者，可自资格证书签发之日起3年内提出申请。逾期未申请者，须符合继续教育的要求后方可申请初始注册。

初始注册需要提交下列材料：

a. 申请人的注册申请表；
b. 申请人的资格证书和身份证复印件；
c. 申请人与聘用单位签订的聘用劳动合同复印件；
d. 所学专业、工作经历、工程业绩、工程类中级及中级以上职称证书等有关证明材料；
e. 逾期初始注册的，应当提供达到继续教育要求的证明材料。

②延续注册。注册监理工程师每一注册有效期为3年，注册有效期满需继续执业的，应当在注册有效期满30日前，按照规定的程序申请延续注册。延续注册有效期为3年。

③变更注册。变更注册后仍延续原注册有效期。

变更注册需要提交下列材料：

a. 申请人变更注册申请表；
b. 申请人与新聘用单位签订的聘用劳动合同复印件；
c. 申请人的工作调动证明（与原聘用单位解除聘用劳动合同或者聘用劳动合同到期的证明文件、退休人员的退休证明）。

(2) 不予注册的情形。申请人有下列情形之一的，不予初始注册、延续注册或者变更注册：

①不具有完全民事行为能力的；
②刑事处罚尚未执行完毕或者因从事建设工程监理或者相关业务受到刑事处罚，自刑事处罚执行完毕之日起至申请注册之日止不满2年的；
③未达到监理工程师继续教育要求的；
④在两个或者两个以上单位申请注册的；
⑤以虚假的职称证书参加考试并取得资格证书的；
⑥年龄超过65周岁的；
⑦法律、法规规定不予注册的其他情形。

(3) 注册证书和执业印章失效的情形。注册监理工程师有下列情形之一的，其注册证书和执业印章失效：

①聘用单位破产的；
②聘用单位被吊销营业执照的；
③聘用单位被吊销相应资质证书的；
④已与聘用单位解除劳动关系的；
⑤注册有效期满且未延续注册的；
⑥年龄超过65周岁的；
⑦死亡或者丧失行为能力的；
⑧其他导致注册失效的情形。

注册监理工程师
管理规定

2. 注册监理工程师执业和继续教育

(1) 注册监理工程师执业。注册监理工程师可以从事建设工程监理、工程经济与技术咨询、工程招标与采购咨询、工程项目管理服务以及国务院有关部门规定的其他业务。

建设工程监理活动中形成的监理文件由注册监理工程师按照规定签字盖章后方可生效。修改经注册监理工程师签字盖章的建设工程监理文件,应当由该注册监理工程师进行;因特殊情况,该注册监理工程师不能进行修改的,应当由其他注册监理工程师修改,并签字、加盖执业印章,对修改部分承担责任。

注册监理工程师从事执业活动,由所在单位接受委托并统一收费。因建设工程监理事故及相关业务造成的经济损失,聘用单位应当承担赔偿责任;聘用单位承担赔偿责任后,可依法向负有过错的注册监理工程师追偿。

(2)注册监理工程师继续教育。注册监理工程师继续教育分为必修课和选修课,在每一注册有效期内各为 48 学时。继续教育作为注册监理工程师逾期初始注册、延续注册和重新申请注册的条件之一。

2.2 工程监理企业

2.2.1 工程监理企业资质等级

1. 资质等级标准

工程监理企业资质可分为综合资质、专业资质和事务所资质三个等级。其中,专业资质按照工程性质和技术特点又划分为 14 个工程类别。

综合资质、事务所资质不分级别;专业资质分为甲级、乙级。其中,房屋建筑、水利水电、公路和市政公用专业资质可设立丙级。

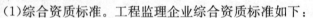

工程监理企业资质管理规定

(1)综合资质标准。工程监理企业综合资质标准如下:
①具有独立法人资格且注册资本不少于 600 万元;
②企业技术负责人应为注册监理工程师,并具有 15 年以上从事工程建设工作的经历或者具有工程类高级职称;
③具有 5 个以上工程类别的专业甲级工程监理资质;
④注册监理工程师不少于 60 人,注册造价工程师不少于 5 人,一级注册建造师、一级注册建筑师、一级注册结构工程师或者其他勘察设计注册工程师合计不少于 15 人次;

(2)专业资质标准。工程监理企业专业资质分为甲级、乙级两个等级。
①甲级企业资质标准:
a. 具有独立法人资格且注册资本不少于 300 万元;
b. 企业技术负责人应为注册监理工程师,并具有 15 年以上从事工程建设工作的经历或者具有工程类高级职称;
c. 注册监理工程师、注册造价工程师、一级注册建造师、一级注册建筑师、一级注册结构工程师或者其他勘察设计注册工程师合计不少于 25 人次,其中相应专业注册监理工程师不少于专业资质注册监理工程师人员数配备表(表 2-1)中要求配备的人数,注册造价工程师不少于 2 人。

表 2-1 专业资质注册监理工程师人员数配备表

序号	工程类别	甲级	乙级	丙级
1	房屋建筑工程	15	10	5
2	冶炼工程	15	10	—
3	矿山工程	20	12	—

续表

序号	工程类别	甲级	乙级	丙级
4	化工石油工程	15	10	—
5	水利水电工程	20	12	5
6	电力工程	15	10	—
7	农林工程	15	10	—
8	铁路工程	23	14	—
9	公路工程	20	12	5
10	港口与航道工程	20	12	—
11	航天航空工程			
12	通信工程	20	12	—
13	市政公用工程	15	10	5
14	机电安装工程	15	10	—

d. 企业近2年内独立监理过3个以上相应专业的二级工程项目，但是，具有甲级设计资质或一级及以上施工总承包资质的企业申请本专业工程类别甲级资质的除外；

e. 企业具有完善的组织结构和质量管理体系，有健全的技术、档案等管理制度；

f. 企业具有必要的工程试验检测设备；

g. 申请工程监理资质之日前一年内没有规定禁止的行为；

h. 申请工程监理资质之日前一年内没有因本企业监理责任造成重大质量事故；

i. 申请工程监理资质之日前一年内没有因本企业监理责任发生生产安全事故。

②乙级企业资质标准：

a. 具有独立法人资格且注册资本不少于100万元；

b. 企业技术负责人应为注册监理工程师，并具有10年以上从事工程建设工作的经历；

c. 注册监理工程师、注册造价工程师、一级注册建造师、一级注册建筑师、一级注册结构工程师或者其他勘察设计注册工程师合计不少于15人。其中，相应专业注册监理工程师不少于表2-1中要配备的人数，注册造价工程师不少于1人。

2. 工程监理企业资质申请与审批

(1)资质申请。新设立的工程监理企业申请资质，应当先到工商行政管理部门登记注册并取得企业法人营业执照后，才能向企业工商注册所在地的省、自治区、直辖市人民政府建设主管部门提出资质申请。

(2)资质审批。申请综合资质、专业甲级资质的，省、自治区、直辖市人民政府建设主管部门应当自受理申请之日起20日内初审完毕，并将初审意见和申请材料报国务院建设主管部门。国务院建设主管部门应当自省、自治区、直辖市人民政府建设主管部门受理申请材料之日起60日内完成审查，公示审查意见，公示时间为10日。工程监理企业资质证书的有效期为5年。资质有效期届满，工程监理企业需要继续从事工程监理活动的，应当在资质证书有效期届满60日前，向企业所在地省级资质许可机关申请办理延续手续。对在资质有效期内遵守有关法律、法规、规章、技术标准，信用档案中无不良记录，而且专业技术人员满足资质标准要求的企业，经资质许可机关同意，有效期延续5年。

2.2.2 工程监理企业组织形式

根据《中华人民共和国公司法》，对于公司制工程监理企业，主要有两种形式，即有限责任公司和股份有限公司。

1. 有限责任公司

(1)公司设立条件。有限责任公司由50个以下股东出资设立。设立有限责任公司，应当具备下列条件：

①股东符合法定人数；

②股东出资达到法定资本最低限额；

③股东共同制定公司章程；

④有公司名称，建立符合有限责任公司要求的组织机构；

⑤有公司住所。

(2)公司设立资本。有限责任公司注册资本的最低限额为人民币3万元。

2. 股份有限公司

(1)公司设立条件。设立股份有限公司，应当有2人以上、200人以下为发起人，其中须有半数以上的发起人在中国境内有住所。设立股份有限公司，应当具备下列条件：

①发起人符合法定人数；

②发起人认购和募集的股本达到法定资本最低限额；

③股份发行、筹办事项符合法律规定；

④发起人制订公司章程，采用募集方式设立的经创立大会通过；

(2)公司设立资本。股份有限公司注册资本的最低限额为人民币500万元。

3. 工程监理企业经营活动准则

工程监理企业从事建设工程监理活动，应当遵循"守法、诚信、公平、科学"的准则。

(1)守法。守法，即遵守国家的法律法规。对于工程监理企业来说，守法即要依法经营，主要体现如下：

①工程监理企业只能在核定的业务范围内开展经营活动。工程监理企业的业务范围，是指填写在资质证书中、经工程监理资质管理部门审查确认的主项资质和增项资质。核定的业务范围包括两个方面：一是监理业务的工程类别；二是承接监理工程的等级。

②工程监理企业不得伪造、涂改、出租、出借、转让、出卖《资质等级证书》。

③建设工程监理合同一经双方签订，即具有法律约束力，工程监理企业按照合同的约定认真履行，不得无故或故意违背自己的承诺。

④工程监理企业离开原住所地承接监理业务，要自觉遵守当地人民政府颁发的监理法规和有关规定，主动向监理工程所在地的省、自治区、直辖市住房城乡建设主管部门登记备案，接受其指导和监督管理。

⑤遵守国家关于企业法人的其他法律、法规的规定。

(2)诚信。工程监理企业应当建立健全企业信用管理制度。其包括以下几项：

①建立健全合同管理制度；

②建立健全与建设单位的合作制度，及时进行信息沟通，增强相互间信任；

③建立健全建设工程监理服务需求调查制度，这也是企业进行有效竞争和防范经营风险的重要手段之一；

④建立企业内部信用管理责任制度，及时检查和评估企业信用实施情况，不断提高企业信

用管理水平。

(3)公平。公平是指工程监理企业在监理活动中，既要维护业主的利益，又不能损害承包商的合法利益，并依据合同公平合理地处理业主与承包商之间的争议。工程监理企业要做到公正，必须要做到以下几点：

①要具有良好的职业道德。
②要坚持实事求是。
③要熟悉有关建设工程合同条款。
④要提高专业技术能力。
⑤要提高综合分析判断问题的能力。

(4)科学。科学是指工程监理企业要依据科学的方案，运用科学的手段，采取科学的方法开展监理工作。工程监理工作结束后，还要进行科学的总结。实施科学化管理主要体现在以下几个方面：

①科学的方案。工程监理的科学方案主要是指监理规划。在工程实施监理前，要尽可能准确地预测出各种可能的问题，有针对性地拟定解决办法，制定出切实可行、行之有效的监理实施细则，使各项监理活动都纳入计划管理的轨道。

②科学的手段。实施工程监理必须借助于先进的科学仪器才能做好监理工作，如各种检测、试验、化验仪器、摄录像设备及计算机等。

③科学的方法。监理工作的科学方法主要体现在监理人员在掌握大量的、确凿的有关监理对象及其外部环境实际情况的基础上，适时、稳妥、高效地处理有关问题，解决问题时要用事实说话、用书面文字说话、用数据说话；要开发、利用计算机软件辅助工程监理。

本章小结

本章简单而准确地阐述了监理工程师的概念、各级监理人员的职责。其中，重点是工程监理企业组织形式，难点是解决监理执业过程中出现的问题。通过本章的学习，应使学生明确各级监理人员的职责。

练习与思考

1. 监理工程师的素质有哪些要求？
2. 我国监理工程师的职业道德守则的内容是什么？
3. 工程监理企业的资质是如何划分的？
4. 工程监理企业要建立健全哪些管理制度？

第 3 章 建设工程监理组织

> **内容提要**
>
> 本章主要内容包括建设工程监理组织的基本原理、工程监理组织的模式、项目监理机构组织形式。

> **知识目标**
>
> 1. 了解组织和组织结构的概念和特点、组织的构成因素。
> 2. 掌握工程监理的模式、工程监理的实施程序和原则。
> 3. 掌握建立项目监理机构的步骤和人员配备的方法。

> **能力目标**
>
> 1. 理解组织和组织结构的概念和特点、组织的构成因素。
> 2. 理解工程监理的模式、工程监理的实施程序和原则。
> 3. 能明确建立项目监理机构的步骤和人员配备的方法。

3.1 组织的基本原理

组织是管理中的一项重要职能。建立精干、高效的项目监理机构并使之正常运行是实现建设工程监理目标的前提条件,因此,组织的基本原理是监理工程师必备的基础知识。组织理论的研究分为两个相互关联的分支学科,即组织结构学和组织行为学。组织结构学侧重于组织的静态研究,即组织是什么,其研究目的是建立一种精干、合理、高效的组织结构;组织行为学则侧重于组织的动态研究,即组织如何才能够达到最佳效果,其研究目的是建立良好的组织关系。

3.1.1 组织和组织结构

1. 组织

所谓组织,就是为了使系统达到特定的目标,使全体参加者经分工与协作以及设置不同层次的权力和责任制度而构成的一种人的组合体。其包含以下三层意思:

(1)目标是组织存在的前提(目的性);
(2)没有分工与协作就不是组织(协作性);
(3)没有不同层次的权力和责任制度就不能实现组织活动和组织目标(制度性)。

作为生产要素之一,组织的特点有:其他要素可以互相替代(如增加机械设备可以替代劳动力),而组织不能替代其他要素,也不能被其他要素所替代;但是,组织可以使其他要素合理配合而增值,即可以提高其他要素的使用效益。随着现代化社会大生产的发展、其他生产要素复杂程度的提高,组织在提高经济效益方面作用也愈加显著。

2. 组织结构

组织结构是指组织的内部构成和各部分之间所确立的较为稳定的相互关系和联系方式。组织结构的基本内涵包括：确定组织关系与职责的形式；向组织各个部门或个人分派任务和各种活动的方式；协调各个部门活动和任务的方式；组织中的权力、地位和权利、义务的关系。

（1）组织结构与职权形态之间存在一种直接的相互关系，这是因为组织结构与职位以及职位间关系的确立密切相关。组织中的职权指的是组织中成员间的关系，而不是某一个人的属性。职权的概念与合法地行使基本职位的权利紧密相关，而且是以下级服从上级的命令为基础的。

（2）组织结构与职责的关系。组织结构与组织中各部门、各成员的职责的分派有直接关系。在组织中，只要有职位就有职权，而只要有职权也就有职责，组织结构为职责的分配和确定奠定了基础，而组织的管理则是以机构和人员职责为基础的。利用组织结构可以评价组织各个成员的成绩，从而使组织中的各项活动有效地开展起来。

（3）组织结构图是组织结构简化了的抽象模型。虽然它不能准确、完整地表达组织结构，如它不能说明一个上级对其下级所具有的职权的程度以及平级职位之间相互作用的横向关系，但是它仍不失为一种表达组织结构的好方法。

3.1.2 组织设计

组织设计就是对组织活动和组织结构的设计过程，有效的组织设计在提高组织活动效能方面起着重大的作用。组织设计的要点包括：组织设计是管理者在系统中建立最有效的相互关系的一种合理化的、有意识的过程；该过程既要考虑系统的外部要素，又要考虑系统的内部要素；组织设计的结果是形成组织结构。

1. 组织构成因素

组织构成一般是上小下大的形式，由管理层次、管理跨度、管理部门、管理职能四大因素组成。各因素之间密切相关，相互制约。

（1）管理层次。管理层次是指从组织的最高管理者到最基层的实际工作人员之间的等级层次的数量。管理层次可分为三个，即决策层、协调层、执行（操作）层。决策层的任务是确定管理组织的目标和大政方针以及实施计划，它必须精干、高效；协调层的任务主要是参谋、咨询，直接调动和组织人力、财力、物力等具体活动内容，其人员应有实干精神，并能坚决贯彻管理指令，具有较高的业务工作能力；执行（操作）层的任务是从事操作和完成具体任务，以及人员应有熟练的作业技能。这三个层次的职能和要求不同，标志着不同的职责和权限，同时，也反映出组织机构中的人数变化规律。

组织的最高管理者到最基层的实际工作人员权责逐层递减而人数却逐层递增。

如果组织缺乏足够的管理层次，其运行将陷于无序的状态，因此，组织必须有必要的管理层次。但是管理层次也不宜过多，否则会造成资源和人力的浪费，也会使信息传递慢、指令走样、协调困难。

（2）管理跨度。管理跨度是指一名上级管理人员所直接管理的下级人数。在组织中，某级管理人员的管理跨度的大小直接取决于这一级管理人员所需要协调的工作量。管理跨度越大，领导者需要协调的工作量就越大，管理的难度也越大。因此，为了使组织能够高效地运行，必须确定合理的管理跨度。

管理跨度的大小受很多因素影响，如管理人员的性格、才能、个人经历、授权程度以及被管理者的素质等，另外，还与职能的难易程度、工作的相似程度、工作制度和程序等客观因素有关。确定适当的管理跨度，需积累经验并在实践中进行必要的调整。

(3)管理部门。组织中各部门的合理划分对发挥组织效率是十分重要的。如果部门划分不合理，会造成控制、协调困难，也会造成人浮于事，浪费人力、物力、财力。管理部门的划分要根据组织的目标与工作内容确定，形成既相互分工，又相互配合的组织机构。

(4)管理职能。组织设计确定各部门的职能应使纵向的领导、检查、指挥灵活，做到指令传递快、信息反馈及时，使横向各部门相互联系、协调一致，使各部门有职有责、尽职尽责。

2. 组织设计原则

项目监理机构的组织设计一般需要考虑以下几项基本原则：

(1)集权与分权统一的原则。在任何组织中都不存在绝对的集权和分权。在项目监理机构的设计中，所谓集权，就是总监理工程师掌握所有监理大权，各专业监理工程师只是其命令的执行者；所谓分权，是指各专业监理工程师在各自管理范围内有足够的决策权，总监理工程师主要起到协调作用。

项目监理机构是采取集权形式还是分权形式，要根据建设工程的特点，监理工作的重要性，总监理工程师的能力、经历及各专业监理工程师的工作经验、工作能力、工作态度等因素进行综合考虑。

(2)专业分工与协调统一的原则。对于项目监理机构来说，分工就是将监理目标，特别是投资控制、进度控制、质量控制三大目标分成各部门以及各监理工作人员的目标和任务，明确干什么、怎么干。在分工中特别要注意的是，尽可能按照专业化的要求来设置组织机构；工作上要严密分工，每个人所承担的工作应力求达到较熟练的程度；注意分工的经济效益。

在组织机构中还必须强调协作。所谓协作，就是明确组织机构内部各部门之间和各部门内部的协调关系与配合方法。在协作中应该特别注意两点：一是主动协调，要明确各部门之间的工作关系，找出容易出现矛盾的地方，加以协调；二是有具体可行的协调配合办法，对协调中的各项关系，应逐步规范化、程序化。

(3)管理跨度与管理层次统一的原则。在组织机构的设计过程中，管理跨度与管理层次成反比例关系。就是说，当组织机构中的人数一定时，如果管理跨度加大，管理层次就可以适当减少；反之，如果管理跨度缩小，管理层次肯定就会增多。一般来说，项目监理机构的设计过程中，应该在通盘考虑影响管理跨度的各种因素后，再根据实际情况确定管理层次。

(4)权责一致的原则。在项目监理机构中应明确划分职责、权力范围，做到责任和权利相一致。从组织结构的规律来看，一定的人总是在一定的岗位上担任一定的职务，这就产生了与岗位职务相适应的权利和责任，只有做到有职、有权、有责，才能使组织机构正常运行。因此，组织的权责是相对预定的岗位职务来说的，不同的岗位职务应有不同的权责。权责不一致会对组织的效能产生很大的损害：权大于责容易产生瞎指挥、滥用权力的官僚主义；责大于权会影响管理人员的积极性、主动性、创造性，使组织缺乏活力。

(5)才职相称的原则。要完成一项工作，需要相应的知识和技能。通过考察个人的学历与经历、测验及面谈等手段，可以了解其知识、经验、才能、兴趣以及其他情况，据此进行评审与比较。职务设计和人员评审要采用科学的方法，使每个人现有的和可能有的才能与其职务上的要求相适应，做到才职相称、人尽其才、才得其用、用得其所。

(6)经济高效的原则。项目监理机构的设计必须将经济性和高效率放在首要地位。组织结构中的每个部门、每个人为了一个统一的目标，应组合成最适宜的结构形式，实行最有效的内部协调，使事情办得简洁而正确，减少重复和扯皮。

(7)弹性原则。组织机构既要有相对的稳定性，不轻易变动，又必须随组织内部和外部条件的变化，根据长远目标作出相应的调整与变化，使组织结构具有一定的弹性。

3.1.3 监理组织活动的基本原理

1. 要素有用性原理

一个组织系统中的基本要素有人力、物力、财力、信息、时间等,这些要素都是有作用的,运用要素有用性原理首先就要看到人力、物力、财力等因素在组织活动中的有用性,充分发挥各要素的作用,根据各要素作用的大小、主次、好坏进行合理安排、组合和使用,做到人尽其才、才尽其力、物尽其用,尽最大可能提高各要素的有用率。

一切要素都有作用,这是要素的共性。然而要素不仅有共性,还有个性。例如,同样是监理工程师,由于专业、知识、能力、经验等水平的差异,所起的作用也就不同。因此,管理者不但要看到一切要素都有作用,还要具体分析各要素的特殊性,以便充分发挥每一要素的作用。

2. 动态相关性原理

组织系统处在静止状态是相对的,处在运动状态则是绝对的。组织系统内部各要素之间既相互联系,又相互制约,既相互依存,又相互排斥,这种相互作用推动组织活动的进行与发展。这种相互作用的因子称为相关因子,充分发挥相关因子的作用,是提高组织管理效应的有效途径。事物在组合过程中,由于相关因子的作用,可以发生质变。一加一可以等于二,也可以大于二,还可以小于二。"三个臭皮匠,顶个诸葛亮"就是相关因子起了积极作用;"一个和尚挑水喝,两个和尚抬水喝,三个和尚没水喝"就是相关因子起了内耗作用。整体效应不等于其各局部效应的简单相加,各局部效应之和与整体效应不一定相等,这就是动态相关性原理。

3. 主观能动性原理

人是有生命、有思想、有感情、有创造力的,他可以发挥其主观能动性,在劳动中运用和发展前人的知识。人是生产力中最活跃的因素,组织管理者的重要任务就是将人的主观能动性发挥出来,当主观能动性发挥出来后就会取得很好的效果。

4. 规律效应原理

规律是客观事物内部的、本质的、必然的联系。组织管理者在管理过程中要掌握规律,按规律办事,把注意力放在抓事物内部的、本质的、必然的联系上,以达到预期的目标,取得良好效应。规律与效应的关系非常密切,一个成功的管理者,要懂得只有努力研究规律,才有取得效应的可能,而要取得好的效应就要主动研究规律,坚决按规律办事。

3.2 工程监理组织模式

工程建设项目承发包模式与建设工程监理模式对工程建设项目的规划、控制、协调起着重要的作用。不同的模式有不同的合同体系和不同的管理特点。

3.2.1 建设工程监理委托方式

1. 平行承发包模式下工程监理委托方式

(1)平行承发包模式的特点。所谓平行承发包,是指建设单位将建设工程的设计、施工以及材料设备采购的任务经过分解分别发包给若干个设计单位、施工单位和材料设备供应单位,并分别和各方签订合同。各设计单位之间的关系是平行的,各施工单位之间的关系、各材料设备供应单位之间的关系也是平行的,如图3-1所示。

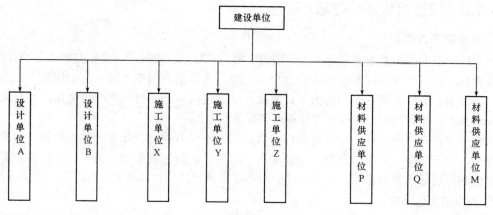

图 3-1　平行承发包模式

(2)平行承发包模式的优点和缺点。

①优点：有利于缩短工期、控制质量，也有利于建设单位在更广范围内选择施工单位。

②缺点：合同数量多，会造成合同管理困难；工程造价控制难度大。

(3)监理委托方式。与建设工程平行承发包模式相适应的监理委托模式有以下两种主要形式：

①建设单位委托一家工程监理单位实施监理。这种监理委托模式是指建设单位只委托一家监理单位为其提供监理服务。如图 3-2 所示，这种委托模式要求被委托的监理单位应该具有较强的合同管理与组织协调能力，并能做好全面规划工作。监理单位的项目监理机构可以组建多个监理分支机构对各承建单位分别实施监理。在具体的监理过程中，项目总监理工程师应重点做好总体协调工作，加强横向联系，保证建设工程监理工作的有效运行。

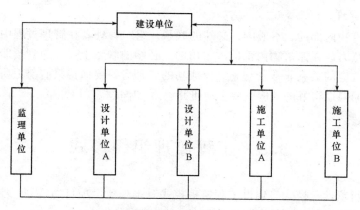

图 3-2　建设单位委托一家工程监理单位实施监理的模式

②建设单位委托多家工程监理单位实施监理。这种监理委托模式是指业主委托多家监理单位为其提供监理服务，如图 3-3 所示。采用这种委托模式，建设单位分别委托几家监理单位针对不同的承建单位实施监理。由于建设单位分别与多个监理单位签订委托监理合同，所以各监理单位之间的相互协作与配合需要建设单位进行协调。采用这种监理委托模式，监理单位的监理对象相对单一，便于管理。但整个工程的建设工程监理工作被肢解，各监理单位各负其责，缺少一个对建设工程进行总体规划与协调控制的监理单位。

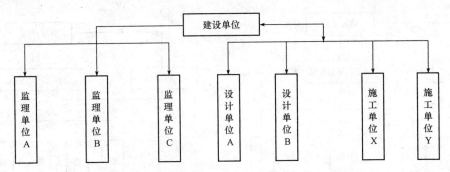

图 3-3 建设单位委托多家工程监理单位实施监理的模式

为了克服上述不足,在某些大、中型建设工程监理实践中,建设单位首先委托一个"总监理工程师单位",由"总监理工程师单位"负责协调、管理各工程监理单位工作,从而可大大减轻建设单位的管理压力,如图 3-4 所示。

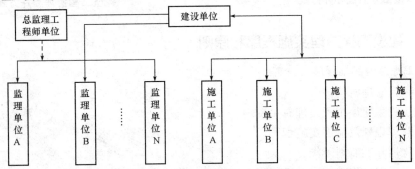

图 3-4 建设单位委托一个"总监理工程师单位"实施监理的模式

2. 施工总承包模式下建设工程监理委托方式

(1)施工总承包模式的特点。采用建设工程施工总承包模式,有利于建设工程的组织管理。由于施工合同数量比平行承发包模式更少,有利于建设单位的合同管理,减少协调工作量,可发挥工程监理单位与施工总承包单位多层次协调的积极性;总包合同价可较早确定,有利于控制工程造价;由于既有施工分包单位的自控,又有施工总承包单位监督,还有工程监理单位的检查认可,有利于工程质量控制;施工总承包单位具有控制的积极性,施工分包单位之间也有相互制约的作用,有利于总体进度的协调控制。但该模式的缺点是:建设周期较长;施工总承包单位的报价可能较高。

(2)监理委托方式。在施工总承包模式下,由于业主和总承包单位签订的是总承包合同,业主委托一家监理单位提供监理服务,如图 3-5 所示,在这种模式条件下,监理工作时间跨度大,监理工程师应具备较全面的知识,重点做好合同管理工作。

3. 工程总承包模式下建设工程监理委托方式

工程总承包模式是指建设单位将工程设计、施工、材料设备采购等工作全部发包给一家承包单位,由其进行实质性设计、施工和采购工作,最后向建设单位交出一个已达到动用条件的工程。按这种模式发包的工程也称"交钥匙工程"。工程总承包模式下建设工程监理委托方式,如图 3-6 所示。

采用建设工程总承包模式,建设单位的合同关系简单,组织协调工作量小,有利于控制工程进度和工程造价。在工程总承包模式下,建设单位一般应委托一家工程监理单位实施监理。

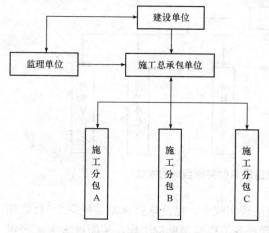

图 3-5　施工总承包模式下
建设工程监理委托方式

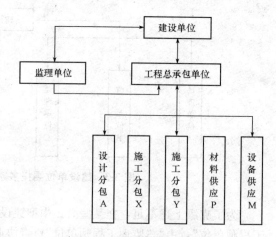

图 3-6　工程总承包模式下
建设工程监理委托方式

3.2.2　建设工程监理实施程序和原则

1. 建设工程监理实施程序

(1)组建项目监理机构。

(2)进一步收集建设工程监理有关资料。

(3)编制监理规划及监理实施细则。

(4)规范化地开展监理工作。

(5)参与工程竣工验收。建设工程施工完成后，项目监理机构应在正式验收前组织工程竣工预验收。在预验收中发现的问题，应及时与施工单位沟通，提出整改要求。项目监理机构人员应参加由建设单位组织的工程竣工验收工作，签署工程监理意见。

(6)向建设单位提交建设工程监理文件资料。建设工程监理工作完成后，项目监理机构应向建设单位提交工程变更资料、监理指令性文件、各类签证等文件资料。

(7)进行监理工作总结。监理工作完成后，项目监理机构应及时从以下两个方面进行监理工作总结：

①向建设单位提交的监理工作总结。

②向工程监理单位提交的监理工作总结。

2. 建设工程监理实施原则

建设工程监理单位受建设单位委托实施建设工程监理时，应遵循以下基本原则：

(1)公平、独立、诚信、科学的原则。

(2)权责一致的原则。

(3)总监理工程师负责制的原则。

①总监理工程师是建设工程监理的责任主体。

②总监理工程师是建设工程监理的权力主体。

③总监理工程师是建设工程监理的利益主体。

(4)严格监理，热情服务的原则。

(5)综合效益的原则。

(6)实事求是的原则。

3.3 项目监理机构

3.3.1 项目监理机构的设立

1. 项目监理机构设立的基本要求

(1)项目监理机构设立应遵循适应、精简、高效的原则,要有利于建设工程监理目标控制和合同管理,也要有利于建设工程监理职责的划分和监理人员的分工协作,还要有利于建设工程监理的科学决策和信息沟通。

几种监理组织机构图

(2)项目监理机构的监理人员应由一名总监理工程师、若干名专业监理工程师和监理员组成,而且专业配套,数量应满足监理工作和建设工程监理合同对监理工作深度及建设工程监理目标控制的要求,必要时可设总监理工程师代表。

(3)一名注册监理工程师可担任一项建设工程监理合同的总监理工程师。当需要同时担任多项建设工程监理合同的总监理工程师时,应经建设单位书面同意,而且最多不得超过三项。

(4)工程监理单位更换、调整项目监理机构监理人员时,应做好交接工作,保持建设工程监理工作的连续性。工程监理单位调换总监理工程师时,应征得建设单位书面同意;调换专业监理工程师时,总监理工程师应书面通知建设单位。

项目监理机构可设置总监理工程师代表的情形包括以下几项:

①工程规模较大,专业较复杂,总监理工程师难以处理多个专业工程时,可按专业设总监理工程师代表。

②一个建设工程监理合同中包含多个相对独立的施工合同,可按施工合同段设总监理工程师代表。

③工程规模较大,地域比较分散时,可按工程地域设置总监理工程师代表。

2. 项目监理机构设立的步骤

工程监理单位在组建项目监理机构时,一般按以下步骤进行:

(1)确定项目监理机构目标。建设工程监理目标是项目监理机构建立的前提。项目监理机构的建立应根据委托监理合同中确定的监理目标制定总目标,并明确划分监理机构的分解目标。

(2)确定监理工作内容。根据监理目标和委托监理合同中规定的监理任务,明确列出监理工作内容,并进行分类归并及组合。监理工作的归并及组合应便于监理目标控制,并综合考虑监理工程的组织管理模式、工程结构特点、合同工期要求、工程复杂程度、工程管理及技术特点,还应考虑监理单位自身管理水平、监理人员数量、技术业务特点等。

(3)项目监理机构组织结构设计。

①选择组织结构形式。

②合理确定管理层次与管理跨度。管理层次是指组织的最高管理者到最基层实际工作人员之间等级层次的数量。

项目监理机构中有以下三个层次:

a. 决策层。决策层由总监理工程师和其他助手组成。其主要职责是根据建设工程委托监理合同的要求和监理活动内容进行科学化、程序化决策和管理。

b. 中间控制层。中间控制层由各专业监理工程师组成。具体负责监理规划的落实、监理目标控制及合同实施的管理。

c. 操作层。操作层主要由监理员组成。具体负责监理活动的操作实施。

管理跨度是指一名上级管理人员所直接管理的下级人数。管理跨度越大，领导者需要协调的工作量越大，管理难度也越大。

③划分项目监理机构部门。项目监理机构中应合理划分各职能部门。划分时应依据监理机构的目的、监理机构可利用的人力和物力资源以及合同结构情况，将投资控制、进度控制、质量控制、合同管理、组织协调等监理工作内容按不同的职能活动划分相应的管理部门。

④制定岗位职责及考核标准。岗位职务及职责的确定要有明确的目的性，不可因人设岗。根据责权一致的原则，应对监理人员进行适当的授权，使其承担相应的职责；应确定考核标准，对监理人员的工作进行定期考核，包括考核内容、考核标准及考核时间。

⑤选派监理人员。根据监理工作的任务，选择适当的监理人员，包括总监理工程师、专业监理工程师和监理员，必要时可配备总监理工程师代表。监理人员的选择除应考虑个人因素外，还应考虑人员总体构成的合理性与协调性。

3.3.2 项目监理机构组织形式

1. 直线制组织形式

直线制组织形式的特点是项目监理机构中任何一个下级只接受唯一上级的命令。各级部门主管人员对各自所属部门的事务负责，项目监理机构中不再另设职能部门。

直线制组织形式的主要优点是组织机构简单，权力集中，命令统一，职责分明，决策迅速，隶属关系明确；其缺点是实行没有职能部门的"个人管理"，这就要求总监理工程师通晓各种业务和多种专业技能，成为"全能"式人物，如图3-7所示。

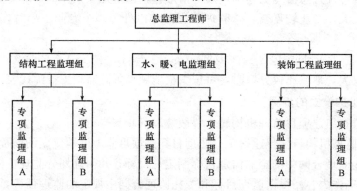

图3-7 某房屋建筑工程直线式项目监理机构组织形式

2. 职能制组织形式

职能制组织形式是在项目监理机构内设立一些职能部门，将相应的监理职责和权力交给职能部门，各职能部门在其职能范围内有权直接发布指令指挥下级。

职能组织形式的主要优点是加强了项目监理目标控制的职能化分工，可以发挥职能机构的专业管理作用，提高管理效率，减轻总监理工程师负担。但由于下级人员受多头指挥，如果这些指令相互矛盾，会使下级在监理工作中无所适从，如图3-8所示。

3. 直线职能制组织形式

直线职能制组织形式是吸收直线制组织形式和职能制组织形式的优点而形成的一种组织形式。这种组织形式可将管理部门和人员分为两类：一类是直线指挥部门的人员，他们拥有对下级实行指挥和发布命令的权力，并对该部门的工作全面负责；另一类是职能部门的人员，他们是直线指挥人员的参谋，只能对下级部门进行业务指导，而不能对下级部门直接进行指挥和发布命令。

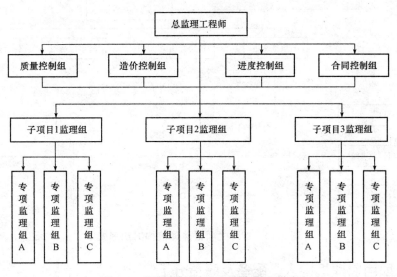

图 3-8　职能式项目监理机构组织形式

直线职能制组织形式既保持了直线制组织实行直线领导、统一指挥、职责分明的优点，又保持了职能制组织目标管理专业化的优点；其缺点是职能部门与指挥部门易产生矛盾，信息传递路线长，不利于互通信息，如图 3-9 所示。

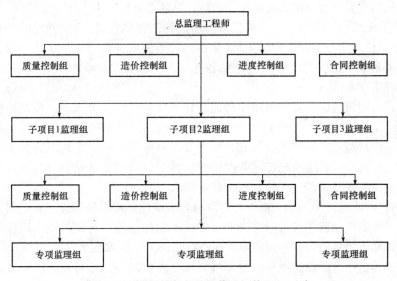

图 3-9　直线职能式项目监理机构组织形式

4. 矩阵制组织形式

矩阵制组织形式是由纵横两套管理系统组成的矩阵组织结构，如图 3-10 所示。

矩阵制组织形式的优点是加强了各职能部门的横向联系，具有较大的机动性和适应性，将上下左右集权与分权实行最优结合，有利于解决复杂问题，有利于监理人员业务能力的培养；其缺点是纵横向协调工作量大，处理不当会造成扯皮现象，产生矛盾。

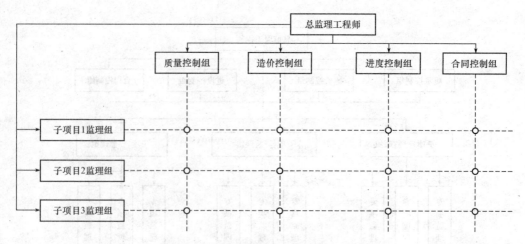

图 3-10 矩阵式项目监理机构组织形式

3.3.3 项目监理机构人员配备及职责分工

项目监理机构中配备监理人员的数量和专业应根据监理的任务范围、内容、工作期限以及工程的类别、规模、技术复杂程度、工程环境等因素综合考虑,并应符合建设工程监理合同中对监理工作深度及建设工程监理目标控制的要求,能体现项目监理机构的整体素质。

1. 项目监理机构的人员结构

项目监理机构应具有合理的人员结构,包括以下两个方面:

(1)合理的专业结构。项目监理机构应由与所监理工程的性质(专业性强的生产项目或是民用项目)及建设单位对建设工程监理的要求(是否包含相关服务内容,是工程质量、造价、进度的多目标控制或是某一目标的控制)相适应的各专业人员组成,也即各专业人员要配套,以满足项目各专业监理工作要求。

通常,项目监理机构应具备与所承担的监理任务相适应的专业人员。但当监理的工程局部有特殊性或建设单位提出某些特殊监理要求而需要采用某种特殊监控手段时,如局部的结构、网架、球罐体等质量监控需采用无损探伤、X光及超声探测,水下及地下混凝土桩需要采用遥测仪器探测等,此时,可将这些局部专业性强的监控工作另行委托给具有相应资质的咨询机构来承担,这也应视为保证了监理人员合理的专业结构。

(2)合理的技术职称结构。为了提高管理效率和经济性,应根据建设工程的特点和建设工程监理工作需要,确定项目监理机构中监理人员的技术职称结构。合理的技术职称结构表现为监理人员的高级职称、中级职称和初级职称的比例与监理工作要求相适应。

通常,工程勘察设计阶段的服务,对人员职称要求更高些,具有高级职称及中级职称的人员在整个监理人员构成中应占绝大多数。施工阶段监理可由较多的初级职称人员从事实际操作工作,如旁站、见证取样、检查工序施工结果、复核工程计量有关数据等。

这里所称的初级职称是指助理工程师、助理经济师、技术员等,也可包括具有相应能力的实践经验丰富的工人(应能看懂图纸、正确填报有关原始凭证)。

2. 项目监理机构监理人员数量的确定

(1)影响项目监理机构人员数量的因素主要包括以下几个方面:

①工程建设强度。工程建设强度是指单位时间内投入的建设工程资金的数量,即

$$工程建设强度 = 投资/工期$$

其中,投资和工期是指监理单位所承担监理任务的工程的建设投资和工期。投资可按工程概算

投资额或合同价计算，工期可根据进度总目标及其分目标计算。显然，工程建设强度越大，需投入的监理人数越多。

②建设工程复杂程度。工程复杂程度涉及的因素包括设计活动、工程地点位置、气候条件、地形条件、工程地质、工程性质、工程结构类型、施工方法、工期要求、材料供应、工程分散程度等。

根据上述各项因素，可将工程分为若干工程复杂程度等级，不同等级的工程需要配备的监理人员数量有所不同。例如，可将工程复杂程度按五级划分，即简单、一般、较复杂、复杂、很复杂。工程复杂程度定级可采用定量办法：对构成工程复杂程度的每一因素通过专家评估，根据工程实际情况给出相应权重，将各影响因素的评分加权平均后根据其值的大小确定该工程的复杂程度等级。例如，将工程复杂程度按 10 分制考虑，则平均分值 1～3 分、3～5 分、5～7 分、7～9 分者依次为简单工程、一般工程、较复杂工程和复杂工程，9 分以上为很复杂工程。

显然，简单工程需要的监理人员较少，而复杂工程需要的项目监理人员较多。

③工程监理单位的业务水平。每个工程监理单位的业务水平和对某类工程的熟悉程度不完全相同，在监理人员素质、管理水平和监理设备手段等方面也存在差异，这都会直接影响到监理效率的高低。高水平的监理单位可以投入较少的监理人力完成一个建设工程的监理工作，而一个经验不多或管理水平不高的监理单位则需投入较多的监理人力。因此，各监理单位应当根据自己的实际情况制定监理人员需要量定额。

④项目监理机构的组织结构和任务职能分工。项目监理机构的组织结构情况关系到具体的监理人员配备，务必使项目监理机构任务职能分工的要求得到满足。必要时，还需要根据项目监理机构的职能分工对监理人员的配备做进一步调整。

有时，监理工作需要委托专业咨询机构或专业监测、检验机构进行，当然，项目监理机构的监理人员数量可适当减少。

(2)项目监理机构人员数量的确定方法。项目监理机构人员数量的确定方法可按以下原则：
①项目监理机构人员需要量定额。
②确定工程建设强度。
③确定工程复杂程度。
④根据工程复杂程度和工程建设强度套用监理人员需要量定额。
⑤根据实际情况确定监理人员数量。

本章小结

本章简单而准确地阐述了建设工程监理组织的基本原理、工程监理组织的模式，详细介绍了项目监理机构的组织形式。其中，重点是工程监理组织模式，难点是解决监理过程中监理组织的模式。通过本章的学习，应使学生明确设立项目监理机构的步骤和人员配备的方法。

练习与思考

1. 监理组织活动的基本原理是什么？
2. 工程监理的实施程序和原则是什么？
3. 项目监理机构中的人员如何配备？

第 4 章 建设工程目标控制

内容提要

本章主要内容包括目标控制的流程及环节、目标控制的类型、建设工程三大目标的关系、目标控制的措施。

知识目标

1. 了解建设工程目标控制的原理。
2. 掌握目标控制的流程及基本环节。
3. 了解目标控制的类型。
4. 掌握建设工程三大目标的关系。
5. 掌握建设工程目标控制的措施。

能力目标

1. 能理解目标控制的流程及基本环节以及目标控制的措施。
2. 能明确目标控制的类型及建设工程三大目标的关系。

4.1 目标控制概述

4.1.1 动态控制原理

由于建设工程的建设周期长，影响工程实施目标的风险因素很多，因而实际运行状况偏离目标和计划的情况经常发生，如在工程实施过程中经常出现投资增加、工期拖延、工程质量和功能未达到预定的要求等问题。这就需要在工程实施过程中，通过对目标、过程和活动的跟踪，全面、及时、准确地掌握有关信息，定期或不定期地将工程实际状况与目标和计划进行比较，如果偏离了目标和计划，则采取纠正措施，如改变投入、修改计划等，使工程能在新的计划状态下进行。然而，所有的工程建设项目都存在工期长、生产环境复杂多变的特点，原有的矛盾和问题解决了，可能还会出现新的矛盾和问题，所以整个建设周期需要不断地进行控制。这就是动态控制原理。

建设工程项目目标的动态控制

对于建设工程目标控制系统来说，收集实际状况数据，进行偏差分析，制订纠偏措施均由目标控制人员来完成。各项工作存在一定的先后次序，都需要一定的持续时间，因而，建设工程目标控制表现为周期性的循环过程。通常，在建设工程监理的实践中，投资控制、进度控制和常规质量控制问题的控制周期按周或月计，对严重的工程质量问题和事故，则需要及时加以控制。

建设工程目标控制的动态性还可以从另一个角度来理解。由于系统本身的状态和外部环境是不断变化的，相应地就要求控制工作也随之变化。目标控制人员对建设工程本身的技术经济规律、目标控制工作规律的认识也是不断变化的，他们的目标控制能力和水平也在不断提高，因而即使在系统状态和环境变化不大的情况下，目标控制工作也可能发生较大的变化。这表明目标控制也可能包含着对已采取的目标控制措施的调整或控制。

4.1.2 目标控制的流程及基本环节

不同的目标控制系统既有区别又存在许多共同的特性。建设工程项目目标控制流程如图4-1所示。

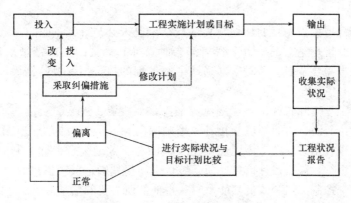

图 4-1 建设工程项目目标控制流程

图 4-1 所示的控制流程可以进一步抽象为投入、转换、反馈、对比、纠正五个基本环节，如图 4-2 所示。对于每个控制循环来说，如果缺少某一环节或某一环节出现了问题，就会导致循环障碍，以致会降低控制的有效性。因此，必须明确控制流程中各个基本环节的有关内容，并做好相应的控制工作。

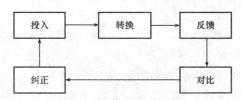

图 4-2 控制流程中基本环节

1. 投入

控制流程的每个循环均开始于投入。

对于建设工程的目标控制流程来说，投入首先涉及传统生产要素的投入，包括人力（管理人员、技术人员、工人）、建筑材料、工程设备、施工机具、资金等。另外，还包括施工方法、信息等的投入。工程实施计划本身就包含着有关的各项投入的计划。要使计划能够正常实施并达到预定的目标，就应当将质量、数量等符合计划要求的资源按规定的时间和地点投入到建设工程实施过程中去。

2. 转换

转换是指由投入到产出的过程，如建设工程的建造过程、设备购置等活动。

转换过程通常表现为劳动力（管理人员、技术人员、施工队伍）运用劳动资料（如施工机具）

将劳动对象(如建筑材料、工程设备等)转变为预订的产品,如设计图纸、分项工程、分部工程、单位工程、单项工程,并最终输出完整的建设工程。

在转换过程中,计划的运行往往受到来自外部环境和内部系统诸多因素的干扰,从而造成实际状况偏离预定的目标和计划。同时,计划本身不可避免地存在一定的问题,例如,计划没有经过科学的资源、技术、经济和财务可行性分析,从而造成实际输出与计划输出之间发生偏差。

转换过程中的控制工作是实现目标控制的重要工作。在建设工程实施过程中,监理工程师应当跟踪了解工程进展情况,掌握第一手资料,为分析偏差原因、确定纠偏措施提供可靠依据。同时,对于可以及时解决的问题,应及时采取纠偏措施,避免因问题堆积而留下质量隐患。

3. 反馈

即使是一项制订得相当完善的计划,其运行结果也未必与计划一致。因此,在计划实施过程中,实际情况的变化是绝对的,每个变化都会对目标和计划的实现带来一定的影响。所以,控制部门和控制人员需要全面、及时、准确地了解计划的执行情况及其结果。这就需要通过反馈信息来实现。

反馈信息包括工程实际状况、环境变化等信息,如投资、进度、质量的实际状况,现场条件,合同履行条件,经济、法律环境变化等。控制部门和人员要根据监理工作的需要及时对工程建设的实际进展进行信息反馈。为了使信息反馈能够有效地配合目标控制的各项工作,使整个控制过程流畅地进行,需要设计信息反馈系统,也即预先确定反馈信息的内容、形式、来源、传递路径等,使每个控制部门和人员都能及时获得他们所需要的信息。

信息反馈方式可分为正式和非正式两种。正式信息反馈是指以书面的形式报告工程状况之类的信息,它是控制过程中采用的主要反馈方式;非正式信息反馈主要是指口头方式,如口头指令,口头反映的工程实施情况,对非正式信息反馈也应当给予足够的重视。当然,非正式信息反馈应当适时转化为正式信息反馈才能更好地发挥其对控制的作用。

4. 对比

对比是将目标的实际值与计划值进行比较,以确定是否发生偏离。目标的实际值来源于反馈信息。在对比工作中要注意以下几点:

(1)明确目标的实际值与计划值的内涵。目标的实际值与计划值是两个相对的概念。随着建设工程的实施,其实施计划和目标一般都将逐渐深化、细化,往往还要做适当的调整。从目标形成的时间来看,前者为计划值,后者为实际值。

以投资目标为例,有投资估算、设计概算、施工图预算、招标控制价、标底、合同价、结算价等表现形式,其中,投资估算相对于其他的投资值都是目标值;施工图预算相对于投资估算、设计概算为实际值,而相对于招标控制价、标底、合同价、结算价则为计划值;结算价则相对于其他的投资值均为实际值。

(2)合理选择比较的对象。在实际工作中,最常用的是相邻两种目标之间的比较。在国内的许多建设工程中,业主往往以批准的设计概算作为投资控制的总目标,这时,合同价与设计概算、结算价与设计概算的比较是必要的。另外,结算价以外各种投资之间的比较都是一次性的,而结算价与合同价(或设计概算)的比较则是经常性的,一般是定期(如每月)比较。

(3)建立目标实际值与计划值之间的对应关系。建设工程的各项目标都要进行适当的分解。通常,目标的计划值分解较粗,目标的实际值分解较细。例如,建设工程初期制订的总进度计划中的工作可能只达到单位工程,而施工进度计划中的工作却达到分项工程。因此,为了保证能够切实地进行目标实际值与计划值的比较,并通过比较发现问题,必须建立目标实际值与计划值之间的对应关系。这就要求目标的分解深度、细度可以不同,但分解的原则、方法必须相同,从而可以在较粗的层次上进行目标实际值与计划值的比较。

(4)确定衡量目标偏离的标准。要正确判断某一目标是否发生偏差,须预先确定衡量目标偏离的标准。

例如,某建设工程某项工作的实际进度比计划要求拖延了一段时间,如果这项工作是关键工作,或者虽然不是关键工作,但该项工作拖延的时间超过了它的总时差,则应当判断为发生偏差,即实际进度偏离计划进度;反之,如果该项工作不是关键工作,而且其拖延的时间未超过总时差,则虽然该项工作本身偏离计划进度,但从整个工程的角度来看,其实际进度并未偏离计划进度。

又如,某建设工程在实施过程中发生了较为严重的超额投资现象,为了使总投资额控制在预定的计划值(如设计概算)之内,决定删除其中的某单项工程。在这种情况下,虽然整个建设工程投资的实际值未偏离计划值,但对于保留的各单项工程来说,投资的实际值可能均不同程度地偏离了计划值。

5. 纠正

对于目标实际值偏离计划值的情况要采取措施加以纠正(或称纠偏)。根据偏差的具体情况,纠偏的方法可以分为以下三种:

(1)直接纠偏。即在轻度偏离的情况下,不改变原定目标的计划值,以及原定的实施计划,在下一个控制周期内,使目标的实际值控制在计划值范围内。例如,某建设工程某月的实际进度比计划进度拖延了一两天,则在下个月中适当增加人力、施工机械的投入量,即可使实际进度恢复到计划状态。

(2)不改变总目标的计划值,调整后期实施计划。这是在中度偏离情况下,所采取的对策。由于目标实际值偏离计划值的情况已经比较严重,不可能通过直接纠偏在下一个控制周期内恢复到计划状态,因而必须调整后期实施计划。例如,某建设工程施工计划工期为24个月,在施工进行到12个月时,工期已经拖延1个月,这时通过调整后期施工计划,若最终能按照计划工期建成该工程,应当说仍然是令人满意的结果。

(3)重新确定目标的计划值,并据此重新制订实施计划。这是在重度偏离情况下所采取的对策。由于目标实际值偏离计划值的情况已经很严重,已经不可能通过调整后期实施计划来保证原定目标计划值的实现,因而必须重新确定目标的计划值。例如,某建设工程施工计划工期为24个月,在施工进行到12个月时,工期已经拖延4个月(仅完成原计划8个月的工程量),这是不可能在以后12个月内完成16个月的工作量,工期拖延已成定局。在这种情况下,可重新确定目标计划值。重新确定目标计划值时应注意,从进度控制的角度,新的目标不能在今后12个月内出现等比例拖延的情况。调整目标后,如果最终用26个月建成该工程,则后期进度控制的效果还是相当不错的。

4.1.3 目标控制的类型

根据划分依据的不同,可将目标控制分为以下不同的类型:
(1)按照控制措施作用于控制对象的时间,可分为事前控制、事中控制和事后控制。
(2)按照控制信息的来源,可分为前馈控制和反馈控制。
(3)按照控制过程是否形成闭合回路,可分为开环控制和闭环控制。
(4)按照控制措施制定的出发点,可分为主动控制和被动控制。

控制类型的划分是人为的(主观的),是根据不同的分析目的选择的,但控制措施本身是客观的。因此,同一控制措施可以表述为不同的控制类型,或者不同的划分依据的不同控制类型之间存在着内在的同一性。

1. 主动控制

主动控制是指在预先分析各种风险因素及其导致目标偏离的可能性和程度的基础上，拟定和采取有针对性的预防措施，从而减少乃至避免目标偏离。主动控制也可以表述为其他不同的控制类型，具体如下：

（1）主动控制是一种事前控制。它必须在计划实施之前就采取控制措施，以降低目标偏离的可能性或其后果的严重程度，起到防患于未然的作用。

（2）主动控制通常是一种开环控制。它在控制过程中主要表现为调查研究，风险分析评估，预测可能存在的偏差，提出预防措施。其控制过程如图 4-3 所示。这是一种断开控制，不是一个循环的过程。

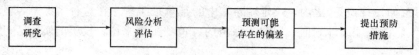

图 4-3　主动控制的开环控制过程

综上所述，主动控制是一种面对未来的控制，它可以解决传统控制过程中存在的时滞影响，尽最大可能缓解偏差已经成为现实的被动局面，降低偏差发生的概率及其严重程度，从而使目标得到有效控制。

2. 被动控制

被动控制是指从计划的实际输出中发现偏差，通过对产生偏差原因的分析，研究制定纠偏措施，以使偏差得以纠正，将工程实施恢复到原来的计划状态，或虽然不能恢复到计划状态，但可以减少偏差的严重程度。被动控制也可以表述为其他不同的控制类型，具体如下：

（1）被动控制是一种事中控制和事后控制。它是在计划实施过程中对已经出现的偏差采取控制措施，虽然不能降低目标偏离的可能性，但可以降低目标偏离的严重程度，并将偏差控制在尽可能小的范围内。

（2）被动控制是一种反馈控制。它是根据本工程实施情况（即反馈信息）的综合分析结果进行的控制，其控制效果在很大程度上取决于反馈信息的全面性、及时性和可靠性。

（3）被动控制是一种闭环控制。闭环控制又称循环控制，即被动控制表现为一个循环过程：发现偏差，分析产生偏差的原因，研究制定纠偏措施并预计纠偏措施的成效，落实并实施纠偏措施，产生实际成效，收集实际实施情况，对实施的实际效果进行评价，将实际效果与预期效果进行比较，发现偏差……直至整个工程建成。其控制过程如图 4-4 所示。

图 4-4　被动控制的闭环控制过程

综上所述，被动控制是一种面对现实的控制。虽然目标偏离已成为客观事实，但是通过被动控制措施，仍然可能使工程实施恢复到计划状态，至少可以减少偏差的严重程度。不可否认，被动控制仍然是一种有效的控制，也是十分重要而且经常运用的控制方式。因此，对被动控制应当予以足够的重视，并努力提高其控制效果。

3. 主动控制与被动控制的关系

在建设工程实施过程中，一方面，如果仅采取被动控制措施，出现偏差是不可避免的，而且偏差可能有累积效应，即虽然采取了纠偏措施，但偏差可能越来越大，从而难以实现预定的目标；另一方面，主动控制的效果虽然比被动控制好，但仅采取主动控制措施是不现实的，或者是不可能的。因此，建设工程实施过程中有相当多的风险因素是不可预见的甚至是无法防范的，如政治、社会、自然等因素。而且采取主动控制措施往往要付出一定的代价，即耗费一定的资金和时间，对于那些发生概率小且发生后损失也较小的风险因素，采取主动控制措施有时可能是不经济的。这表明，是否采取主动控制措施以及采取什么主动控制措施，应在对风险因素进行定量分析的基础上，通过技术经济分析和比较来决定。在某些情况下，被动控制可能是较好的选择。因此，对于建设工程目标控制来说，主动控制和被动控制两者缺一不可，两者都是实现建设工程目标所必须采取的控制方式，应将两者紧密结合起来，如图4-5所示。

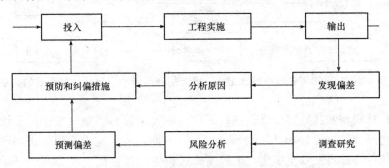

图 4-5 主动控制和被动控制相结合

要做到主动控制与被动控制相结合，关键需要处理好以下两个方面的问题：
(1)扩大信息来源，即不仅要从本工程获得实施情况的信息，而且要从外部环境获得有关信息，包括已建同类工程的有关信息，这样才能对风险因素进行定量分析，使纠偏措施有针对性；
(2)把握好输入环节，即不仅有纠正已经发生偏差的措施，而且有预防和纠正可能发生偏差的措施，这样才能取得较好的控制效果。

4. 充分重视主动控制在工程管理中的作用

虽然在建设实施过程中仅仅采取主动控制是不可能的，有时是不经济的，但不能因此而否定主动控制的重要性。实际上，牢固确定主动控制的思想，认真研究并制定多种主动控制措施，尤其要重视那些基本上不需要消耗资金和时间的主动控制措施，如组织、经济、合同方面的措施，并力求加大主动控制在控制过程中的比例，对提高建设工程目标控制的效果具有十分重要和现实的意义。

4.2 建设工程目标控制的含义

4.2.1 目标控制的前提工作

为了进行有效的目标控制，必须做好两项重要的前提工作：一是确定目标规划和计划；二是建立目标控制的组织。

1. 确定目标规划和计划

如果没有目标，就无所谓控制；而如果没有计划，就无法实施控制。因此，要进行目标控制,首先应对目标进行合理的规划并制订相应的计划。目标规划和计划越明确、越具体、越全面,目标控制的效果就越好。

(1)目标规划和计划与目标控制的关系。图4-6所示为建设工程各阶段基本工作、目标规划和计划、目标控制之间的关系。

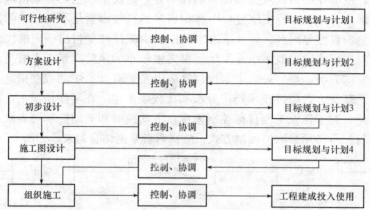

图4-6　建设工程各阶段基本工作、目标规划和计划、目标控制之间的关系

一方面,目标规划和计划需要反复进行多次,建设工程的实施要根据目标规划和计划进行控制,力求使之符合目标规划和计划的要求;另一方面,随着建设工程的进展,工程内容、功能要求、外界条件等都可能发生变化,工程实施过程中的反馈信息可能表明目标和计划出现偏差,这就要求目标规划与之相适应,需要在新的条件和情况下不断深入、细化,并可能需要对前一阶段的目标规划做必要的修正或调整,真正成为目标控制的依据。由此可见,目标规划和计划与目标控制之间表现出一种交替出现的循环关系,但这种循环不是简单的重复,而是在新的基础上不断前进的循环,每一次循环都有新的内容、新的发展。

(2)目标控制的效果在很大程度上取决于目标规划和计划的质量。应当说目标控制的效果直接取决于目标控制的措施是否得力,但是人们对目标控制效果的评价通常是将实际结果与预定的目标和计划进行比较。如果出现较大的偏差,一般就认为控制效果较差;反之,则认为控制效果较好。从这个意义上讲,目标控制的效果在很大程度上取决于目标规划和计划的质量。

制订计划首先要保证计划的可行性,即保证计划的技术、资源、经济和财务的可行性。为此,首先必须了解并认真分析拟建建设工程自身的客观规律性,在充分考虑工程规模、技术复杂程度、质量水平、主要工作的逻辑关系等因素的前提下制订计划,切不可不合理地缩短工期和降低投资。其次要充分考虑各种风险因素对计划实施的影响,留有一定的余地,例如,在投资总目标中预留风险费或不可预见费,在进度总目标中留有一定的机动时间等。另外,还需要考虑业主的支付能力(资金筹措能力)、设备供应能力、管理和协调能力等。

在确保计划可行的基础上,还应根据一定的方法和原则优化计划。对计划进行优化实际上是做多方案的技术经济分析和比较。

2. 建立目标控制的组织

由于建设工程目标控制的所有活动以及计划的实施都是由目标控制人员实现的,因此如果没有明确的控制机构和人员,目标控制就无法进行,或者虽然有明确的控制机构和人员,但其任务和职能分工不明确,目标控制也不能有效地进行。这表明,合理而有效的组织是目标控制的重要保障。目标控制的组织机构和任务分工越明确、越完善,目标控制的效果就越好。为了有效地进行目标控制,需要做好以下组织工作:

(1)设置目标控制机构；
(2)配备合适的目标控制人员；
(3)落实目标控制机构和人员的任务与职能分工；
(4)合理组织目标控制的工作流程和信息流程。

4.2.2 建设工程目标确定

1. 建设工程目标确定的依据

如前所述，目标规划是一项动态性工作，在建设工程的不同阶段都要进行，因而，建设工程的目标并不是一经确定就不再改变。由于建设工程不同阶段所具备的条件不同，目标确定的依据自然也就不同。一般来说，在施工图设计完成之后，目标规划的依据比较充分，目标规划的结果也比较准确和可靠。但是，对于施工图设计完成以前的各个阶段来说，建设工程数据库具有十分重要的作用，应予以足够的重视。建设工程数据库对建设工程目标确定的作用在很大程度上取决于数据库中与拟建工程相似的同类工程的数量。

建设工程的目标规划总是由某个单位编制的，如设计院、监理公司或其他咨询公司。这些单位都应当将自己承担过的建设工程的主要数据录入数据库。若某一地区或城市能够建立本地区或本市的建设工程数据库，则可以在大范围内共享数据，增加同类建设工程的数量，从而大大提高目标确定的准确性和合理性。

必须注意的是，建设工程数据库中的数据都是历史数据，即拟建工程与已建工程之间存在"时间差"，因而，建设工程数据控制库中的有些数据不能直接应用，而必须考虑时间因素和外部条件的变化，采取适当的方法加以调整。

2. 建设工程目标分解的原则

为了在建设工程实施过程中有效地进行目标控制，仅有总目标还不够，还需要将总目标进行适当的分解。目标分解的原则如下：

(1)能分能合的原则。既要求建设工程的总目标能够自上而下逐层分解，也能够根据需要自下而上逐层综合。这一原则实际上是要求目标分解要有明确的依据，并采用适当的方式，避免目标分解的随意性。

(2)按工程部位分解的原则。建设工程建造过程是工程实体的形成过程，按工程部位分解，而不按工种分解，则比较直观，而且便于将投资、进度、质量三大目标联系起来，也便于对偏差原因进行分析。

(3)区别对待、有粗有细的原则。根据建设工程目标的具体内容、作用和所具备的数据，目标分解的粗细程度应当有所区别。例如，在建设工程总投资构成中，有些费用数额大，占总投资的比例大，而有些费用则相反。从投资控制工作的要求来看，重点在于前一类费用的控制。因此，应当对前一类费用尽可能分解得细一些、深一些，而对最后一类费用则分解得粗一些、浅一些。另外，有些工程内容的组成非常明确、具体（如建筑工程、设备等），所需要的投资和时间也比较明确，可以分解得很细；而有些工程内容则比较笼统，难以详细分解。因此，对不同工程内容目标分解的层次或深度不必强求一样，要根据目标控制的实际需要和可能来确定。

(4)根据可靠的数据来源进行分解的原则。目标分解不是目的而是手段，是为目标控制服务的。目标分解的结果是形成不同层次的分目标，这些分目标就成为各级目标控制组织机构和人员进行目标控制的依据。如果数据来源不可靠，分目标就不可靠，就不能作为目标控制的依据。因此，目标分解所达到的深度应当以能够取得可靠的数据为原则，并非越深越好。

(5)目标分解结构与组织分解结构相对应的原则。如前所述,目标控制必须有组织加以保障,要落实到具体的机构和人员,因而就存在一定的目标控制组织分解结构。只有使目标分解结构与组织分解结构相对应,才能进行有效的目标控制。一般来说,目标分解结构较细、层次较多,而组织分解结构较粗、层次较少,目标分解结构在较粗的层次上应当与组织分解结构一致。

3. 建设工程目标分解的方式

建设工程的总目标可以按照不同的方式进行分解。对于建设工程的投资、进度、质量三个目标来说,目标分解的方式不完全相同,其中,进度目标和质量目标的分解方式较为单一,而投资目标的分解方式较多。

按工程内容分解是建设工程目标分解最基本的方式。其适用于投资、进度、质量三个目标的分解,但是这三个目标的分解的深度不一定完全一致。一般来说,将投资、进度、质量三个目标分解到单项工程和单位工程是比较容易办到的,其结果也是比较合理和可靠的。在施工图设计完成之前,目标分解至少都应达到这个层次。至于是否分解到分部工程和分项工程,一方面取决于工程进度所处的阶段、资料的详细程度、设计所达到的深度等;另一方面取决于目标控制的工作需要。建设工程的投资目标还可以按总投资构成的内容和资金使用时间(即进度)分解。

4.2.3 建设工程三大目标的关系

任何建设工程都有投资、进度、质量三大目标。这三大目标构成了建设工程的目标系统。为了有效地进行目标控制,必须正确认识和处理投资、进度、质量三大目标之间的关系,并且合理地确定和分解这三大目标。

1. 建设工程三大目标之间的对立关系

建设工程三大目标之间的对立关系比较明显,易于理解。一般来说,如果对建设工程的功能和质量要求较高,就需要采用较好的工程设备和建筑材料,还需要投入较多的资金,同时,也需要精工细作、严格管理,不仅增加了人力的投入(人工费相应增加),而且需要较长的建设时间。一方面,如果要加快进度、缩短工期,则需要加班加点或适当增加施工机械和人力,这将直接导致施工效率下降,单位产品的费用上升,从而使整个工程的总投资增加;另一方面,加快进度往往会打乱原有的计划,使建设工程实施的各个环节之间产生脱节现象,增加控制和协调的难度,不仅可能"欲速不达",而且会对工程质量带来不利影响或留下工程质量隐患。如果要降低投资,就需要考虑降低功能和质量的要求,采用较差或普通的工程设备和建筑材料;同时,只能按费用最低的原则安排进度计划,整个工程需要的建设时间较长。但在这种情况下的工期其实是合理工期,只是相对于加快进度情况下的工期而言,显得工期较长。

以上分析表明,建设工程三大目标之间存在对立的关系。因此,不能奢望投资、进度、质量三大目标割裂开来,分别孤立地分析和论证,更不能片面强调某一目标而忽略对其他两个目标的不利影响,而必须将投资、进度、质量三大目标作为一个系统统筹考虑,反复协调和平衡,力求实现整个目标系统最优。

2. 建设工程三大目标之间的统一关系

对于建设工程三大目标之间的统一关系,需要从不同的角度分析和理解。例如,加快进度、缩短工期虽然需要增加一定的投资,但是可以使整个建设工程提前投入使用,从而提早发挥投资效益,还能在一定程度上减少利息支出,如果提早发挥的投资效益超过因加快进度所增加的投资额度,则加快进度从经济的角度来说是可行的。如果提高功能和质量要求,虽然需要增加一次性投资,但可能降低工程投入使用后的运行费用和维修费用,从全寿命周期费用分析的角度则是节约投资的。在不少情况下,功能好、质量优的工程(如宾馆、商用办公楼)投入使用后的收益往往较高。另外,严格控制质量还能起到保证进度的作用。如果在工程实施过程中发现质量问题及时进行返工处理,虽然需要耗费时间,但可能只影响局部工作的进度,不影响整个工程的进度,或虽然影响整个工程的进度,但比不及时返工而酿成重大工程质量事故对整个工程进度的影响要小,也比留下工程质量隐患,到使用阶段才发现而不得不停止使用进行修理所造成的损失要小。

3. 三大目标关系的定量分析

在确定建设工程目标时,应当对投资、进度、质量三大目标之间的统一关系进行客观的并尽可能定量的分析。在分析时需要注意以下几个方面问题:

(1)掌握客观规律,充分考虑制约因素。一般来说,加快进度、缩短工期所提前发挥的投资效益都超过加快进度所需要增加的投资,但不能由此而导出工期越短越好的错误结论,因为加快进度、缩短工期会受到技术、环境、场地等因素的制约(当然还要考虑对投资和质量的影响),不可能无限制地缩短工期。

(2)对于未来的、可能的收益不宜过于乐观。通常,当前的投入是现实的,其数额也是较为确定的,而未来的收益却是预期的、不很确定的。提高功能和质量要求所需要增加的投资可以很精确地计算,但今后的收益却受到市场供求关系的影响,如果届时同类工程(如五星级宾馆、智能化办公楼)供大于求,则预期收益就难以实现。

(3)将目标规划和计划结合起来。建设工程所确定的目标要通过计划的实施才能实现。如果建设工程进度计划制定得既可行又优化,使工程进度具有连续性、均衡性,则不但可以缩短工期,而且有可能获得较好的质量和耗费较低的投资。从这个意义上讲,优化的计划是投资、进度、质量三大目标统一的计划。

在对建设工程三大目标的对立、统一关系进行分析时,同样需要将这三大目标作为一个系统统筹考虑,反复协调和平衡,力求实现整个目标系统最优,以便实现投资、进度、质量三大目标的统一。

4.3 建设工程目标控制的任务

4.3.1 工程设计和施工阶段的特点

在工程建设实施的各个阶段中,设计阶段和施工阶段是目标控制内容最多的阶段,而且目标控制工作持续的时间最长。可以认为,设计阶段和施工阶段是工程建设目标全过程控制中的两个主要阶段。正确认识设计阶段和施工阶段的特点,对于确定设计阶段和施工阶段目标控制的任务和措施具有十分重要的意义。

1. 设计阶段的特点

(1)设计工作表现为创造性的脑力劳动。在设计阶段,消耗的主要是设计人员的活劳动,而且主要是脑力劳动。随着计算机辅助设计(CAD)技术的不断发展,设计人员将主要从事设计工作中创造性劳动的部分。脑力劳动的时间是外在的、可以度量的,但脑力劳动的强度却是内在的、难以度量的。设计劳动投入量与设计产品的质量之间并没有必然的联系,不能简单地将设计工作的时间消耗量作为衡量设计产品价值量的尺度,也不能以此作为判断设计产品质量的依据。

(2)设计阶段是决定建设工程价值和使用价值的主要阶段。一方面,在设计阶段,通过设计工作确定了建设工程的规模、标准、组成、结构、构造等,也就基本确定了建设工程的价值。例如,主要的物化劳动价值通过材料和设备的确定而确定下来,设计工作的活劳动价值在此阶段已经形成,而施工安装的活劳动价值大小也由于设计的完成而能够估算出来。因此,在设计阶段已经可以基本确定整个建设工程的价值,其精度取决于设计所达到的深度和设计文件的完善程度。另一方面,任何建设工程都有预定的基本功能,这些基本功能只有通过设计才能具体化、细化。例如,对于宾馆来说,除要确定房间数、床位数外,还要设置各种规格、大小的会议室、餐厅、娱乐设施、健身设施和场所、商务用房、车库或停车场地等。正是这些具体功能的不同组合,形成了一个个与其他同类工程不同的建设工程,而正是这些不同功能建设工程的不同组合,形成了人类生存和发展的基本空间。

(3)设计阶段是影响建设工程投资的关键阶段。建设工程实施各个阶段影响投资的程度是不同的,总的趋势是随着各阶段设计工作的进展,建设工程的范围、组成、功能、标准、结构形式等内容一步步明确,可以优化的内容越来越少,优化的限制条件却越来越多,各阶段设计工作对投资的影响程度逐步下降。其中,方案设计阶段影响最大,初步设计阶段次之,施工图设计阶段影响已明显降低,到了施工开始时,影响投资的程度只有10%左右。由此可见,与施工阶段相比,设计阶段是影响建设工程投资的关键阶段;与施工图设计阶段相比,方案设计阶段和初步设计阶段是影响建设工程投资的关键阶段。

上面所说的"影响投资的程度"是一个中性的表达,如果投资控制效果好,就表现为节约投资的可能性;反之,则表现为浪费投资的可能性。需要强调的是,这里所说的节约投资不能仅从投资的绝对数额上理解,即不能由此得出投资额越少,设计效果越好的结论,它是相对于建设工程通过设计所实现的具体功能和使用价值而言的,应从价值工程和全寿命费用的角度去理解。

(4)设计工作需要反复协调。建设工程的设计工作需要进行多方面的反复协调,具体表现在以下几个方面:

①建设工程的设计涉及许多不同的专业领域,需要进行专业化分工和协作,同时又要求高度的综合性和系统性,因而需要在同一设计阶段各专业设计之间进行反复协调,以避免和减少设计上的矛盾。

②建设工程的设计是由方案设计到施工图设计不断深化的过程。随着设计内容的深入,可能会发现上一阶段设计中存在的某些问题需要进行修改,因此在设计过程中,还要在不同设计阶段之间进行纵向的反复协调。从设计内容上看,这种纵向协调可能是同一专业之间的协调,也可能是不同专业之间的协调。

③建设工程的设计还需要与外部环境因素进行反复协调。这方面主要涉及与业主需求和政府有关部门审批工作的协调。虽然从为业主服务的角度应当尽可能通过修改设计满足和实现业主变化了的需求,但是从建设工程目标控制的角度出发,对业主不合理的需求不能一味迁就,应当通过充分的分析和论证说服业主。要做到这一点往往很困难,需要与业主反复协调。与政府有关部门审批工作的协调相对比较简单,因为在这方面都有明确的规定,比较好把握。但是也可能存在对审批内容或规定理解分歧、对审批程序执行不规范、审批工作效率不高等问题,从而也需要进行反复协调。

(5)设计质量对建设工程总体质量有决定性影响。在设计阶段,通过设计工作能将建设工程的总体质量目标进行具体落实,工程实体的质量要求、功能和使用价值质量要求等都已经确定下来,工程内容和建设方案也都十分明确。从这个角度讲,设计质量在很大程度上决定了整个建设工程的总体质量。一个设计质量不佳的工程,无论其施工质量如何出色,都不可能成为总体质量优秀的工程;而一个总体质量优秀的工程,必然是设计质量上佳的工程。

实践表明,在已建成的建设工程中,质量问题突出且造成巨大损失的主要表现是功能不齐全、使用价值不高,不能满足业主和使用者对建设工程功能和使用价值的要求。其中,有的工程的实际生产能力长期达不到设计的水平;有的工程严重污染周边环境,影响公众正常的生产和生活;有的工程设计与建设条件脱节,造成投资大幅度增加,工期也大幅度延长;而有的工程空间和平面布置不合理,既不便于生产又不便于生活等。

另外,建设工程实体质量安全性、可靠性在很大程度上取决于设计的质量。在那些发生严重工程质量事故的建设工程中,由于设计不当或错误引起的事故占有相当大的比例。对于普通的工程质量问题,也存在类似情况。

2. 施工阶段的特点

(1)施工阶段是以执行计划为主的阶段。进入施工阶段,建设工程目标规划和计划的制订工作基本已经完成,余下的工作主要是伴随着控制而进行的计划调整和完善。因此,施工阶段是以执行计划为主的阶段。就具体的施工工作来说,基本要求是"按图施工",这也可以理解为是执行计划的一种表现,因为施工图纸是设计阶段完成的,是用于指导施工的主要技术文件。这表明在施工阶段,创造性劳动较少。但是对于大型、复杂的建设工程来说,其施工组织设计(包括施工方案)对创造性劳动的要求相当高,某些特殊的工程构造也需要创造性的施工劳动才能完成。

(2)施工阶段是实现建设工程价值和使用价值的主要阶段。设计过程也创造价值,但在建设工程总价值中所占的比例很小,建设工程的价值主要是在施工过程中形成的。在施工过程中,各种建筑材料、构配件的价值,固定资产的折旧价值随着其自身的消耗而不断转移到建设工程中,构成其总价值中的转移价值;另外,劳动者通过活劳力为自己和社会创造出新的价值,构成建设工程总价值中的活劳动价值或新增价值。

施工是形成建设工程实体、实现建设工程使用价值的过程。设计所完成的建设工程是阶段产品,只为施工提供了施工图纸并确定了施工的具体对象。施工就是根据设计图纸和有关设计文件的规定,将施工对象由设想变为实际的、可供使用的建设工程的物质生产活动。虽然建设工程的使用价值从根本上说是由设计决定的,但是如果没有正确的施工,就不能实现设计要求的使用价值。对某些特殊的建设工程来说,能否解决施工的特殊技术问题,能否科学地组织施工,往往成为其设计所预期的使用价值能否实现的关键。

(3)施工阶段是资金投入量最大的阶段。建设工程价值的形成过程是其资金不断投入的过程,因此,施工阶段也是资金投入量最大的阶段。

由于建设工程的投资主要是在施工阶段支出,因而要合理确定资金筹措的方式、渠道、数额、时间等问题,在满足工程资金需要的前提下,尽可能减少资金占用的数量和时间,从而降低资金成本。另外,在施工阶段业主经常面对大量资金的支出,往往特别关心、甚至直接参与投资控制工作,对投资控制的效果也有直接、深切的感受。因此,在实践中往往把施工阶段作为投资控制的重要阶段。需要指出的是,虽然施工阶段影响投资的程度只有10%左右,但其绝对数额还是相当可观的。应当看到,施工阶段在保证施工质量、实现设计所规定的功能和使用价值的前提下,仍然存在通过优化施工方案来降低建设工程投资的可能性。何况10%这一比例是平均数,对具体的建设工程来说,在施工阶段降低投资的幅度有可能大大超过这一比例。

(4)施工阶段是需要协调的内容最多的阶段。在施工阶段,既涉及直接参与工程建设的单位,又涉及不直接参与工程建设的单位,需要协调的内容很多。例如,设计与施工的协调、材料和设备供应与施工的协调、结构施工与安装和装修施工的协调、总包商与分包商的协调等,还可能需要协调与政府有关管理部门、工程毗邻单位之间的关系。实践中,常常由于这些单位和工作之间的关系不协调一致而使建设工程的施工不能顺利进行,不仅直接影响施工进度,而且影响投资目标和质量目标的实现。因此,在施工阶段与不同单位之间的协调显得特别重要。

(5)施工阶段是对设计质量以及建设工程总体质量起保证的重要阶段。虽然设计质量对建设工程的总体质量有决定性影响,但是建设工程毕竟是通过施工将其"生产出来"的。毫无疑问,设计质量能否真正实现,或其实现程度如何,取决于施工质量的好坏。施工质量低劣,不仅不能真正实现设计所规定的功能,而且可能增加使用阶段的维修难度和费用,缩短建设工程的使用寿命,直接影响建设工程的投资效益和社会效益。由此可见,施工质量不仅对设计质量起保障作用,也对整个建设工程的总体质量起保证作用。

(6)施工阶段是持续时间长、风险因素多的阶段。施工阶段是建设工程实施各阶段中持续时间最长的阶段,在此期间出现的风险因素也最多。无论是气候条件、环境因素、社会因素等都可能成为工程施工的风险因素,在施工中必须加以考虑。

(7)施工阶段是施工合同关系复杂、合同争议较多的阶段。施工阶段涉及的合同种类多、数量大,从业主的角度来看,合同关系相当复杂,极易导致合同争议。其中,施工合同与其他合同(如委托监理合同、材料采购供应合同、设备租赁合同等)联系最为密切,其履行时间最长,本身涉及的问题最多,最易产生合同争议和索赔。

4.3.2 设计阶段监理目标控制的主要任务

1. 投资控制任务

(1)对建设工程总投资进行论证,确认其可行性。

(2)组织设计方案竞赛或设计招标,协助业主确定对投资控制有利的设计方案。

(3)伴随着设计各阶段的成果输出确定建设工程投资各阶段的子目标,形成目标控制系统,为本阶段和后续阶段投资控制提供依据。

(4)在保障设计质量的前提下,协助设计单位开展限额设计工作。

(5)编制本阶段资金使用计划,并进行付款控制。

(6)审查工程概算、预算,在保障建设工程具有安全可靠性、适用性的基础上,概算不超估算,预算不超概算。

(7)进行设计挖潜,节约投资。

(8)对设计进行技术经济分析、比较、论证,寻求一次性投资少而全寿命经济性好的设计方案等。

2. 进度控制任务

(1)对建设工程进度总目标进行论证,确认其可行性。

(2)根据方案设计、初步设计和施工图设计制订建设工程总进度计划、建设工程总控制性进度计划和本阶段实施性进度计划,为本阶段和后续阶段进度控制提供依据。

(3)审查设计单位设计进度计划,并监督执行。

(4)编制业主方材料和设备供应进度计划,并实施控制。

(5)编制本阶段工作进度计划,并实施控制。

(6)开展各种组织协调活动等。

3. 质量控制任务

(1)建设工程总体质量目标论证。

(2)提出设计要求文件,确定设计质量标准。

(3)利用竞争机制选择并确定优化设计方案。

(4)协助业主选择符合目标控制要求的设计单位。

(5)进行设计过程跟踪,及时发现质量问题,并及时与设计单位协调解决。
(6)审查阶段性设计成果,并根据需要提出修改意见。
(7)对设计提出的主要材料和设备进行比较,在价格合理基础上确认其质量是否符合要求。
(8)做好设计文件验收工作等。

4.3.3 施工招标阶段监理目标控制的主要任务

1. 协助业主编制施工招标文件

施工招标文件不仅是工程施工招标工作的纲领性文件,也是投标人编制投标书的依据和评标的依据。监理工程师在编制施工招标文件时,应当为选择符合要求的施工单位打下基础,为合同价不超过计划投资、合同工期符合计划工期要求、施工质量满足设计要求打下基础,为施工阶段进行合同管理、信息管理打下基础。

2. 协助业主编制招标控制价(标底)

应当使招标控制价(标底)控制在工程概算或预算以内,并用其控制合同价。

3. 做好投资资格预审工作

投资资格预审是公开招标方式的第一轮竞争择优活动。要抓好这项工作,为选择符合目标控制要求的承包单位做好首轮择优工作。

4. 协助开标、评标、定标工作

通过开标、评标、定标工作,特别是评标工作,协助业主选择出报价合理、技术水平高、社会信誉好、保证施工质量、保证施工工期、具有足够承包财务能力和较高施工项目管理水平的施工承包单位。

4.3.4 施工阶段监理目标控制的主要任务

1. 投资控制的任务

施工阶段建设工程投资控制的主要任务是通过工程预付款控制、工程变更费用控制、预防并处理好费用索赔、挖掘节约投资潜力来努力实现实际发生的费用不超过计划投资。监理工程师在此阶段的主要工作如下:

(1)制订本阶段资金使用计划,并严格进行付款控制,做到不多付、不少付、不重复付。
(2)严格控制工程变更,力求减少变更费用。
(3)研究确定预防费用索赔的措施,以避免或减少对方的索赔数额。
(4)及时处理费用索赔,并协助业主进行反索赔;根据有关合同的要求,协助做好应由业主方完成的与工程进展密切相关的各项工作,如按期提交合格施工现场,按质、按量、按期提供材料和设备等工作。
(5)做好工程计量工作,审核施工单位提交的工程结算书等。

2. 进度控制的任务

施工阶段建设工程进度控制的主要任务是完善建设工程控制性进度计划,审查施工单位施工进度计划,做好各项动态控制工作,协调各单位关系,预防并处理好工期索赔,以求实际施工进度达到计划施工进度的要求。监理工程师在此阶段的主要工作如下:

(1)根据施工招标和施工准备阶段的工程信息,进一步完善建设工程控制性进度计划,并据此进行施工阶段进度控制。
(2)审查施工单位施工进度计划,确认其可行性并满足建设工程控制性进度计划要求。
(3)制订业主方材料和设备供应进度计划并进行控制,使其满足施工要求。

(4)审查施工单位进度控制报告,督促施工单位做好施工进度控制。
(5)对施工进度进行跟踪,掌握施工动态。
(6)研究、制订预防工期索赔的措施,处理好工期索赔工作。
(7)在施工过程中,做好对人力、材料、机具、设备等的投入控制工作,以及转换控制工作、信息反馈工作、对比和纠正工作,使进度控制定期连续进行。
(8)开好进度协调会,及时协调有关各方的关系,使工程施工顺利进行。

3. 质量控制的任务

施工阶段建设工程质量控制的主要任务是通过对施工投入、施工和安装过程、产出品全过程控制,以及对参加施工的单位和人员的资质、材料和设备、施工机械和机具、施工方案和方法、施工环境实施全面控制,以期按照标准达到预定的施工质量目标。监理工程师在此阶段的主要工作如下:

(1)协助业主做好施工现场准备工作,为施工单位提交质量合格的施工现场。
(2)确认施工单位资质。
(3)审查、确认施工分包单位。
(4)做好材料和设备的检查工作,确认其质量。
(5)检查施工机械和机具,保证施工质量。
(6)审查施工组织设计。
(7)检查并协助搞好各项生产环境、劳动环境、管理环境条件。
(8)进行施工工艺过程质量控制工作。
(9)检查工序质量,严格执行工序交接检查制度。
(10)做好各项隐蔽工程的检查工作。
(11)做好工程变更方案的比选,保证工程质量。
(12)进行质量监督,行使质量监督权。
(13)认真做好质量签证工作。
(14)行使质量否决权,协助做好付款控制。
(15)组织质量协调会。
(16)做好中间质量验收准备工作。
(17)做好竣工验收工作。
(18)审核竣工图等。

4.3.5 建设工程目标控制的措施

为了取得目标控制的理想成果,应当从多方面采取措施实施控制。通常可以将这些措施归纳为组织措施、技术措施、经济措施、合同措施四个方面,这四个方面的措施在建设工程实施的各个阶段的具体运用不完全相同。

1. 组织措施

组织措施是从目标控制的组织管理方面采取的措施,如落实目标控制的组织机构和人员,明确各级目标控制人员的任务和职能分工、权利和责任,改善目标控制的工作流程等。

组织措施是其他各类措施的前提和保障,而且一般不需要增加费用,运用得当可以收到良好的效果。尤其是对由业主原因所导致的目标偏差,这类措施可能成为首选措施,故应予以足够的重视。

2. 技术措施

技术措施不仅对解决建设工程实施过程中的技术问题是不可缺少的,而且对纠正目标偏差也有相当重要的作用。任何一个技术方案都有基本确定的经济效果，不同的技术方案有不同的经济效果。因此，运用技术措施纠偏的关键，一是要能提出多个不同的技术方案；二是要对不同的技术方案进行技术经济分析。在实践中，应避免仅从技术角度选定技术方案，而忽视对其经济效果的分析论证。

3. 经济措施

经济措施是最易为人接受和采用的措施。需要注意的是，经济措施绝不仅仅是审核工程量及相应的付款和结算报告，还需要从一些全局性、总体性的问题上加以考虑，这样可以取得事半功倍的效果。

另外，不要仅局限在已发生的费用上。通过偏差原因分析和未完工程投资预测，可发现一些现有和潜在的问题将引起未完工程的投资增加，对这些问题应主动控制，及时采取预防措施。由此可见，经济措施的运用绝不仅仅是财务人员的事情。

4. 合同措施

由于投资控制、进度控制和质量控制均要以合同为依据，因此合同措施就显得尤为重要。对于合同措施要从广义上理解，除拟定合同条款、参加合同谈判、处理合同执行过程中的问题、防止和处理索赔等措施外，还要协助业主确定对目标控制有利的建设工程组织管理模式和合同结构，分析不同合同之间的相互联系和影响，对每一个合同做总体和具体分析等。这些合同措施对目标控制更具有全局性的影响，其作用也更大。

某项目目标实现的措施

另外，在采取合同措施时，要特别注意合同中所规定的业主和监理工程师的义务和责任。

本章小结

本章简单而准确地阐述了工程目标控制的原理、目标控制的流程及基本环节，详细介绍了目标控制的类型、建设工程三大目标的关系及建设工程目标控制的措施。其中，重点是建设工程三大目标的关系，难点是解决监理过程中三大目标控制的关系。通过本章的学习，应使学生明确建设工程目标控制的措施。

练习与思考

1. 目标控制的基本流程是什么？在每个控制流程中有哪些基本环节？
2. 什么是主动控制？什么是被动控制？二者的关系如何？
3. 建设工程三大控制目标是什么？它们之间的关系如何理解？
4. 确定建设工程目标时应注意哪些问题？
5. 建设工程目标分解的原则和方式是什么？
6. 建设工程设计阶段和施工阶段各有何特点？各阶段目标控制的主要任务是什么？

第5章　建设工程项目投资控制

内容提要

本章主要内容包括建设工程项目投资的特点、投资控制的主要任务、投资控制的措施、投资的构成、建设工程各阶段投资的控制。

知识目标

1. 了解建设工程项目投资的特点。
2. 了解建设工程项目投资控制的主要任务。
3. 掌握建设工程项目投资控制的措施。
4. 掌握建设工程项目投资的构成。
5. 掌握建设工程各阶段投资的控制。

能力目标

1. 能理解建设工程项目投资的特点及投资控制的主要任务和控制措施。
2. 能明确建设工程项目投资的构成及建设工程各阶段投资的控制。

5.1　建设工程项目投资的概念和特点

5.1.1　建设工程项目投资的概念

建设工程项目投资是指进行某项工程建设花费的全部费用。生产性建设工程项目总投资包括建设投资和铺底流动资金两部分；非生产性建设工程项目总投资则只包括建设投资。

建设投资可分为静态投资部分和动态投资部分。静态投资部分由建筑安装工程费、设备及工器具购置费、工程建设其他费和基本预备费构成；动态投资部分是指在建设期内，因建设期利息和国家新批准的税费、汇率、利率变动以及建设期价格变动引起的建设投资增加额，包括涨价预备费和建设期利息和固定资产投资方向调节税（目前暂不征）。

5.1.2　建设工程项目投资的特点

建设工程项目投资的特点是由建设工程项目的特点决定的。

1. 建设工程项目投资数额巨大

建设工程项目投资数额巨大，动辄上千万，数十亿。建设工程项目投资数额巨大的特点使它关系到国家、行业或地区的重大经济利益，对国计民生也会产生重大的影响。从这一点也说明了建设工程投资管理的重要意义。

2. 建设工程项目投资差异明显

每个建设工程项目都有其特定的用途、功能、规模，每项工程的结构、空间分割、设备配置和内外装饰都有不同的要求，工程内容和实物形态都有其差异性。同样的工程处于不同的地区或不同的时段在人工、材料、机械消耗上也有差异。所以，建设工程项目投资的差异十分明显。

3. 建设工程项目投资需单独计算

每个建设工程项目都有专门的用途，所以，其结构、面积、造型和装饰也不尽相同。即使是用途相同的建设工程项目，技术水平、建筑等级和建筑标准也有所差别。建设工程项目还必须在结构、造型等方面适应项目所在地的气候、地质、水文等自然条件，这就使建设工程项目的实物形态千差万别。再加上不同地区构成投资费用的各种要素的差异，最终导致建设工程项目投资的千差万别。因此，建设工程项目只能通过特殊的程序（编制估算、概算、预算、合同价、结算价及最后确定竣工决算等），就每个项目单独计算其投资。

4. 建设工程项目投资确定依据复杂

建设工程项目投资的确定依据繁多，关系复杂。在不同的建设阶段有不同的确定依据，且互为基础和指导，互相影响（图 5-1）。如预算定额是概算定额（指标）编制的基础，概算定额（指标）又是估算指标编制的基础；反过来，估算指标又控制概算定额（指标）的水平，概算定额（指标）又控制预算定额的水平。这些都说明了建设工程项目投资的确定依据复杂的特点。

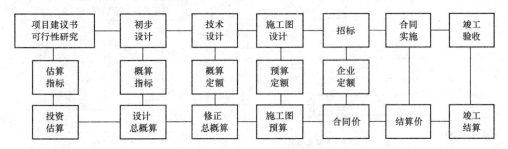

图 5-1 建设工程投资示意

5. 建设工程项目投资确定层次繁多

凡是按照一个总体设计进行建设的各个单项工程汇集的总体即为一个建设工程项目。在建设工程项目中凡是具有独立的设计文件、竣工后可以独立发挥生产能力或工程效益的工程为单项工程，也可将它理解为具有独立存在意义的完整的工程项目。各项工程可分解为各个能独立施工的单位工程。考虑到组成单位工程的各部分是由不同工人用不同工具和材料完成的，又可以将单位工程进一步分解为分部工程。然后还可按照不同的施工方法、构造及规格，把分部工程更细致地分解为分项工程。另外，需分别计算分部分项工程投资、单位工程投资、单项工程投资，最后才能汇总形成建设工程项目投资。可见建设工程项目投资的确定层次繁多。

6. 建设工程项目投资需动态跟踪调整

每个建设工程项目从立项到竣工都有一个较长的建设期，在此期间都会出现一些不可预料的变化因素，对建设工程项目投资产生影响。如工程设计变更，设备、材料、人工价格变化，国家利率、汇率调整，因不可抗力出现或因承包方、发包方原因造成的索赔事件出现等，都会引起建设工程项目投资的变动。所以，建设工程项目投资在整个建设期内都属于不确定的，需随时进行动态跟踪、调整，直至竣工决算后才能真正确定建设工程项目投资。

5.2 建设工程项目投资控制原理及投资控制的主要任务

建设工程项目投资控制就是在投资决策阶段、设计阶段、发包阶段、施工阶段及竣工阶段，将建设工程投资控制在批准的投资限额以内，随时纠正发生的偏差，以保证项目投资管理目标的实现，以求在建设工程中能合理使用人力、物力、财力，取得较好的投资效益和社会效益。

5.2.1 投资控制动态原理

(1)投资控制是项目控制的主要内容之一。投资控制原理如图 5-2 所示。这种控制是动态的，并贯穿于项目建设的始终。

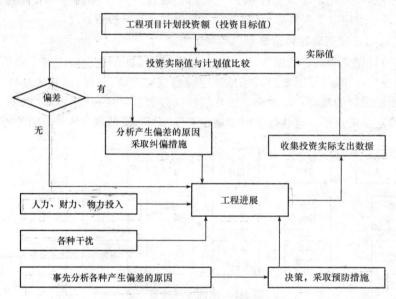

图 5-2 投资控制原理图

这个流程应每两周或一个月循环进行，图 5-2 表达的含义如下：
①项目投入，即将人力、物力、财力投入到项目实施中。
②在工程进展过程中，必定存在各种各样的干扰，如恶劣天气、设计出图不及时等。
③收集实际数据，即对项目进展情况进行评估。
④把投资目标的计划值与实际值进行比较。
⑤检查实际值与计划值有无偏差，如果没有偏差，则项目继续进展，继续投入人力、物力、财力等。
⑥如果有偏差，则需要分析产生偏差的原因，采取控制措施。
(2)在这一动态控制过程中，应着重做好以下几项工作：
①对计划目标值的论证和分析。实践证明，由于各种主观和客观因素的制约，项目规划中的计划目标值有可能是难以实现或不尽合理的，需要在项目实施的过程中，或合理调整，或细化和精确化。只有项目目标是正确合理的，项目控制方能有效。
②及时对项目进展作出评估，即收集实际数据。没有实际数据的收集，就无法清楚项目的实际进展情况，更不可能判断是否存在偏差。因此，数据的及时、完整和正确是确定偏差的基础。

③进行项目计划值与实际值的比较,以判断是否存在偏差。这种比较同样也要求在项目规划阶段就应对数据体系进行统一的设计,以保证比较工作的效率和有效性。

④采取控制措施以确保投资控制目标的实现。

5.2.2 投资控制的目标

工程项目建设过程是一个周期长、投入大的生产过程,建设者在一定时间内占有的经验知识是有限的,不但常常受到科学条件和技术条件的限制,而且也受到客观过程的发展及其表现程度的限制,因而不可能在工程建设伊始,就设置一个科学的、一成不变的投资控制目标,而只能设置一个大致的投资控制目标,这就是投资估算。随着工程建设实践、认识、再实践、再认识,投资控制目标一步步清晰、准确,这就是设计概算、施工图预算、承包合同价等。也就是说,投资控制目标的设置应是随着工程项目建设实践的不断深入而分阶段设置的,具体来讲,投资估算应是建设工程设计方案选择和进行初步设计的投资控制目标;设计概算应是进行技术设计和施工图设计的投资控制目标;施工图预算或建筑安装工程承包合同价则应是施工阶段投资控制的目标。有机联系的各个阶段目标相互制约,相互补充,前者控制后者,后者补充前者,共同组成建设工程投资控制的目标系统。

目标要既有先进性又有实现的可能性,目标水平要能激发执行者的进取心和充分发挥他们的工作能力,挖掘他们的潜力。若目标水平太低,如对建设工程投资高估冒算,则对建造者缺乏激励性,建造者也没有发挥潜力的余地,目标形同虚设;若目标水平太高,如在建设工程立项时投资就留有缺口,建造者一再努力也无法达到,则可能产生灰心情绪,使工程投资控制成为一纸空文。

5.2.3 投资控制的重点

投资控制贯穿于项目建设的全过程,这一点是毫无疑义的,但是必须重点突出。图 5-3 所示为国外描述的不同建设阶段影响建设工程投资程度的坐标图,该图与我国情况大致是吻合的。

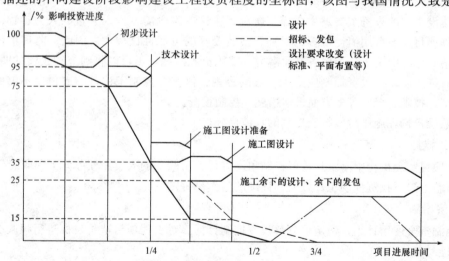

图 5-3 不同建设阶段影响建设项目投资程度的坐标图

从该图中可以看出,影响项目投资最大的阶段,是约占工程项目建设周期四分之一的技术设计结束前的工作阶段。在初步设计阶段,影响项目投资的可能性为 75%~95%;在技术设计阶段,影响项目投资的可能性为 35%~75%;在施工图设计阶段,影响项目投资的可能性则为

5%～35%。很显然，项目投资控制的重点在于施工以前的投资决策和设计阶段，而在项目作出投资决策后，控制项目投资的关键就在于设计。据西方一些国家分析，设计费一般只相当于建设工程全寿命费用的1%以下，但正是这少于1%的费用却基本决定了几乎全部随后的费用。由此可见，设计对整个建设工程的效益是何等重要。这里所说的建设工程全寿命费用包括建设投资和工程交付使用后的经常性开支费用(含经营费用、日常维护修理费用、使用期内大修理和局部更新费用)以及该项目使用期满后的报废拆除费用等。

5.2.4 投资控制的措施

为了有效地控制建设工程投资，应从组织、技术、经济、合同与信息管理等多方面采取措施。从组织上采取措施，包括明确项目组织结构，明确投资控制者及其任务，以使投资控制有专人负责，明确管理职能分工；从技术上采取措施，包括重视设计多方案选择，严格审查监督初步设计、技术设计、施工图设计、施工组织设计，深入技术领域研究节约投资的可能性；从经济上采取措施，包括动态地比较投资的实际值和计划值，严格审核各项费用支出，采取节约投资的奖励措施等。

技术与经济相结合是控制投资最有效的手段。长期以来，在我国工程建设领域，技术与经济相分离。许多外国专家指出，中国工程技术人员的技术水平、工作能力、知识面，跟外国同行相比，几乎不分上下，但他们缺乏经济观念。国外的技术人员时刻考虑如何降低工程投资，但中国技术人员则将它看成是与己无关的财会人员的职责。而财会、概预算人员的主要责任是根据财务制度办事，他们往往不熟悉工程知识，也较少了解工程进展中的各种关系和问题，往往单纯地从财务制度角度审核费用开支，难以有效地控制工程投资。为此，当前迫切需要解决的是以提高项目投资效益为目的，在工程建设过程中将技术与经济有机结合，要通过技术比较、经济分析和效果评价，正确处理技术先进与经济合理两者之间的对立统一关系，力求在技术先进条件下的经济合理，在经济合理基础上的技术先进，把控制工程项目投资观念渗透到各阶段中。

由于建设工程的投资主要发生在施工阶段，在这一阶段需要投入大量的人力、物力、财力等，是工程项目建设费用消耗最多的时期，浪费投资的可能性比较大。因此，监理单位应督促承包单位精心地组织施工，挖掘各方面潜力，节约资源消耗，仍可以收到节约投资的明显效果。参建各方对施工阶段的投资控制应给予足够的重视，仅仅靠控制工程款的支付是不够的，应从组织、经济、技术、合同等多方面采取措施，控制投资。

项目监理机构在施工阶段投资控制的具体措施如下。

1. 组织措施

(1)在项目监理机构中落实从投资控制角度进行施工跟踪的人员、任务分工和职能分工。

(2)编制本阶段投资控制工作计划和详细的工作流程图。

2. 经济措施

(1)编制资金使用计划，确定、分解投资控制目标。对工程项目造价目标进行风险分析，并制定防范性对策。

(2)进行工程计量。

(3)复核工程付款账单，签发付款证书。

(4)在施工过程中进行投资跟踪控制，定期进行投资实际支出值与计划目标值的比较；若发现偏差，分析产生偏差的原因，采取纠偏措施。

(5)协商确定工程变更的价款。审核竣工结算。

(6)对工程施工过程中的投资支出做好分析与预测,经常或定期向建设单位提交项目投资控制及其存在问题的报告。

3. 技术措施

(1)对设计变更进行技术经济比较,严格控制设计变更。

(2)继续寻找通过设计挖潜节约投资的可能性。

审核承包人编制的施工组织设计,对主要施工方案进行技术经济分析。

4. 合同措施

(1)做好工程施工记录,保存各种文件图纸,特别是注有实际施工变更情况的图纸,注意积累素材,为正确处理可能发生的索赔提供依据。参与处理索赔事宜。

(2)参与合同修改、补充工作,着重考虑它对投资控制的影响。

5.2.5 我国项目监理机构在建设工程投资控制中的主要工作

投资控制是我国建设工程监理的一项主要任务,贯穿于监理工作的各个环节。根据《建设工程监理规范》(GB/T 50319—2013)的规定,工程监理单位要依据法律法规、工程建设标准、勘察设计文件及合同,在施工阶段对建设工程进行造价控制。同时,工程监理单位还应根据建设工程监理合同的约定,在工程勘察、设计、保修等阶段为建设单位提供相关服务工作。以下分别是施工阶段和在相关服务阶段监理机构在投资控制中的主要工作。

1. 施工阶段投资控制的主要工作

(1)进行工程计量和付款签证。

①专业监理工程师对施工单位在工程款支付报审表中提交的工程量和支付金额进行复核,确定实际完成的工程量,提出到期应支付给施工单位的金额,并提出相应的支持性材料。

②总监理工程师对专业监理工程师的审查意见进行审核,签认后报建设单位审批。

③总监理工程师根据建设单位的审批意见,向施工单位签发工程款支付证书。

(2)对完成工程量进行偏差分析。项目监理机构应建立月完成工程量统计表,对实际完成量与计划完成量进行比较分析,发现偏差的,应提出调整建议,并应在监理月报中向建设单位报告。

(3)审核竣工结算款。

①专业监理工程师审查施工单位提交的竣工结算款支付申请,提出审查意见。

②总监理工程师对专业监理工程师的审查意见进行审核,签认后报建设单位审批,同时抄送施工单位,并就工程竣工结算事宜与建设单位、施工单位协商;达成一致意见的,根据建设单位审批意见向施工单位签发竣工结算款支付证书;不能达成一致意见的,应按施工合同约定处理。

(4)处理施工单位提出的工程变更费用。

①总监理工程师组织专业监理工程师对工程变更费用及工期影响作出评估。

②总监理工程师组织建设单位、施工单位等共同协商确定工程变更费用及工期变化,会签工程变更单。

③项目监理机构可在工程变更实施前与建设单位、施工单位等协商确定工程变更的计价原则、计价方法或价款。

④建设单位与施工单位未能就工程变更费用达成协议时,项目监理机构可提出一个暂定价格并经建设单位同意,作为临时支付工程款的依据。工程变更款项最终结算时,应以建设单位与施工单位达成的协议为依据。

(5)处理费用索赔。

①项目监理机构应及时收集、整理有关工程费用的原始资料,为处理费用索赔提供证据。

②审查费用索赔报审表。需要施工单位进一步提交详细资料时,应在施工合同约定的期限内发出通知。

③与建设单位和施工单位协商一致后,在施工合同约定的期限内签发费用索赔报审表,并报建设单位。

④当施工单位的费用索赔要求与工程延期要求相关联时,项目监理机构可提出费用索赔和工程延期的综合处理意见,并应与建设单位和施工单位协商。

⑤因施工单位原因造成建设单位损失,建设单位提出索赔时,项目监理机构应与建设单位和施工单位协商处理。

2. 相关服务阶段投资控制的主要工作

(1)工程勘察设计阶段。

①协助建设单位编制工程勘察设计任务书和选择工程勘察设计单位,并应协助签订工程勘察设计合同。

②审核勘察单位提交的勘察费用支付申请表,以及签认勘察费用支付证书。

③审核设计单位提交的设计费用支付申请表,以及签认设计费用支付证书。

④审查设计单位提交的设计成果,并应提出评估报告。

⑤审查设计单位提出的新材料、新工艺、新技术、新设备在相关部门的备案情况。必要时应协助建设单位组织专家评审。

⑥审查设计单位提出的设计概算、施工图预算,提出审查意见。

⑦分析可能发生索赔的原因,制定防范对策。

⑧协助建设单位组织专家对设计成果进行评审。

⑨根据勘察设计合同,协调处理勘察设计延期、费用索赔等事宜。

(2)工程保修阶段。

①对建设单位或使用单位提出的工程质量缺陷,工程监理单位应安排监理人员进行检查和记录,并应要求施工单位予以修复,同时应监督实施,合格后应予以签认。

②工程监理单位应对工程质量缺陷原因进行调查,并应与建设单位、施工单位协商确定责任归属。对非施工单位原因造成的工程质量缺陷,应核实施工单位申报的修复工程费用,并应签认工程款支付证书。

5.3 建设工程投资构成

5.3.1 我国现行建设工程总投资构成

我国现行建设工程总投资构成如图 5-4 所示。

1. 项目直接建设成本

项目直接建设成本包括以下内容:

(1)土地征购费。

(2)场外设施费用,如道路、码头、桥梁、机场、输电线路等设施费用。

(3)场地费用,是指用于场地准备、厂区道路、铁路、围栏、场内设施等的建设费用。

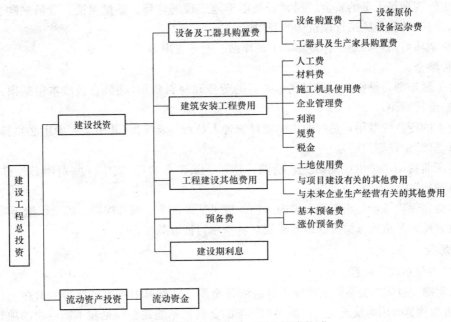

图 5-4 我国现行建设工程总投资构成

(4)工艺设备费,是指主要设备、辅助设备及零配件的购置费用,包括海运包装费用、交货港离岸价,但不包括税金。

(5)设备安装费,是指设备供应商的技术服务费用,本国劳务及工资费用,辅助材料、施工设备、消耗品和工具等费用,以及安装承包商的管理费和利润等。

(6)管理系统费用,是指与系统的材料及劳务相关的全部费用。

(7)电气设备费,其内容与第(4)项相似。

(8)电气安装费,是指设备供应商的监理费用,本国劳力与工资费用,辅助材料、电缆、管道和工具费用,以及营造承包商的管理费和利润。

(9)仪器仪表费,是指所有自动仪表、控制板、配线和辅助材料的费用,以及供应商的监理费用、外国或本国劳务与工资费用、承包商的管理费和利润。

(10)机械的绝缘和油漆费,是指与机械及管道的绝缘和油漆相关的全部费用。

(11)工艺建筑费,是指原材料、劳务性建筑费用及与基础、建筑结构、屋顶、内外装修、公共设施有关的全部费用。

(12)服务性建筑费用,其内容与第(11)项相似。

(13)工厂普通公共设施费,包括材料和劳务费以及与供水、燃料供应、通风、蒸汽、下水道、污物处理等公共设施有关的费用。

(14)其他当地费用,是指那些不能归类于以上任何一个项目,不能计入项目间接成本,但在建设期间又是必不可少的当地费用。如临时设备、临时公共设施及场地的维持费,营地设施及其管理,建筑保险和债券,杂项开支等费用。

2. 项目间接建设成本

项目间接建设成本包括以下内容:

(1)项目管理费。项目管理费包括以下内容:

①总部人员的薪金和福利费,以及用于初步和详细工程设计、采购、时间和成本控制、行政和其他一般管理的费用。

②施工管理现场人员的薪金、福利费和用于施工现场监督、质量保证、现场采购、时间及成本控制、行政及其他施工管理机构的费用。

③零星杂项费用,如返工、差旅、生活津贴、业务支出等。

④各种酬金。

(2)开工试车费,是指工厂投料试车必需的劳务和材料费用(项目直接成本包括项目完工后的试车和空运转费用)。

(3)业主的行政性费用,是指业主的项目管理人员费用及支出(其中某些费用必须排除在外,并在"估算基础"中详细说明)。

(4)生产前费用,是指前期研究、勘测、建矿、采矿等费用(其中一些费用必须排除在外,并在"估算基础"中详细说明)。

(5)运费和保险费,是指海运、国内运输、许可证及佣金、海洋保险、综合保险等费用。

(6)地方税,是指地方关税、地方税及对特殊项目征收的税金。

3. 应急费

应急费用包括以下内容:

(1)未明确项目的准备金。未明确项目的准备金用于在估算时不可能明确的潜在项目,包括那些在做成本估算时因为缺乏完整、准确和详细的资料而不能完全预见和不能注明的项目,并且这些项目是必须完成的,或它们的费用是必定要发生的,在每一个组成部分中均单独以一定的百分比确定,并作为估算的一个项目单独列出。此项准备金不是为了支付工作范围以外可能增加的项目,不是用以应付天灾、非正常经济情况及罢工等情况,也不是用来补偿估算的任何误差,而是用来支付那些几乎可以确定要发生的费用。因此,它是估算不可缺少的一个组成部分。

(2)不可预见准备金。不可预见准备金(在未明确项目准备金之外)用于在估算达到了一定的完整性并符合技术标准的基础上,由于物质、社会和经济的变化,导致估算增加的情况。此种情况可能发生,也可能不发生。因此,不可预见准备金只是一种储备,可能不动用。

4. 建设成本上升费用

通常估算中使用的构成工资率、材料和设备价格基础的截止日期就是"估算日期"。必须对该日期或已知成本基础进行调整,以补偿直至工程结束时的未知价格增长。

工程的各个主要组成部分(国内劳务和相关成本、本国材料、外国材料、本国设备、外国设备、项目管理机构)的细目划分确定以后,便可确定每一个主要组成部分的增长率。这个增长率是一项判断因素,它以已发表的国内和国际成本指数、公司记录等为依据,并与实际供应进行核对,然后根据确定的增长率和从工程进度表中获得的每项活动的中点值,计算出每项主要组成部分的成本上升值。

5.3.2 建筑安装工程费用的组成与计算

1. 按费用构成要素划分的建筑安装工程费用项目组成

按照费用构成要素划分,建筑安装工程费由人工费、材料(包含工程设备,下同)费、施工机具使用费、企业管理费、利润、规费和税金组成。其中,人工费、材料费、施工机具使用费、企业管理费和利润包含在分部分项工程费、措施项目费、其他项目费中(图5-5)。

(1)人工费。人工费是指按工资总额构成规定,支付给从事建筑安装工程施工的生产工人和附属生产单位工人的各项费用。其内容包括以下几项:

①计时工资或计件工资:是指按计时工资标准和工作时间或对已做工作按计件单价支付给个人的劳动报酬。

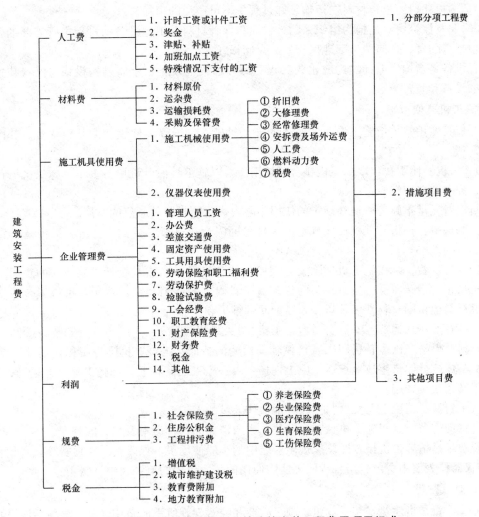

图 5-5 按费用构成要素划分的建筑安装工程费用项目组成

②奖金：是指对超额劳动和增收节支支付给个人的劳动报酬。如节约奖、劳动竞赛奖等。

③津贴、补贴：是指为了补偿职工特殊或额外的劳动消耗和因其他特殊原因支付给个人的津贴，以及为了保证职工工资水平不受物价影响支付给个人的物价补贴。如流动施工津贴、特殊地区施工津贴、高温（寒）作业临时津贴、高空津贴等。

④加班加点工资：是指按规定支付的在法定节假日工作的加班工资和在法定日工作时间外延时工作的加点工资。

⑤特殊情况下支付的工资：是指根据国家法律、法规和政策规定，因病、工伤、产假、计划生育假、婚丧假、事假、探亲假、定期休假、停工学习、执行国家或社会义务等原因按计时工资标准或计时工资标准的一定比例支付的工资。

2. 材料费

材料费是指施工过程中耗费的原材料、辅助材料、构配件、零件、半成品或成品、工程设备的费用。其内容包括以下几项：

(1) 材料原价：是指材料、工程设备的出厂价格或商家供应价格。

(2) 运杂费：是指材料、工程设备自来源地运至工地仓库或指定堆放地点所发生的全部费用。

(3)运输损耗费：是指材料在运输装卸过程中不可避免的损耗。
(4)采购及保管费：是指为组织采购、供应和保管材料、工程设备的过程中所需要的各项费用。其包括采购费、仓储费、工地保管费、仓储损耗。

工程设备是指构成或计划构成永久工程一部分的机电设备、金属结构设备、仪器装置及其他类似的设备和装置。

3. 施工机具使用费

施工机具使用费是指施工作业所发生的施工机械、仪器仪表使用费或其租赁费。其内容包括以下几项：

(1)施工机械使用费：以施工机械台班耗用量乘以施工机械台班单价表示，施工机械台班单价应由下列七项费用组成：

①折旧费：是指施工机械在规定的使用年限内，陆续收回其原值的费用。

②大修理费：是指施工机械按规定的大修理间隔台班进行必要的大修理，以恢复其正常功能所需的费用。

③经常修理费：是指施工机械除大修理以外的各级保养和临时故障排除所需的费用。包括为保障机械正常运转所需替换设备与随机配备工具附具的摊销和维护费用，机械运转中日常保养所需润滑与擦拭的材料费用及机械停滞期间的维护和保养费用等。

④安拆费及场外运费：安拆费是指施工机械（大型机械除外）在现场进行安装与拆卸所需的人工、材料、机械和试运转费用以及机械辅助设施的折旧、搭设、拆除等费用；场外运费是指施工机械整体或分体自停放地点运至施工现场或由一施工地点运至另一施工地点的运输、装卸、辅助材料及架线等费用。

⑤人工费：是指机上司机（司炉）和其他操作人员的人工费。

⑥燃料动力费：是指施工机械在运转作业中所消耗的各种燃料及水、电等。

⑦税费：是指施工机械按照国家规定应缴纳的车船使用税、保险费及年检费等。

(2)仪器仪表使用费：是指工程施工所需使用的仪器仪表的摊销及维修费用。

4. 企业管理费

企业管理费是指建筑安装企业组织施工生产和经营管理所需的费用。其内容包括以下几项：

(1)管理人员工资：是指按规定支付给管理人员的计时工资、奖金、津贴补贴、加班加点工资及特殊情况下支付的工资等。

(2)办公费：是指企业管理办公用的文具、纸张、账表、印刷、邮电、书报、办公软件、现场监控、会议、水电、烧水和集体取暖降温（包括现场临时宿舍取暖降温）等费用。

(3)差旅交通费：是指职工因公出差调动工作的差旅费、住勤补助费、市内交通费和误餐补助费，职工探亲路费，劳动力招募费，职工退休、退职一次性路费，工伤人员就医路费，工地转移费以及管理部门使用的交通工具的油料、燃料等费用。

(4)固定资产使用费：是指管理和试验部门及附属生产单位使用的属于固定资产的房屋、设备、仪器等的折旧、大修、维修或租赁费。

(5)工具用具使用费：是指企业施工生产和管理使用的不属于固定资产的工具、器具、家具、交通工具和检验、试验、测绘、消防用具等的购置、维修和摊销费。

(6)劳动保险和职工福利费：是指由企业支付的职工退职金、按规定支付给离休干部的经费，集体福利费、夏季防暑降温、冬季取暖补贴、上下班交通补贴等。

(7)劳动保护费：是企业按规定发放的劳动保护用品的支出。如工作服、手套、防暑降温饮料以及在有碍身体健康的环境中施工的保健费用等。

(8)检验试验费：是指施工企业按照有关标准规定，对建筑以及材料、构件和建筑安装物进行一般鉴定、检查所发生的费用,包括自设试验室进行试验所耗用的材料等费用。不包括新结构、新材料的试验费,对构件做破坏性试验及其他特殊要求检验试验的费用和建设单位委托检测机构进行检测的费用,对此类检测发生的费用,由建设单位在工程建设其他费用中列支。但对施工企业提供的具有合格证明的材料进行检测其结果不合格的,该检测费用由施工企业支付。

(9)工会经费:是指企业按《中华人民共和国工会法》规定的全部职工工资总额比例计提的工会经费。

(10)职工教育经费:是指按职工工资总额的规定比例计提,企业为职工进行专业技术和职业技能培训,专业技术人员继续教育、职工职业技能鉴定、职业资格认定以及根据需要对职工进行各类文化教育所发生的费用。

(11)财产保险费:是指施工管理用财产、车辆等的保险费用。

(12)财务费:是指企业为施工生产筹集资金或提供预付款担保、履约担保、职工工资支付担保等所发生的各种费用。

(13)税金:是指企业按规定缴纳的房产税、车船使用税、土地使用税、印花税等。

(14)其他:包括技术转让费、技术开发费、投标费、业务招待费、绿化费、广告费、公证费、法律顾问费、审计费、咨询费、保险费等。

5. 利润

利润是指施工企业完成所承包工程获得的盈利。

6. 规费

规费是指按国家法律、法规规定,由省级政府和省级有关权力部门规定必须缴纳或计取的费用。规费包括以下几项:

(1)社会保险费。

①养老保险费:是指企业按照规定标准为职工缴纳的基本养老保险费。

②失业保险费:是指企业按照规定标准为职工缴纳的失业保险费。

③医疗保险费:是指企业按照规定标准为职工缴纳的基本医疗保险费。

④生育保险费:是指企业按照规定标准为职工缴纳的生育保险费。

⑤工伤保险费:是指企业按照规定标准为职工缴纳的工伤保险费。

(2)住房公积金:是指企业按规定标准为职工缴纳的住房公积金。

(3)工程排污费:是指按规定缴纳的施工现场工程排污费。

其他应列而未列入的规费,按实际发生计取。

7. 税金

税金是指国家税法规定的应计入建筑安装工程造价内的增值税、城市维护建设税、教育费附加及地方教育附加。

5.4 建设工程各阶段的投资控制

5.4.1 建设工程设计阶段的投资控制

1. 概算文件的质量要求

设计概算文件编制必须建立在正确、可靠、充分的编制依据基础之上。

设计概算文件编制人员应与设计人员密切配合,以确保概算的质量,项目设计负责人和概算负责人应对全部设计概算的质量负责。有关的设计概算文件编制人员应参与设计方案的讨论，与设计人员共同做好方案的技术经济比较工作，以选出技术先进、经济合理的最佳设计方案。设计人员要坚持正确的设计指导思想，树立以经济效益为中心的观念，严格按照批准的可行性研究报告或立项批文所规定的内容及控制投资额度进行限额设计，并严格按照规定要求，提出满足概算文件编制深度的设计技术资料。设计概算文件编制人员应对投资的合理性负责，杜绝不合理的人为增加或减少投资额度。

设计单位完成初步设计概算后发送给发包人，发包人必须及时组织力量对概算进行审查，并提出修改意见反馈给设计单位。由设计、建设双方共同核实取得一致意见后，由设计单位进行修改，再随同初步设计一并报送主管部门审批。

概算负责人、审核人、审定人应由国家注册造价工程师担任，具体规定由省、市建委或行业造价主管部门制定。

设计概算应按编制时项目所在地的价格水平编制，总投资应完整地反映编制时建设项目的实际投资；设计概算应考虑建设项目施工条件等因素对投资的影响；还应按项目合理工期预测建设期价格水平，以及资产租赁和贷款的时间价值等动态因素对投资的影响；建设项目总投资还应包括铺底流动资金。

2. 设计概算审查的主要内容

（1）审查设计概算的编制依据。

①合法性审查。采用的各种编制依据必须经过国家或授权机关的批准，符合国家的编制规定。未经过批准的不得以任何借口采用，不得强调特殊理由擅自提高费用标准。

②时效性审查。对定额、指标、价格、取费标准等各种依据，都应根据国家有关部门的现行规定执行。对颁发时间较长、已不能全部适用的应按有关部门做的调整系数执行。

③适用范围审查。各主管部门、各地区规定的各种定额及其取费标准均有其各自的适用范围，特别是各地区的材料预算价格区域性差别较大，在审查时应给予高度重视。

（2）审查设计概算构成内容。

①建筑工程概算的审查，即工程量审查。根据初步设计图纸、概算定额、工程量计算规则的要求进行审查。

a. 采用的定额或指标的审查。审查定额或指标的使用范围、定额基价、指标的调整、定额或指标缺项的补充等。其中，审查补充的定额或指标时，其项目划分、内容组成、编制原则等须与现行定额水平相一致。

b. 材料预算价格的审查。以耗用量最大的主要材料作为审查的重点，同时着重审查材料原价、运输费用及节约材料运输费用的措施。

c. 各项费用的审查。审查各项费用所包含的具体内容是否重复计算或遗漏、取费标准是否符合国家有关部门或地方规定的标准。

②设备及安装工程概算的审查。设备及安装工程概算审查的重点是设备清单与安装费用的计算。

a. 标准设备原价，应根据设备所被管辖的范围，审查各级规定的统一价格标准。

b. 非标准设备原价，除审查价格的估算依据、估算方法外，还要分析研究非标准设备估价准确度的有关因素及价格变动规律。

c. 设备运杂费审查，需注意：若设备价格中已包括包装费和供销部门手续费时不应重复计算，应相应降低设备运杂费费率。

d. 进口设备费用的审查，应根据设备费用各组成部分及国家设备进口、外汇管理、海关、税务等有关部门不同时期的规定进行。

设备及安装工程概算的审查，除编制方法、编制依据外，还应注意审查以下几项：

a. 采用预算单价或扩大综合单价计算安装费时的各种单价是否合适、工程量计算是否符合规则要求、是否准确无误；

b. 当采用概算指标计算安装费时采用的概算指标是否合理、计算结果是否达到精度要求；

c. 审查所需计算安装费的设备数量及种类是否符合设计要求，避免某些不需安装的设备安装费计入在内。

③设计概算审查的方式。设计概算审查一般采用集中会审的方式进行。根据审查人员的业务专长分组，将概算费用进行分解，分别审查，最后集中讨论定案。

设计概算审查是一项复杂而细致的技术经济工作，审查人员既应懂得有关专业技术知识，又应具有熟练编制概算的能力，可按下列步骤进行：

a. 概算审查的准备。概算审查的准备工作包括：了解设计概算的内容组成、编制依据和方法；了解建设规模、设计能力和工艺流程；熟悉设计图纸和说明书，掌握概算费用的构成和有关技术经济指标；明确概算各种表格的内涵；收集概算定额、概算指标、取费标准等有关规定的文件资料等。

b. 进行概算审查。根据审查的主要内容，分别对设计概算的编制依据、单位工程设计概算、综合概算、总概算进行逐级审查。

c. 进行技术经济对比分析。利用规定的概算定额或指标以及有关的技术经济指标与设计概算进行分析对比，根据设计和概算列明的工程性质、结构类型、建设条件、费用构成、投资比例、占地面积、生产规模、建筑面积、设备数量、造价指标、劳动定员等与国内外同类型工程规模进行对比分析，找出与同类型项目的主要差距。

d. 调查研究。对概算审查中出现的问题要在对比分析、找出差距的基础上深入现场进行实际调查研究。了解设计是否经济合理，概算编制依据是否符合现行规定和施工现场实际，有无扩大规模、多估投资或预留缺口等情况，并及时核实概算投资。对于当地没有同类型的项目而不能进行对比分析时，可向国内同类型企业进行调查，收集资料，作为审查的参考。经过会审决定的定案问题应及时调整概算并经原批准单位下发文件。

e. 概算调整。对审查过程中发现的问题要逐一理清，对建成项目的实际成本和有关数据资料等进行整理调整并积累相关资料。

设计概算投资一般应控制在立项批准的投资控制额以内；如果设计概算值超过控制额，必须修改设计或重新立项审批；设计概算批准后不得任意修改和调整；如需修改或调整时，须经原批准部门重新审批。

5.4.2 施工图预算的审查

1. 施工图预算审查的基本规定

施工图预算文件的审查，应当委托具有相应资质的工程造价咨询机构进行。

从事建设工程施工图预算审查的人员，应具备相应的执业（从业）资格，需要在施工图预算审查文件上签署注册造价工程师执业资格专用章或造价员从业资格专用章，并出具施工图预算审查意见报告，报告要加盖工程造价咨询企业的公章和资格专用章。

2. 预算的审查内容

(1)审查施工图预算的编制是否符合现行国家、行业、地方政府有关法律、法规和规定要求。

(2)审查工程量计算的准确性、工程量计算规则与计价规范规则或定额规则的一致性。工程量是确定建筑安装工程造价的决定因素，是预算审查的重要内容。工程量审查中常见的问题如下：

①多计工程量。计算尺寸以大代小,按规定应扣除的不扣除。
②重复计算工程量,虚增工程量。
③项目变更后,该减的工程量未减。
④未考虑施工方案对工程量的影响。

(3)审查在施工图预算的编制过程中,各种计价依据使用是否恰当,各项费率计取是否正确;审查依据主要有施工图设计资料、有关定额、施工组织设计、有关造价文件规定和技术规范、规程等。

(4)审查各种要素市场价格选用、应计取的费用是否合理。预算单价是确定工程造价的关键因素之一,审查的主要内容包括单价的套用是否正确,换算是否符合规定,补充的定额是否按规定执行。根据现行规定,除规费、措施费中的安全文明施工费和税金外,企业可以根据自身管理水平自主确定费率,因此,审查各项应计取费用的重点是费用的计算基础是否正确。

除建筑安装工程费用组成的各项费用外,还应列入调整某些建筑材料价格变动所发生的材料差价。

(5)审查施工图预算是否超过概算以及进行偏差分析。

3. 施工图预算的审查方法

(1)逐项审查法。逐项审查法又称全面审查法,即按定额顺序或施工顺序,对各项工程细目逐项全面详细审查的一种方法。其优点是全面、细致,审查质量高、效果好;缺点是工作量大、时间较长。这种方法适合于一些工程量较小、工艺比较简单的工程。

(2)标准预算审查法。标准预算审查法就是对利用标准图纸或通用图纸施工的工程,先集中力量编制标准预算,以此为准来审查工程预算的一种方法。按标准设计图纸施工的工程,一般上部结构和做法相同,只是根据现场施工条件或地质情况不同,仅对基础部分做局部改变。凡这样的工程,以标准预算为准,对局部修改部分单独审查即可,不需逐一详细审查。该方法的优点是时间短、效果好、易定案。其缺点是适用范围小,仅适用于采用标准图纸的工程。

(3)分组计算审查法。分组计算审查法就是把预算中有关项目按类别划分为若干组,利用同组中的一组数据审查分项工程量的一种方法。这种方法首先将若干分部分项工程按相邻且有一定内在联系的项目进行编组,利用同组分项工程间具有相同或相近计算基数的关系,审查一个分项工程数,由此判断同组中其他几个分项工程的准确程度。如一般的建筑工程中可将底层建筑面积编为一组。先计算底层建筑面积或楼(地)面面积,从而得知楼面找平层、天棚抹灰的工程量等,依次类推。该方法的特点是审查速度快、工作量小。

(4)对比审查法。对比审查法是当工程条件相同时,用已完工程的预算或未完但已经过审查修正的工程预算对比审查拟建工程的同类工程预算的一种方法。采用该方法一般须符合下列条件。

①拟建工程与已完或在建工程预算采用同一施工图,但基础部分和现场施工条件不同,则相同部分可采用对比审查法。

②工程设计相同,但建筑面积不同,两个工程的建筑面积之比与两个工程各分部分项工程量之比大体一致。此时可按分项工程量的比例,审查拟建工程各分部分项工程的工程量,或用两个工程每平方米建筑面积造价、每平方米建筑面积的各分部分项工程量对比进行审查。

③两个工程面积相同,但设计图纸不完全相同,则相同的部分,如厂房中的柱子、层架、层面、砖墙等,可进行工程量的对照审查。对不能对比的分部分项工程可按图纸计算。

(5)"筛选"审查法。"筛选"是能较快发现问题的一种方法。建筑工程虽面积和高度不同,但其各分部分项工程的单位建筑面积指标变化却不大。将这样的分部分项工程加以汇集、优选,找出其单位建筑面积工程量、单价、用工的基本数值,归纳为工程量、价格、用工三个单方基本指标,并注明基本指标的适用范围。这些基本指标被用来筛选各分部分项工程,对不符合条件的应进行详细审查,若审查对象的预算标准与基本指标的标准不符,就应对其进行调整。

"筛选法"的优点是简单易懂、便于掌握、审查速度快、便于发现问题。但问题出现的原因尚需继续审查。该方法适用于审查住宅工程或不具备全面审查条件的工程。

(6)重点审查法。重点审查法就是抓住施工图预算中的重点进行审核的方法。审查的重点一般是工程量大或者造价较高的各种工程、补充定额、计取的各种费用(计费基础、取费标准)等。重点审查法的优点是突出重点,审查时间短、效果好。

应当注意的是,除逐项审查法外,其他各种方法应注意综合运用,单一使用某种方法可能会导致审查不全面或者漏项。例如,可以在筛选的基础上,对重点项目或者筛选中发现有问题的子项进行重点审查。

5.4.3　建设工程招标阶段的投资控制

1. 投标报价审核方法

投标人编制投标价格,可采用工料单价法或综合单价法。编制方法的选用取决于招标文件规定的合同形式。当拟建工程采用总价合同形式时,投标人应按规定对整个工程涉及的工作内容作出总报价。当拟建工程采用单价合同形式时,投标人关键是要正确估算出各分部分项工程项目的综合单价。

2. 投标报价的审核内容

(1)分部分项工程和措施项目报价的审核。

①分部分项工程和措施项目中的综合单价审核。

a. 综合单价的确定依据。投标人投标报价时应依据招标工程量清单项目的特征描述确定清单项目的综合单价。在招标投标过程中,当出现招标工程量清单特征描述与设计图纸不符时,投标人应以招标工程量清单的项目特征描述为准,确定投标报价的综合单价。若在施工中施工图纸或设计变更导致项目特征与招标工程量清单项目特征描述不一致时,发承包双方应按实际施工的项目特征,依据合同约定重新确定综合单价。

b. 材料、工程设备暂估价。招标工程量清单中提供了暂估单价的材料、工程设备,按暂估的单价进入综合单价。

c. 风险费用。招标文件中要求投标人承担的风险内容和范围,投标人应将其考虑到综合单价中。在施工过程中,当出现的风险内容及其范围(幅度)在招标文件规定的范围内时,合同价款不做调整。

②措施项目中的总价项目的报价审核。招标人提出的措施项目清单是根据一般情况确定的,由于各投标人拥有的施工装备、技术水平和采用的施工方法有所差异,投标人投标时应根据自身编制的投标施工组织设计(或施工方案)确定措施项目及报价,投标人根据投标施工组织设计(或施工方案)调整和确定的措施项目应通过评标委员会的评审。措施项目中的安全文明施工费应按照国家或省级、行业建设主管部门的规定计算,不作为竞争性费用。

(2)其他项目费的审核。

①暂列金额应按照招标工程量清单中列出的金额填写,不得变动。

②暂估价不得变动和更改。暂估价中的材料、工程设备必须按照暂估单价计入综合单价;专业工程暂估价必须按照招标工程量清单中列出的金额填写。

③计日工应按照招标工程量清单列出的项目和估算的数量,自主确定综合单价并计算计日工金额。

④总承包服务费应根据招标工程量列出的专业工程暂估价内容和供应材料、设备情况,按照招标人提出协调、配合与服务要求和施工现场管理需要自主确定。

(3)规费和税金的审核。规费和税金必须按国家或省级、行业建设主管部门的规定计算,不得作为竞争性费用。

3. 投标报价审核要点

(1)招标工程量清单与计价表中列明的所有需要填写单价和合价的项目,投标人均应填写且只允许有一个报价。未填写单价和合价的项目,视为此项费用已包含在已标价工程量清单中其他项目的单价和合价之中。当竣工结算时,此项目不得重新组价予以调整。

(2)投标总价应与分部分项工程费、措施项目费、其他项目费和规费、税金的合计金额一致。即投标人在进行工程量清单招标的投标报价时,不能进行投标总价优惠(或降价、让利),投标人对投标报价的任何优惠(或降价、让利)均应反映在相应清单项目的综合单价中。

5.4.4 合同价款的约定

不同的合同价款形式,其价款约定方式与内容也有差异。建设项目中应根据项目特点,选择合适的合同价款形式,以保证项目投资的有效控制。

1. 合同价格分类

建设工程承包合同的计价方式通常可分为总价合同、单价合同和成本加酬金合同三大类。

(1)总价合同。总价合同是指支付给承包方的工程款项在承包合同中是一个规定的金额。其是以设计图纸和工程说明书为依据,由承包方与发包方经过协商确定的。总价合同的主要特征如下:

①根据招标文件的要求由承包方实施全部工程任务,按承包方在投标报价中提出的总价确定;

②拟实施项目的工程性质和工程量应在事先基本确定。

总价合同的计价有以下两种形式:

①业主为了方便承包商投标,在招标文件中给出工程量表,但业主对工程量表中的数量不承担责任,承包人根据清单数量填报单价并进行价款的汇总。

②招标文件中没有提供工程量清单,由承包商自己编制工程量清单并报价。

在总价合同中,工程量表和相应的报价表仅仅作为阶段付款和工程变更计价的依据,而不作为承包商按照合同规定应完成的工程范围的全部内容,所以工程量表的分项常常带有随意性和灵活性。

合同价款总额由每一分项工程的包干价款(固定总价)构成。承包商必须根据工程信息计算工程量。如果业主提供的或承包商自己编制的工程量表有漏项或计算错误,所涉及的工程价款被认为已包括在整个合同总价中,因此承包商必须认真复核工程量。

显然,总价合同对承包方具有一定的风险。采用这种合同时,必须明确工程承包合同标的物的详细内容及其各种技术经济指标,一方面承包方在投标报价时要仔细分析风险因素,需在报价中考虑一定的风险费;另一方面发包方也应考虑到使承包方承担的风险是可以承受的,以获得合格而又有竞争力的投标人。

总价合同可以分为固定总价合同和可调总价合同两类。

①固定总价合同。固定总价合同的价格计算是以设计图纸、工程量及现行规范等为依据,发承包双方就承包工程协商一个固定的总价,即承包方按投标时发包方接受的合同价格实施工程,并一笔包死,无特定情况不作变化。

采用这种合同，合同总价只有在设计和工程范围发生变更的情况下才能随之作相应的变更，除此之外，合同总价一般不得变动。因此，采用固定总价合同，承包方要承担合同履行过程中的主要风险，要承担实物工程量、工程单价等变化而可能造成损失的风险。在合同执行过程中，发承包双方均不能以工程量、设备和材料价格、工资等变动为理由，提出对合同总价调值的要求。因此，作为合同总价计算依据的设计图纸、说明及相关规定需对工程作出详尽的描述，承包方要在投标时对一切费用上升的因素作出估计并将其包含在投标报价之中。由于承包方可能要为许多不可预见的因素付出代价，所以往往会加大不可预见费用，致使这种合同的投标价格偏高。

固定总价合同的适用范围如下：
a. 工程范围清楚明确，工程图纸完整、详细、清楚，报价的工程量应准确而不是估计数字。
b. 工程量小、工期短，在工程过程中环境因素(特别是物价)变化小，工程条件稳定。
c. 工程结构、技术简单，风险小，报价估算方便。
d. 投标期相对宽裕，承包商可以详细做现场调查，复核工程量，分析招标文件，拟定计划。
e. 合同条件完备，双方的权利和义务关系十分清楚。

但目前总价合同的应用范围有扩展的趋势。在一些大型工程的"设计—采购—施工"总承包合同也使用总价合同形式。有些工程中业主只用初步设计资料招标，却要求承包商以固定总价合同承包，因此，承包商应充分意识到风险，通过采用有效的工程管理方法，回避风险，将不可预见费用转为企业利润。

②可调总价合同。可调总价合同的总价一般也是以设计图纸及规定、现行规范为基础，在报价及签约时，按招标文件的要求和当时的物价计算合同总价。但合同总价是一个相对固定的价格，在合同执行过程中，由于通货膨胀而使所用的工料成本增加，可对合同总价进行相应的调整。可调总价合同在合同条款中设有调价条款，如果出现通货膨胀这一不可预见的费用因素，合同总价就可按约定的调价条款做相应调整。

可调总价合同列出的有关调价的特定条款，往往是在合同专用条款中列明。调价工作必须按照这些特定的调价条款进行。这种合同与固定总价合同的不同之处在于，它对合同实施中出现的风险做了分摊，发包方承担了通货膨胀的风险，而承包方承担合同实施中实物工程量、成本和工期因素等的其他风险。

可调总价合同适用于工程内容和技术经济指标规定很明确的项目，由于合同中列有调值条款，所以工期在1年以上的工程项目较适于采用这种合同计价方式。

(2)单价合同。单价合同是指承包方按发包方提供的工程量清单内的分部分项工程内容填报单价，并据此签订承包合同，而实际总价则是按实际完成的工程量与合同单价计算确定，若合同履行过程中无特殊情况，一般不得变更单价。

单价合同的执行原则是，单价合同的工程量清单内所列出的分部分项工程的工程量为估计工程量，而非准确工程量，工程量在合同实施过程中允许有上下的浮动变化，但分部分项工程的合同单价却不变，结算支付时以实际完成工程量为依据。因此，采用单价合同时按招标文件工程量清单中的预计工程量乘以所报单价计算得到的合同价格，并不一定就是承包方圆满实施合同规定的任务后所获得的全部工程款项，实际工程价格可能大于原合同价格，也可能小于原合同价格。

单价合同可分为固定单价合同和可调单价合同两种。
①固定单价合同。
a. 估算工程量单价合同。这种合同形式是以工程量清单和相应的综合单价表为基础和依据来计算合同价格的，也称为计量估价合同。估算工程量单价合同通常是由发包方提出工程量清

单，列出分部分项工程量，由承包方以此为基础填报相应单价，累计计算后得出合同价格。但最后的工程结算价应按照实际完成的工程量来计算，即按合同中的分部分项工程单价和实际工程量，计算得出工程结算和支付的工程总价格。采用这种合同时，要求实际完成的工程量与原估计的工程量不能有实质性的变更。因为承包方给出的单价是以相应的工程量为基础的，如果工程量大幅度增减可能影响工程成本。

这种合同计价方式较为合理地分担了合同履行过程中的风险。承包方据以报价的清单工程量为估计工程量，这样可以避免当实际完成工程量与估计工程量有较大差异时，总价合同计价可能导致发包方过大的额外支出或是承包方较大的亏损。另外，承包方在投标时可不必将不能合理准确预见的风险计入投标报价内，有利于发包方获得较为合理的合同价格。采用估算工程量单价合同时，工程量是统一计算出来的，承包方只要经过复核后填上适当的单价即可；发包方也只需审核单价是否合理，对双方都较为方便。由于具有这些特点，估算工程量单价合同是比较常用的一种合同计价方式，它可在不能精确地计算出工程量的条件下，避免发包或承包的任何一方承担过大的风险。

估算工程量单价合同大多用于工期长、技术复杂、实施过程中可能会发生各种不可预见因素较多的建设工程，或发包方为了缩短项目建设周期，如在初步设计完成后就拟进行施工招标的工程。在施工图不完整或当准备招标的工程项目内容、技术经济指标一时尚不能明确和具体予以规定时，往往要采用这种合同计价方式。

b. 纯单价合同。采用纯单价合同时，发包方只向承包方给出发包工程的有关分部分项工程以及工程范围，不对工程量作任何规定。即在招标文件中仅给出工程内各个分部分项工程一览表、工程范围和必要的说明，而不必提供实物工程量。承包方在投标时只需要对这类给定范围的分部分项工程作出报价即可，合同实施过程中按实际完成的工程量进行结算。

这种合同计价方式主要适用于没有施工图，工程量不明，却急需开工的紧迫工程，如设计单位来不及提供正式施工图纸，或虽有施工图但由于某些原因不能比较准确地计算工程量等。当然，对于纯单价合同来说，发包方必须对工程范围的划分作出明确的规定，以使承包方能够合理地确定工程单价。

②可调单价合同。可调单价合同一般是在工程招标文件中规定，合同中签订的单价，根据合同约定的条款进行调整。如有些单价合同规定，若实际工程量与工程量清单表中的工程量相差超过±10%时，允许承包方调整合同单价；也有些单价合同在材料价格变动较大时允许承包方调整单价，即"调值"；有的工程在招标或签约时，因某些不确定因素难以估计其变化，故先在合同中暂定某些分部分项工程的单价，在工程结算时，再根据实际情况和合同约定对合同单价进行调整，确定实际结算单价。

(3)成本加酬金合同。成本加酬金合同是将工程项目的实际投资划分成直接成本费和承包方完成工作后应得酬金两部分。工程实施过程中发生的直接成本费由发包方实报实销，再按合同约定的方式另外支付给承包方相应报酬。

这种合同计价方式主要适用于以下情况：

①招标投标阶段工程范围无法界定，缺少工程的详细说明，无法准确估价。

②工程特别复杂，工程技术、结构方案不能预先确定。故这类合同经常被用于一些带研究、开发性质的工程项目中。

③时间特别紧急，要求尽快开工的工程。如抢救、抢险工程。

④发包方与承包方之间有着高度的信任，承包方在某些方面具有独特的技术、特长或经验。

这种合同有两个明显的缺点：一是发包方对工程总价不能实施有效的控制；二是承包方对降低成本不感兴趣。因此，采用这种合同计价方式，其条款必须非常严格，才能加强对工程投资的控制，否则容易造成不应有的损失。

按照酬金的计算方式不同，成本加酬金合同又分为以下四种形式：

①成本加固定百分比酬金。采用这种合同计价方式，承包方的实际成本实报实销，同时按照实际成本的固定百分比付给承包方一笔酬金。

这种合同计价方式，工程总价及付给承包方的酬金随工程成本增加而增加，不利于鼓励承包方降低成本，故这种合同计价方式很少被采用。

②成本加固定金额酬金。采用这种合同计价方式与成本加固定百分比酬金合同相似。其不同之处仅在于在成本上所增加的费用是一笔固定金额的酬金。酬金按估算工程成本的一定百分比确定，数额是固定不变的。

这种计价方式的合同虽然也不能鼓励承包商关心和降低成本，但从尽快获得全部酬金减少管理投入出发，会有利于缩短工期。

采用上述两种合同计价方式时，为了避免承包方企图获得更多的酬金而对工程成本不加控制，往往在承包合同中规定一些补充条款，以鼓励承包方节约工程费用的开支，降低成本。

③成本加奖罚。采用成本加奖罚合同，在签订合同时双方事先约定该工程的预期成本和固定酬金，以及实际发生的成本与预期成本比较后的奖罚计算办法。

在合同实施后，根据工程实际成本的发生情况，承包商得到的金额分以下几种情况：

a. 实际成本＝预期成本：承包商得到实际发生的工程成本，同时获得酬金。

b. 实际成本＜预期成本：承包商得到实际发生的工程成本，获得酬金，并根据成本节约额的多少，得到预先约定的奖金。

c. 实际成本＞预期成本：承包方可得到实际成本和酬金，但视实际成本高出预期成本的情况，被处以一笔罚金。

成本加奖罚计价方式可以促使承包方关心和降低成本，缩短工期，而且预期成本可以随着设计的进展加以调整，所以发承包双方都不会承担太大的风险，故这种合同计价方式应用较多。

④最高限额成本加固定最大酬金。在这种计价方式的合同中，首先要确定最高限额成本（高于报价成本）、报价成本和最低成本（预期成本）。

a. 实际成本＜预期成本：承包商得到实际发生的工程成本，获得酬金，并根据节约额的多少，得到预先约定的奖金。

b. 预期成本＜实际成本＜报价成本：承包商得到实际发生的工程成本，获得酬金。

c. 报价成本＜实际成本＜限额成本：承包商得到实际发生的工程成本。

d. 实际成本＞限额成本：超过部分由承包商承担，发包方不予支付。

这种合同计价方式有利于控制工程投资，并能鼓励承包方最大限度地降低工程成本。

2. 影响合同价格方式选择的因素

在工程实践中，采用哪种合同计价方式，应根据建设工程的特点，业主对筹建工作的设想，对工程费用、工期和质量的要求等综合考虑后进行确定。

(1)项目的复杂程度。规模大且技术复杂的工程项目，承包风险较大，各项费用不易估算准确，不宜采用固定总价合同。有时在同一工程中可以采用不同的合同形式，如承包商可以力争对有把握的部分采用固定总价合同，估算不准的部分采用单价合同或成本加酬金合同，以降低合同风险。

(2)工程设计工作的深度。工程招标时所依据的设计文件的深度，即工程范围的明确程度和预计完成工程量的准确程度，经常是选择合同计价方式时应考虑的重要因素。因为招标图纸和工程量清单的详细程度决定了投标人能否合理报价。

(3)工程施工的难易程度。如果施工中有较大部分采用新技术和新工艺，当发包方和承包方在这方面过去都没有经验，而且在国家颁布的标准、规范、定额中又没有可作为依据的标准时，为了避免投标人盲目地提高承包价格或由于对施工难度估计不足而导致承包亏损，不宜采用固定总价合同，较为保险的做法是选用成本加酬金合同。

(4)工程进度要求的紧迫程度。在招标过程中，对一些紧急工程，如灾后恢复工程、要求尽快开工且工期较紧的工程等，可能仅有实施方案，还没有施工图纸，因此，承包商不可能报出合理的价格。此时，采用成本加酬金合同比较合理。

5.4.5 合同价款约定内容

1. 合同价款约定的一般规定

(1)实行招标的工程合同价款应在中标通知书发出之日起30天内，由发承包双方依据招标文件和中标人的投标文件在书面合同中约定。

合同约定不得违背招标、投标文件中关于工期、造价、质量等方面的实质性内容。招标文件与中标人投标文件不一致的地方应以投标文件为准。

(2)不实行招标的工程合同价款，应在发承包双方认可的工程价款基础上，由发承包双方在合同中约定。

(3)实行工程量清单计价的工程，应采用单价合同；建设规模较小，技术难度较低，工期较短，而且施工图设计已审查批准的建设工程可采用总价合同；紧急抢险、救灾及施工技术特别复杂的建设工程可采用成本加酬金合同。

2. 约定内容

在签订合同时，合同双方应就以下内容进行约定：

(1)预付工程款的数额、支付时间及抵扣方式。工程预付款是建设工程施工合同订立后由发包人按照合同约定，在正式开工前预先支付给承包人的工程款。其主要作用是发包人为解决承包人在施工准备阶段资金周转问题提供的协助。

①工程预付款的支付额度。预付款可以是一个绝对数，如100万元，也可以是额度，如合同金额的10%。每次付款金额应根据工程规模、工期长短等具体情况，在合同中约定。

②工程预付款的支付及抵扣时间。工程预付款的支付时间按合同约定，如合同签订后一个月支付或开工日前7天支付等。

工程款具有预支性质，所以将以抵扣方式扣回。即从每一个支付期应支付给承包人的工程进度款中扣回一部分，直到扣回的金额达到合同约定的预付款金额为止。常见的抵扣时间是当承包商累计完成了合同金额一定比例(如20%～30%)后，从应支付的工程进度款中按比例抵扣。

(2)安全文明施工费的支付计划、使用要求。安全文明施工费应专款专用，发包人应按相关规定合理支付，并写明使用要求。

(3)工程计量与支付工程价款的方式、额度及时间。工程款的计量与进度款支付均应在合同中约定时间和方式，如可按月计量或按工程形象部位(目标)分段计量，进度款支付周期与计量周期保持一致。约定的支付时间可以是计量后7天或10天支付；支付数额可以约定为已完工作量的90%。

(4)工程价款的调整因素、方法、程序、支付及时间。

①工程价款的调整因素。在施工阶段，影响工程价款变化的因素很多，如工程变更、材料价格、人工费用、施工机具使用费价格的变化等。在签订合同时，双方应对量、价的变化幅度进行一个约定，超过这个约定范围，应允许按规定进行合同价款的调整，这既可以避免因素变化导致工程价款大幅度上升给承包商带来资金困难，同时也可以避免由于工程变更，导致承包

商获得大量的超额利润。

②工程价款的调整方法与程序。

a. 人工费：可按工程造价管理机构发布的人工费调整。

b. 材料费：可在工程结算时一次性调整，也可在材料采购时报发包人调整。

c. 调整程序：承包人提交调整报告交发包人，由发包人现场代表审核签字。

d. 支付及时间调整的工程价款由双方约定支付时间，一般与工程进度款同时支付。

(5)施工索赔与现场签证的程序、金额确认与支付时间。

①程序：如果施工中出现施工索赔与现场签证，通常由承包人在索赔事件发生后的 28 天内提出索赔金额，发包人现场代表或授权的监理工程师在收到索赔报告后 7 天或 10 天以内对其进行核对。

②支付时间：原则上与工程进度款同期支付。

(6)承担计价风险的内容、范围及超出约定内容、范围的调整办法。在合同中应对双方应承担的风险进行明确的界定，如一般会约定主要材料如钢材、水泥价格涨幅在投标报价时的 3% 以内，其他材料价格涨幅在投标报价时的 5% 以内，由承包商承担其涨价风险，当超出该额度时，应允许其进行价格的调整。

(7)工程竣工价款结算编制与核对、支付及时间。在合同中应约定承包人提交竣工结算书的时间，发包人或其委托的工程造价咨询企业接到竣工结算书后按规定时间完成核对，并按合同约定的工程竣工价款支付时间及时支付。

(8)工程质量保证金的数额、预留方式及时间。质量保证金是发承包双方在工程合同中约定，用以保证承包人在缺陷责任期内履行缺陷修复义务的金额。

工程质量保证金按合同中约定数额(常见为合同价款的 3%~5%)扣留。传统做法是从每期应支付的工程进度款中按比例预留，直到预留金额达到合同约定的金额为止。

我国现行计价规范规定，进度款支付比例最高不超过 90%，该规定实质上就已将质量保证金预留了，因此，按现行规定，可不再从每期应支付的工程进度款中预留，而是改为在竣工结算时一次性扣清，这既可以减少财务结算工作量，也使质量保证金数额的扣留变得非常方便。工程质量保证金的约定归还时间可以根据工程质量缺陷期的规定及合同的约定按期退还。

(9)违约责任以及发生工程价款争议的解决方法及时间。由于影响工程项目的因素很多，为了避免在合同实施过程中由于合同双方因违约或因工程价款问题产生争议，合同中应约定解决产生争议的方法与时间。

争议解决的常用方法有协商、调解、仲裁和诉讼等。

①协商。协商是解决合同争执的最基本、最常见和最有效的方法。协商的特点是：简单、时间短、双方都不需额外花费、气氛平和。

争执通常表现在对索赔报告的分歧上，如双方对事实根据、索赔理由、干扰事件影响范围、索赔值计算方法看法不一致。所以，索赔方必须提交有说服力的索赔报告，并通过沟通与谈判，弄清干扰事件的实情，按合同条文辨明是非，确定各自责任，经过友好磋商，互作让步，解决索赔问题。

②调解。如果合同双方经过协商谈判不能就争议的解决达成一致，则可以邀请中间人进行调解。调解人经过分析索赔和反索赔报告，了解合同实施过程和干扰事件实情，按合同作出判断(调解决定)，并劝说双方再作商讨，互作让步，仍以和平的方式解决争执。

调解的特点是：由于调解人的介入，增加了索赔解决的公正性，灵活性较大、程序较为简单、节约时间和费用、双方关系比较友好、气氛平和。

在合同中，一般应约定调解机构。合同实施过程中，日常索赔争执的调解人通常为监理工程师。监理工程师在接受合同任何一方委托后,在合同约定的期限内作出调解意见,书面通知合同双方。如果双方认为调解决定是合理与公正的,在此基础可再进行协商。对于较大的索赔,可以聘请知名的工程专家、法律专家,或请对双方都有影响的人物作调解人。

在我国,承包工程争执的调解通常还有以下两种形式:

a. 行政调解。由合同管理机关、工商管理部门、业务主管部门等作为调解人。

b. 司法调解。在仲裁和诉讼过程中,首先提出调解,并为双方接受。

调解在自愿的基础上进行,其结果无法律约束力。如合同一方对调解结果不满,可按合同关于争执解决的规定,在限定期限内提请仲裁或诉讼要求。

③仲裁。当争执双方不能通过协商和调解达成一致时,可按合同仲裁条款的规定,由双方约定的仲裁机关采用仲裁方式解决。仲裁作为正规的法律程序,其结果对双方都有约束力。在仲裁中可以对工程师所作的所有指令、决定,签发的证书等进行重新审议。

在我国,仲裁实行一裁终局制度。裁决作出后,当事人就同一争执再申请仲裁,或向人民法院起诉,则不再予以受理。

④诉讼。诉讼是运用司法程序解决争执,由人民法院受理并行使审判权,对合同争执作出强制性判决。人民法院受理合同争执可能有以下几种情况:

a. 合同双方没有仲裁协议,或仲裁协议无效,当事人一方可向人民法院提出起诉状。

b. 虽有仲裁协议,当事人向人民法院提出起诉,未声明有仲裁协议;人民法院受理后另一方在首次开庭前对人民法院受理本案件未提出异议,则该仲裁协议被视为无效,人民法院继续受理。

c. 如果仲裁裁决被人民法院依法裁定撤销或不予执行,当事人可以向人民法院提出起诉,人民法院依法审理该争执。

人民法院在判决前再作一次调解,如仍然达不成一致,则依法判决。

(10) 与履行合同、支付价款有关的其他事项。合同中涉及价款的事项较多,能够详细约定的事项应尽可能具体约定,约定的用词应尽可能唯一,如有几种解释,最好对用词进行定义,尽量避免因理解上的歧义造成合同纠纷。

合同中如出现未按上述各条要求约定或约定不明的,发承包双方在合同履行中发生争议的由双方协商确定;当协商不能达成一致时,应按现行计价规范的相应规定执行。

5.5 建设工程施工阶段的投资控制

5.5.1 施工阶段投资目标控制

监理工程师在施工阶段进行投资控制的基本原理是将计划投资额作为投资控制的目标值,在工程施工过程中定期进行投资实际值与目标值的比较,通过比较发现并找出实际支出额与投资控制目标值之间的偏差,分析产生偏差的原因,并采取有效措施加以控制,以保证投资控制目标的实现。

1. 投资控制的工作流程

建设工程施工阶段涉及的面很广,涉及的人员很多,与投资控制有关的工作也很多,不能逐一加以说明,只能对实际情况加以适当简化。图 5-6 所示为施工阶段投资控制的工作流程图。

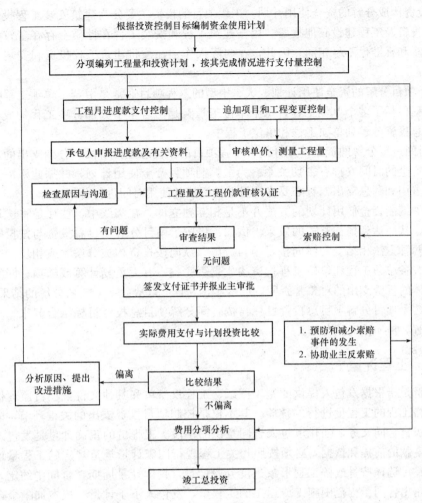

图 5-6　施工阶段投资控制的工作流程图

2. 资金使用计划的编制

投资控制的目的是确保投资目标的实现。因此，监理工程师必须编制资金使用计划，合理地确定投资控制目标值，包括建设工程投资的总目标值、分目标值、各详细目标值。如果没有明确的投资控制目标，就无法进行项目投资实际支出值与目标值的比较，不能进行比较也就不能找出偏差，不知道偏差程度，就会使控制措施缺乏针对性。在确定投资控制目标时，应有科学的依据。如果投资目标值与人工单价、材料预算价格、设备价格及各项有关费用和各种取费标准不相适应，那么投资控制目标便没有实现的可能，则控制也是徒劳的。

由于人们对客观事物的认识有个过程，也由于人们在一定时间内所占有的经验和知识有限，因此，对工程项目的投资控制目标应辩证地对待，既要维护投资控制目标的严肃性，也要允许对脱离实际的既定投资控制目标进行必要的调整，调整并不意味着可以随意改变项目投资目标值，而必须按照有关的规定和程序进行。

3. 投资目标的分解

编制资金使用计划过程中最重要的步骤，就是项目投资目标的分解。根据投资控制目标和要求的不同，投资目标的分解可以分为按投资构成分解、按子项目分解、按时间分解三种类型。

(1)按投资构成分解的资金使用计划。工程项目的投资主要分为建筑安装工程投资、设备及工器具购置投资及工程建设其他投资。由于建筑工程和安装工程在性质上存在着较大差异，投资的计算方法和标准也不尽相同。因此，在实际操作中往往将建筑工程投资和安装工程投资分解开来。

(2)按子项目分解的资金使用计划。大、中型的工程项目通常是由若干单项工程构成的，而每个单项工程包括了多个单位工程，每个单位工程又是由若干个分部分项工程构成，因此，首先要把项目总投资分解到单项工程和单位工程中。

(3)按时间进度分解的资金使用计划。工程项目的投资总是分阶段、分期支出的，资金应用是否合理与资金的时间安排有密切关系。为了编制项目资金使用计划，并据此筹措资金，尽可能减少资金占用和利息支出，有必要将项目总投资按其使用时间进行分解。

以上三种编制资金使用计划的方法并不是相互独立的。在实践中，往往是将这几种方法结合起来使用，从而达到扬长避短的效果。例如，将按子项目分解项目总投资与按投资构成分解项目总投资两种方法相结合，横向按子项目分解，纵向按投资构成分解，或相反。这种分解方法有助于检查各单项工程和单位工程投资构成是否完整，有无重复计算或缺项；同时还有助于检查各项具体的投资支出的对象是否明确或落实，并且可以从数字上校核分解的结果有无错误。或者还可将按子项目分解项目总投资目标与按时间分解项目总投资目标结合起来，一般是纵向按子项目分解，横向按时间分解。

5.5.2 工程计量

工程计量是指根据发包人提供的施工图纸、工程量清单和其他文件，项目监理机构对承包人申报的合格工程的工程量进行的核验。其不仅是控制项目投资支出的关键环节，同时，也是约束承包人履行合同义务，强化承包人合同意识的手段。工程量的正确计量是发包人向承包人支付工程进度款的前提和依据，必须按照相关工程现行国家计量规范规定的工程量计算规则计算。工程计量可选择按月或按工程形象进度分段计量，具体计量周期在合同中约定。因承包人原因造成的超出合同工程范围施工或返工的工程量，发包人不予计量。成本加酬金合同参照单价合同计量。

1. 工程计量的依据

计量依据一般有质量合格证书、工程量清单前言、技术规范中的"计量支付"条款和设计图纸。也就是说，计量时必须以这些资料为依据。

(1)质量合格证书。对于承包人已完的工程，并不是全部进行计量，而只是质量达到合同标准的已完工程才予以计量。所以工程计量必须与质量监理紧密配合，经过专业工程师检验，工程质量达到合同规定的标准后，由专业工程师签署报验申请表（质量合格证书），只有质量合格的工程才予以计量。所以，质量监理是计量监理的基础，计量又是质量监理的保障，通过计量支付，强化承包人的质量意识。

(2)工程量清单前言和技术规范。工程量清单前言和技术规范是确定计量方法的依据。因为工程量清单前言和技术规范的"计量支付"条款规定了清单中每一项工程的计量方法，同时，还规定了按规定的计量方法确定的单价所包括的工作内容和范围。

例如，某高速公路技术规范计量支付条款规定：所有道路工程、隧道工程和桥梁工程中的路面工程按各种结构类型及各层不同厚度分别汇总以图纸所示或工程师指示为依据，按经工程师验收的实际完成数量，以 m^2 为单位分别计量。计量方法是根据路面中心线的长度乘图纸所表明的平均宽度，再加单独测量的岔道、加宽路面、喇叭口和道路交叉处的面积，以 m^2 为单位计量。除工程师书面批准外，凡超过图纸所规定的任何宽度、长度、面积或体积均不予计量。

(3)设计图纸。单价合同以实际完成的工程量进行结算,但被工程师计量的工程数量,并不一定是承包人实际施工的数量。计量的几何尺寸要以设计图纸为依据,工程师对承包人超出设计图纸要求增加的工程量和自身原因造成返工的工程量,不予计量。例如:在京津塘高速公路施工监理中,灌注桩的计量支付条款中规定按照设计图纸以延米计量,其单价包括所有材料及施工的各项费用,根据这个规定如果承包人做了 35 m,而桩的设计长度 30 m,则只计量 30 m,发包人按 30 m 付款。承包人多做了 5 m 灌注桩所消耗的钢筋及混凝土材料,发包人不予补偿。

2. 单价合同的计量

工程量必须以承包人完成合同工程应予计量的工程量确定。施工中进行工程量计量时,当发现招标工程量清单中出现缺项、工程量偏差,或因工程变更引起工程量增减时,应按承包人在履行合同义务中实际完成的工程量计量。

(1)计量程序。关于单价合同的计量程序,《建设工程施工合同(示范文本)》(GF—2017—0201)中规定,除专用合同条款另有约定外,单价合同的计量按照以下约定执行:

①承包人应于每月 25 日向监理人报送上月 20 日至当月 19 日已完成的工程量报告,并附具进度付款申请单、已完成工程量报表和有关资料。

②监理人应在收到承包人提交的工程量报告后 7 天内完成对承包人提交的工程量报表的审核并报送发包人,以确定当月实际完成的工程量。监理人对工程量有异议的,有权要求承包人进行共同复核或抽样复测。承包人应协助监理人进行复核或抽样复测,并按监理人要求提供补充计量资料。承包人未按监理人要求参加复核或抽样复测的,监理人复核或修正的工程量视为承包人实际完成的工程量。

③监理人未在收到承包人提交的工程量报表后的 7 天内完成审核的,承包人报送的工程量报告中的工程量视为承包人实际完成的工程量,据此计算工程价款。

同时《建设工程工程量清单计价规范》(GB 50500—2013)还作了如下规定:

①发包人认为需要进行现场计量核实时,应在计量前 24 小时通知承包人,承包人应为计量提供便利条件并派人参加。双方均同意核实结果时,则双方应在上述记录上签字确认。承包人收到通知后不派人参加计量,视为认可发包人的计量核实结果。发包人不按照约定时间通知承包人,致使承包人未能派人参加计量,计量核实结果无效。

②当承包人认为发包人核实后的计量结果有误时,应在收到计量结果通知后的 7 天内向发包人提出书面意见,并附上其认为正确的计量结果和详细的计算资料。发包人收到书面意见后,应在 7 天内对承包人的计量结果进行复核后通知承包人。承包人对复核计量结果仍有异议的,按照合同约定的争议解决办法处理。

③承包人完成已标价工程量清单中每个项目的工程量并经发包人核实无误后,发承包人应对每个项目的历次计量报表进行汇总,以核实最终结算工程量,并应在汇总表上签字确认。

(2)工程计量的方法。监理人一般只对工程量清单中的全部项目、合同文件中规定的项目、工程变更项目三个方面的工程项目进行计量。

一般可按照以下方法进行计量:

①均摊法。所谓均摊法,就是对清单中某些项目的合同价款,按合同工期平均计量。例如,为监理人提供宿舍,保养测量设备,保养气象记录设备,维护工地清洁和整洁等。这些项目都有一个共同的特点,即每月均有发生。所以可以采用均摊法进行计量支付。例如,保养气象记录设备,每月发生的费用是相同的,如本项合同款额为 2 000 元,合同工期为 20 个月,则每月计量、支付的款额为 2 000 元/20 月=100 元/月。

②凭据法。所谓凭据法,就是按照承包人提供的凭据进行计量支付。如建筑工程险保险费、第三方责任险保险费、履约保证金等项目,一般按凭据法进行计量支付。

③估价法。所谓估价法，就是按合同文件的规定，根据监理人估算的已完成的工程价值支付。如为监理人提供办公设施和生活设施，为监理人提供用车，为监理人提供测量设备、天气记录设备、通信设备等项目。这类清单项目往往要购买几种仪器设备，当承包人对于某一项清单项目中规定购买的仪器设备不能一次购进时，则需采用估价法进行计量支付。

④断面法。断面法主要用于取土坑或填筑路堤土方的计量。对于填筑土方工程，一般规定计量的体积为原地面线与设计断面所构成的体积。采用这种方法计量，在开工前承包人需测绘出原地形的断面，并需经工程师检查，作为计量的依据。

⑤图纸法。在工程量清单中，许多项目都采取按照设计图纸所示的尺寸进行计量。如混凝土构筑物的体积、钻孔桩的桩长等。

⑥分解计量法。所谓分解计量法，就是将一个项目，根据工序或部位分解为若干子项，对完成的各子项进行计量支付。这种计量方法主要是为了解决一些包干项目或较大的工程项目的支付时间过长，影响承包人的资金流动等问题。

3. 总价合同的计量

总价合同的计量活动非常重要。采用工程量清单方式招标形成的总价合同，其工程量的计算与上述单价合同的工程量计量规定相同。采用经审定批准的施工图纸及其预算方式发包形成的总价合同，除按照工程变更规定的工程量增减外，总价合同各项目的工程量应为承包人用于结算的最终工程量。另外，总价合同约定的项目计量应以合同工程经审定批准的施工图纸为依据，承发包双方应在合同中约定工程计量的形象目标或事件节点进行计量。

5.5.3 合同价款调整

工程项目建设周期长，在整个建设周期内会受到多种因素的影响，《建设工程工程量清单计价规范》(GB 50500—2013)参照国内外多部合同范本，结合工程建设合同的实践经验和建筑市场的交易习惯，对所有涉及合同价款调整、变动的因素或其范围进行了归并，主要包括五大类：一是法规变化类(法律法规变化)；二是工程变更类(工程变更、项目特征不符、工程量清单缺项、工程量偏差、计日工)；三是物价变化类(物价变化、暂估价)；四是工程索赔类(不可抗力、提前竣工、索赔等)；五是其他类(现场签证等)。

《建设工程工程量清单计价规范》

1. 合同价款应当调整的事项及调整程序

(1)合同价款应当调整的事项。以下事项发生，发承包双方应当按照合同约定调整合同价款：法律法规变化；工程变更；项目特征不符；工程量清单缺项；工程量偏差；计日工；物价变化；暂估价；不可抗力；提前竣工(赶工补偿)；误期赔偿；索赔；现场签证；暂列金额；发承包双方约定的其他调整事项。

(2)合同价款调整的程序。合同价款调整应按照以下程序进行：

①出现合同价款调增事项(不含工程量偏差、计日工、现场签证、施工索赔)后的14天内，承包人应向发包人提交合同价款调增报告并附上相关资料；承包人在14天内未提交合同价款调增报告的，应视为承包人对该事项不存在调整价款请求。

②出现合同价款调减事项(不含工程量偏差、施工索赔)后的14天内，发包人应向承包人提交合同价款调减报告并附相关资料；发包人在14天内未提交合同价款调减报告的，应视为发包人对该事项不存在调整价款请求。

③发(承)包人应在收到承(发)包人合同价款调增(减)报告及相关资料之日起14天内对其核

实,予以确认的应书面通知承(发)包人。当有疑问时,应向承(发)包人提出协商意见。发(承)包人在收到合同价款调增(减)报告之日起14天内未确认也未提出协商意见的,视为承(发)包人提交的合同价款调增(减)报告已被发(承)包人认可。发(承)包人提出协商意见的,承(发)包人应在收到协商意见后的14天内对其核实,予以确认的应书面通知发(承)包人。承(发)包人在收到发(承)包人的协商意见后14天内既不确认也未提出不同意见的,视为发(承)包人提出的意见已被承(发)包人认可。

如果发包人与承包人对合同价款调整的不同意见不能达成一致,只要对承发包双方履约不产生实质影响,双方应继续履行合同义务,直到其按照合同约定的争议解决方式得到处理。关于合同价款调整后的支付原则,《建设工程工程量清单计价规范》(GB 50500—2013)规定,经发承包双方确认调整的合同价款,作为追加(减)合同价款,与工程进度款或结算款同期支付。

2. 法律法规变化

施工合同履行过程中经常会出现法律法规变化引起的合同价格调整问题。

招标工程以投标截止日前28天,非招标工程以合同签订前28天为基准日,其后因国家的法律、法规、规章和政策发生变化引起工程造价增减变化的,发承包双方应当按照省级或行业建设主管部门或其授权的工程造价管理机构据此发布的规定调整合同价款。

但因承包人原因导致工期延误的,按上述规定的调整时间,在合同工程原定竣工时间之后,合同价款调增的不予调整,合同价款调减的予以调整。

另外,如果承发包双方在商议有关合同价格和工期调整时无法达成一致的,2013版施工合同条件在处理该问题时,借鉴了FIDIC合同与《标准施工招标文件》(2007年)的做法,即双方可以在合同中约定由总监理工程师承担商定与确定的组织和实施责任。

3. 项目特征不符

《建设工程工程量清单计价规范》(GB 50500—2013)中规定如下:

(1)发包人在招标工程量清单中对项目特征的描述,应被认为是准确和全面的,并且与实际施工要求相符合。承包人应按照发包人提供的招标工程量清单,根据其项目特征描述的内容及有关要求实施合同工程,直到项目被改变为止。

(2)承包人应按照发包人提供的设计图纸实施工程合同,若在合同履行期间出现设计图纸(含设计变更)与招标工程量清单任一项目的特征描述不符,而且该变化引起该项目的工程造价增减变化的,应按照实际施工的项目特征,按规范中工程变更相关条款的规定重新确定相应工程量清单项目的综合单价,并调整合同价款。

其中第一条规定了项目特征描述的要求。项目特征是构成清单项目价值的本质特征,单价的高低与其必然有联系。因此发包人在招标工程量清单中对项目特征的描述应被认为是准确和全面的,并且与实际工程施工要求相符合,否则,承包人无法报价。而当项目特征变化后,发承包双方应按实际施工的项目特征重新确定综合单价。

例如,招标时,某现浇混凝土构件项目特征描述中描述混凝土强度等级为C25,但施工图纸本来就标明(或在施工过程中发包人变更)混凝土强度等级为C30,很显然,这时应该重新确定综合单价,因为C25与C30的混凝土,其价值是不一样的。

4. 工程量清单缺项

施工过程中,工程量清单项目的增减变化必然带来合同价款的增减变化。而导致工程量清单缺项的原因,一是设计变更;二是施工条件改变;三是工程量清单编制错误。

《建设工程工程量清单计价规范》(GB 50500—2013)对这部分的规定如下:

(1)合同履行期间,由于招标工程量清单中缺项,新增分部分项工程量清单项目的,应按照规范中工程变更相关条款确定单价,并调整合同价款。

(2)新增分部分项工程量清单项目后,引起措施项目发生变化的,应按照规范中工程变更相关规定,在承包人提交的实施方案被发包人批准后调整合同价款。

(3)由于招标工程量清单中措施项目缺项,承包人应将新增措施项目实施方案提交发包人批准后,按照规范相关规定调整合同价款。

5. 工程量偏差

在施工过程中,由于施工条件、地质水文、工程变更等变化以及招标工程量清单编制人专业水平的差异,往往在合同履行期间,应予计量的工程量与招标工程量清单出现偏差,工程量偏差过大,对综合成本的分摊带来影响,如突然增加过多,仍然按原综合单价计价,对发包人不公平;而突然减少过多,仍然按原综合单价计价,对承包人不公平。并且有经验的承包人可能乘机进行不平衡报价。因此,为维护合同的公平,应当对工程量偏差带来的合同价款调整作出规定。

《建设工程工程量清单计价规范》(GB 50500—2013)对这部分的规定如下:

合同履行期间,当予以计算的实际工程量与招标工程量清单出现偏差,且符合下述两条规定的,发承包双方应调整合同价款:

(1)对于任一招标工程量清单项目,如果因工程量偏差和工程变更等原因导致工程量偏差超过15%时,可进行调整。当工程量增加15%以上时,增加部分的工程量的综合单价应予调低;当工程量减少15%以上时,减少后剩余部分的工程量的综合单价应予调高。

(2)如果工程量出现超过15%的变化,且该变化引起相关措施项目相应发生变化时,按系数或单一总价方式计价的,工程量增加的措施项目费调减。

6. 计日工

计日工是指在施工过程中,承包人完成发包人提出的工程合同范围以外的零星工程或工作,按合同中约定的单价计价的一种方式。发包人通知承包人以计日工方式实施的零星工作,承包人应予执行。

采用计日工计价的任何一项变更工作,在该项变更的实施过程中,承包人应按合同约定提交下列报表和有关凭证送发包人复核:

(1)工作名称、内容和数量;

(2)投入该工作所有人员的姓名、工种、级别和耗用工时;

(3)投入该工作的材料名称、类别和数量;

(4)投入该工作的施工设备型号、台数和耗用台时;

(5)发包人要求提交的其他资料和凭证。

另外,《建设工程工程量清单计价规范》(GB 50500—2013)对计日工生效计价的原则做了以下规定:任一计日工项目持续进行时,承包人应在该项工作实施结束后的 24 h 内向发包人提交有计日工记录汇总的现场签证报告一式三份。发包人在收到承包人提交现场签证报告后的 2 天内予以确认并将其中一份返还给承包人,作为计日工计价和支付的依据。发包人逾期未确认也未提出修改意见的,应视为承包人提交的现场签证报告已被发包人认可。

每个支付期末,承包人应按照规范中进度款的相关条款规定向发包人提交本期间所有计日工记录的签证汇总表,以说明本期间自己认为有权得到的计日工金额,调整合同价款,列入进度款支付。

7. 物价变化

《建设工程施工合同(示范文本)》(GF—2017—0201)中规定:除专用合同条款另有约定外,

市场价格波动超过合同当事人约定的范围，合同价格应当调整。合同当事人可以在专用合同条款中约定选择以下一种方式对合同价格进行调整：

第1种方式：采用价格指数进行价格调整。

(1)价格调整公式。因人工、材料和设备等价格波动影响合同价格时，根据专用合同条款中约定的数据，按以下公式计算差额并调整合同价格：

$$\Delta P=P_0\left[A+\left(B_1\times\frac{F_{t1}}{F_{01}}+B_2\times\frac{F_{t2}}{F_{02}}+B_3\frac{F_{t3}}{F_{03}}+\cdots+B_n\times\frac{F_{tn}}{F_{0n}}\right)-1\right]$$

式中　ΔP——需调整的价格差额；

P_0——约定的付款证书中承包人应得到的已完成工程量的金额，此项金额应不包括价格调整、不计质量保证金的扣留和支付、预付款的支付和扣回，约定的变更及其他金额已按现行价格计价的，也不计在内；

A——定值权重（即不调部分的权重）；

B_1、B_2、B_3、…、B_n——各可调因子的变值权重（即可调部分的权重），为各可调因子在签约合同价中所占的比例；

F_{t1}、F_{t2}、F_{t3}、…、F_{tn}——各可调因子的现行价格指数，指约定的付款证书相关周期最后一天的前42天的各可调因子的价格指数；

F_{01}、F_{02}、F_{03}、…、F_{0n}——各可调因子的基本价格指数，指基准日期的各可调因子的价格指数。

以上价格调整公式中的各可调因子、定值和变值权重，以及基本价格指数及其来源在投标函附录价格指数和权重表中约定，非招标订立的合同，由合同当事人在专用合同条款中约定。价格指数应首先采用工程造价管理机构发布的价格指数，无前述价格指数时，可采用工程造价管理机构发布的价格代替。

(2)暂时确定调整差额。在计算调整差额时无现行价格指数的，合同当事人同意暂用前次价格指数计算。实际价格指数有调整的，合同当事人进行相应调整。

(3)权重的调整。因变更导致合同约定的权重不合理时，按照《建设工程施工合同（示范文本）》(GF—2017—0201)第4.4款（商定或确定）执行。

(4)因承包人原因工期延误后的价格调整。因承包人原因未按期竣工的，对合同约定的竣工日期后继续施工的工程，在使用价格调整公式时，应采用计划竣工日期与实际竣工日期的两个价格指数中较低的一个作为现行价格指数。

第2种方式：采用造价信息进行价格调整。

合同履行期间，因人工、材料、工程设备和机械台班价格波动影响合同价格时，人工、机械使用费按照国家或省、自治区、直辖市建设行政管理部门、行业建设管理部门或其授权的工程造价管理机构发布的人工、机械使用费系数进行调整；需要进行价格调整的材料，其单价和采购数量应由发包人审批，发包人确认需调整的材料单价及数量，作为调整合同价格的依据。

(1)人工单价发生变化且符合省级或行业建设主管部门发布的人工费调整规定，合同当事人应按省级或行业建设主管部门或其授权的工程造价管理机构发布的人工费等文件调整合同价格，但承包人对人工费或人工单价的报价高于发布价格的除外。

(2)材料、工程设备价格变化的价款调整按照发包人提供的基准价格，按以下风险范围规定执行：

①承包人在已标价工程量清单或预算书中载明材料单价低于基准价格的：除专用合同条款另有约定外，合同履行期间材料单价涨幅以基准价格为基础超过5%时，或材料单价跌幅以已标价工程量清单或预算书中载明材料单价为基础超过5%时，其超过部分据实调整。

②承包人在已标价工程量清单或预算书中载明材料单价高于基准价格的：除专用合同条款另有约定外，合同履行期间材料单价跌幅以基准价格为基础超过5%时，材料单价涨幅以在已标价工程量清单或预算书中载明材料单价为基础超过5%时，其超过部分据实调整。

③承包人在已标价工程量清单或预算书中载明材料单价等于基准价格的：除专用合同条款另有约定外，合同履行期间材料单价涨跌幅以基准价格为基础超过±5%时，其超过部分据实调整。

④承包人应在采购材料前将采购数量和新的材料单价报发包人核对，发包人确认用于工程时，发包人应确认采购材料的数量和单价。发包人在收到承包人报送的确认资料后5天内不予答复的视为认可，作为调整合同价格的依据。未经发包人事先核对，承包人自行采购材料的，发包人有权不予调整合同价格。发包人同意的，可以调整合同价格。

前述基准价格是指由发包人在招标文件或专用合同条款中给定的材料、工程设备的价格，该价格原则上应当按照省级或行业建设主管部门或其授权的工程造价管理机构发布的信息价编制。

(3)施工机械台班单价或施工机械使用费发生变化超过省级或行业建设主管部门或其授权的工程造价管理机构规定的范围时，按规定调整合同价格。

第3种方式：专用合同条款约定的其他方式。

8. 暂估价

暂估价是指招标人在工程量清单中提供的用于支付必然发生但暂时不能确定价格的材料、工程设备的单价以及专业工程的金额。

发包人在招标工程量清单中给定暂估价的材料、工程设备属于依法必须招标的，由发承包双方以招标的方式选择供应商，确定价格，并以此为依据取代暂估价，调整合同价款。实践中，恰当的做法是仍由总承包中标人作为招标人，采购合同应由总承包人签订。

发包人在招标工程量清单中给定暂估价的材料、工程设备不属于依法必须招标的，由承包人按照合同约定采购，经发包人确认后以此为依据取代暂估价，调整合同价款。

发包人在工程量清单中给定暂估价的专业工程不属于依法必须招标的，应按照工程变更价款的确定方法确定专业工程价款。并以此为依据取代专业工程暂估价，调整合同价款。

发包人在招标工程量清单中给定暂估价的专业工程，依法必须招标的，应当由发承包双方依法组织招标选择专业分包人，并接受有管辖权的建设工程招标投标管理机构的监督，还应符合下列要求：

(1)除合同另有约定外，承包人不参加投标的专业工程发包招标，应由承包人作为招标人，但拟定的招标文件、评标工作、评标结果应报送发包人批准。与组织招标工作有关的费用应当被认为已经包括在承包人的签约合同价(投标总报价)中。

(2)承包人参加投标的专业工程发包招标，应由发包人作为招标人，与组织招标工作有关的费用由发包人承担。同等条件下，应优先选择承包人中标。

(3)应以专业工程发包中标价为依据取代专业工程暂估价，调整合同价款。

总承包招标时，专业工程设计深度往往不够，一般需要交由专业设计人员设计。出于提高可建造性考虑，国际上一般由专业承包人员负责设计，以纳入其专业技能和专业施工经验。这类专业工程交由专业分包人完成是国际工程的良好实践，目前在我国工程建设领域也已经比较普遍。公开透明地合理确定这类暂估价的实际开支金额的最佳途径就是通过总承包人与建设项目招标人共同组织的招标。

例如：某工程招标，将现浇混凝土构件钢筋作为暂估价，为4 000元/t，工程实施后，根据市场价格变动，将各规格现浇钢筋加权平均认定为4 295元/t，此时，应在综合单价中以4 295元取代 4 000 元。

暂估材料或工程设备的单价确定后，在综合单价中只应取代原暂估单价，不应再在综合单价中涉及企业管理费或利润等其他费的变动。

9. 不可抗力

根据《中华人民共和国合同法》第一百一十七条第二款规定："本法所称不可抗力，是指不能预见，不能避免并不能克服的客观情况"。

因不可抗力事件导致的人员伤亡、财产损失及其费用增加，发承包双方应按以下原则分别承担并调整合同价款和工期：

(1)合同工程本身的损害、因工程损害导致第三方人员伤亡和财产损失以及运至施工场地用于施工的材料和待安装的设备的损害，由发包人承担。

(2)发包人、承包人人员伤亡由其所在单位负责，并承担相应费用。

(3)承包人的施工机械设备损坏及停工损失，应由承包人承担。

(4)停工期间，承包人应发包人要求留在施工场地的必要的管理人员及保卫人员的费用应由发包人承担。

(5)工程所需清理、修复费用，应由发包人承担。

不可抗力解除后复工的，若不能按期竣工，应合理延长工期。发包人要求赶工的，赶工费用应由发包人承担。

例如：某工程在施工过程中，因不可抗力造成损失。承包人及时向项目监理机构提出了索赔申请，并附有相关证明材料，要求补偿的经济损失如下：

①在建工程损失 26 万元。

②承包人受伤人员医药费、补偿金 45 万元。

③施工机具损坏损失 12 万元。

④施工机具闲置、施工人员窝工损失 5.6 万元。

⑤工程清理、修复费用 3.5 万元。

问题：逐项分析事件中的经济损失是否补偿给承包人，分别说明理由。项目监理机构应批准的补偿金额为多少？

解：①在建工程损失 26 万元的经济损失应补偿给承包人。理由：不可抗力造成工程本身的损失，由发包人承担。

②承包人受伤人员医药费、补偿费 4.5 万元的经济损失不应补偿给承包人。理由：不可抗力造成承、发包双方的人员伤亡，分别各自承担。

③施工机具损坏损失 12 万元的经济损失不应补偿给承包人。理由：不可抗力造成施工机械设备损坏，由承包人承担。

④施工机具闲置、施工人员窝工损失 5.6 万元的经济损失不应补偿给承包人。理由：不可抗力造成承包人机械设备的停工损失，由承包人承担。

⑤工程清理、修复费用 3.5 万元的经济损失应补偿给承包人。理由：不可抗力造成工程所需清理、修复费用，由发包人承担。

项目监理机构应批准的补偿金额：26+3.5=29.5(万元)

10. 提前竣工(赶工补偿)

为了保证工程质量，承包人除根据标准规范、施工图纸进行施工外，还应当按照科学合理的施工组织设计，按部就班地进行施工作业。因为有些施工流程必须有一定的时间间隔，例如，现浇混凝土必须有一定时间的养护才能进行下一个工序，刷油漆必须等上道工序所刮腻子干燥后方可进行等。所以，《建设工程质量管理条例》第十条规定："建设工程发包单位不得迫使承包方以低于成本的价格竞标，不得任意压缩合理工期"，据此，《建设工程工程量清单计价规范》(GB 50500—2013)作了以下规定：

(1)工程发包时，招标人应当依据相关工程的工期定额合理计算工期，压缩的工期天数不得超过定额工期的20%，将其量化。超过者，应在招标文件中明示增加赶工费用。

(2)工程实施过程中，发包人要求合同工程提前竣工的，应征得承包人同意后与承包人商定采取加快工程进度的措施，并应修订合同工程进度计划。发包人应承担承包人由此增加的提前竣工(赶工补偿)费用。

(3)发承包双方应在合同中约定提前竣工每日历天应补偿额度，此项费用应作为增加合同价款列入竣工结算文件中，应与结算款一并支付。

赶工费用主要包括以下几项：

①人工费的增加，如新增加投入人工的报酬，不经济使用人工的补贴等；

②材料费的增加，如可能造成不经济使用材料而损耗过大，材料提前交货可能增加的费用、材料运输费的增加等；

③机械费的增加，如可能增加机械设备投入而不经济地使用机械等。

11. 暂列金额

暂列金额是指招标人在工程量清单中暂定并包括在合同价款中的一笔款项。用于工程合同签订时尚未确定或者不可预见的所需材料、工程设备、服务的采购，施工中可能发生的工程变更、合同约定调整因素出现时的合同价款调整以及发生的索赔、现场签证确认等的费用。

已签约合同价中的暂列金额由发包人掌握使用。发包人按照合同的规定作出支付后，如有剩余，则暂列金额余额归发包人所有。

5.5.4 工程变更价款的确定

在工程项目的实施过程中，由于多方面的情况变更，经常出现工程量变化、施工进度变化，以及发包方与承包方在执行合同中的争执等许多问题。这些问题的产生，一方面是由于勘察设计工作不细，以致在施工过程中发现许多招标文件中没有考虑或估算不准确的工程量，因而不得不改变施工项目或增减工程量；另一方面是由于发生不可预见的事件，如自然或社会原因引起的停工或工期拖延等。由于工程变更所引起的工程量的变化、承包人的索赔等，都有可能使项目投资超出原来的预算投资，监理工程师必须严格予以控制，密切注意其对未完工程投资支出的影响及对工期的影响。

1. 工程变更处理程序

承包人提出工程变更的情形有：一是图纸出现错、漏、碰、缺等缺陷无法施工；二是图纸不便施工，变更后更经济、方便；三是采用新材料、新产品、新工艺、新技术的需要；四是承包人考虑自身利益，为费用索赔提出工程变更。项目监理机构可按下列程序处理承包人提出的工程变更：

(1)总监理工程师组织专业监理工程师审查承包人提出的工程变更申请，提出审查意见。对涉及工程设计文件修改的工程变更，应由发包人转交原设计单位修改工程设计文件。必要时，项目监理机构应建议发包人组织设计、施工等单位召开论证工程设计文件修改方案的专题会议。

(2)总监理工程师组织专业监理工程师对工程变更费用及工期影响作出评估。

(3)总监理工程师组织发包人、承包人等共同协商确定工程变更费用及工期变化，会签工程变更单。

(4)项目监理机构根据批准的工程变更文件督促承包人实施工程变更。除承包人提出的工程变更外，发包人可能由于局部调整使用功能，也可能是方案阶段考虑不周而提出工程变更。项目监理机构应对发包人要求的工程变更可能造成的设计修改、工程暂停、返工损失、增加工程造价等进行全面评估，为发包人正确决策提供依据，避免反复和不必要的浪费。

另外，《建设工程工程量清单计价规范》(GB 50500—2013)还规定了因非承包人原因删减合同工作的补偿要求：如果发包人提出的工程变更，因非承包人原因删减了合同中的某项原定工作或工程，致使承包人发生的费用或(和)得到的收益不能被包括在其他已支付或应支付的项目中，也未被包含在任何替代的工作或工程中，则承包人有权提出并得到合理的费用及利润补偿。

2. 工程变更价款的确定方法

(1)已标价工程量清单项目或其工程数量发生变化的调整办法。《建设工程工程量清单计价规范》(GB 50500—2013)规定，工程变更引起已标价工程量清单项目或其工程数量发生变化，应按照下列规定调整：

①已标价工程量清单中有适用于变更工程项目的，采用该项目的单价；但当工程变更导致该清单项目的工程数量发生变化，且工程量偏差超过15%，此时，调整的原则为：当工程量增加15%以上时，其增加部分的工程量的综合单价应予调低；当工程量减少15%以上时，减少后剩余部分的工程量的综合单价应予调高。

②已标价工程量清单中没有适用，但有类似于变更工程项目的，可在合理范围内参照类似项目的单价。

③已标价工程量清单中没有适用也没有类似于变更工程项目的，由承包人根据变更工程资料、计量规则和计价办法、工程造价管理机构发布的信息价格和承包人报价浮动率提出变更工程项目的单价，报发包人确认后调整。承包人报价浮动率可按下列公式计算：

招标工程

$$承包人报价浮动率 L=(1-中标价/招标控制价)\times 100\%$$

非招标工程

$$承包人报价浮动率 L=(1-报价值/施工图预算)\times 100\%$$

④已标价工程量清单中没有适用也没有类似于变更工程项目，且工程造价管理机构发布的信息价格缺价的，由承包人根据变更工程资料、计量规则、计价办法和通过市场调查等取得有合法依据的市场价格提出变更工程项目的单价，报发包人确认后调整。

(2)措施项目费的调整。工程变更引起施工方案改变并使措施项目发生变化时，承包人提出调整措施项目费的，应事先将拟实施的方案提交发包人确认，并应详细说明与原方案措施项目相比的变化情况。拟实施的方案经发承包双方确认后执行，并应按照下列规定调整措施项目费：

①安全文明施工费按照实际发生变化的措施项目调整，不得浮动。

②采用单价计算的措施项目费，按照实际发生变化的措施项目及清单项目的规定确定单价。

③按总价(或系数)计算的措施项目费，按照实际发生变化的措施项目调整，但应考虑承包人报价浮动因素，即调整金额按照实际调整金额乘以承包人报价浮动率计算。

如果承包人未事先将拟实施的方案提交给发包人确认，则视为工程变更不引起措施项目费的调整或承包人放弃调整措施项目费的权利。

(3)工程变更价款调整方法的应用。

①直接采用适用的项目单价的前提是其采用的材料、施工工艺和方法相同，也不因此增加关键线路上工程的施工时间。

②采用适用的项目单价的前提是其采用的材料、施工工艺和方法基本类似，不增加关键线路上工程的施工时间，可仅就其变更后的差异部分，参考类似的项目单价由承发包双方协商新的项目单价。

③无法找到适用和类似的项目单价时,应采用招标投标时的基础资料和工程造价管理机构发布的信息价格,按成本加利润的原则由发承包双方协商新的综合单价。

④无法找到适用和类似的项目单价、工程造价管理机构也没有发布此类信息价格,由发承包双方协商确定。

5.5.5 施工索赔与现场签证

《建设工程工程量清单计价规范》(GB 50500—2013)是在《建设工程工程量清单计价规范》(GB 50500—2008)的基础上,对索赔范围作出限制,这与国际工程所指的广义索赔保持一致,即在合同履行过程中,对于非己方的过错而应由对方承担责任的情况造成的损失,向对方提出补偿的要求。建设工程施工中的索赔是发承包双方行使正当权利的行为,承包人可向发包人索赔,发包人也可向承包人索赔。索赔是工程承包中经常发生并随处可见的正常现象。由于施工现场条件、气候条件的变化,施工进度的变化,以及合同条款、规范、标准文件和施工图纸的变更、差异、延误等因素的影响,使工程承包中不可避免地出现索赔,进而导致项目的投资发生变化。因此,索赔的控制是建设工程施工阶段投资控制的重要手段。项目监理机构应及时收集、整理有关工程费用的原始资料,包括施工合同、采购合同、工程变更单、监理记录、监理工作联系单等,为处理费用索赔提供证据。

现场签证由于施工生产的特殊性,在施工过程中往往会出现一些与合同工程或合同约定不一致或未约定的事项,现场签证就是指发包人现场代表(或其授权的监理人、工程造价咨询人)与承包人现场代表就这类事项所作的签认证明。

1. 索赔的主要类型

(1)承包人向发包人的索赔。

①不利的自然条件与人为障碍引起的索赔。不利的自然条件是指施工中遭遇到的实际自然条件比招标文件中所描述的更为困难和恶劣,是一个有经验的承包人无法预测的不利的自然条件与人为障碍,导致了承包人必须花费更多的时间和费用,在这种情况下,承包人可以向发包人提出索赔要求。

a. 地质条件变化引起的索赔。

b. 工程中人为障碍引起的索赔。

②工程变更引起的索赔。在工程施工过程中,由于工地上不可预见的情况,环境的改变,或为了节约成本等,在监理工程师认为必要时,可以对工程或其任何部分的外形、质量或数量作出变更。任何此类变更,承包人均不应以任何方式使合同作废或无效。但如果监理工程师确定的工程变更单价或价格不合理,或缺乏说服承包人的依据,则承包人有权就此向发包人进行索赔。

③工期延期的费用索赔。工期延期的索赔通常包括两个方面:一是承包人要求延长工期;二是承包人要求偿付由于非承包人原因导致工程延期而造成的损失。一般这两个方面的索赔报告要求分别编制。因为工期和费用索赔并不一定同时成立。例如,由于特殊恶劣气候等原因承包人可以要求延长工期,但不能要求赔偿;也有些延误时间并不影响关键路线的施工,承包人可能得不到延长工期的承诺。但是,如果承包人能提出证据说明其延误造成的损失,就有可能有权获得这些损失的赔偿,有时两种索赔可能混在一起,既可以要求延长工期,又可以获得对其损失的赔偿。

④加速施工费用的索赔。一项工程可能遇到各种意外的情况或由于工程变更而必须延长工期。但由于发包人的原因(例如,该工程已经出售给买主,需按议定时间移交给买主),坚持不给延期,迫使承包人加班赶工来完成工程,从而导致工程成本增加,如何确定加速施工所发生的附加费用,合同双方可能差距很大。因为影响附加费用款额的因素很多,如投入的资源量,

提前的完工天数，加班津贴，施工新单价等。解决这一问题建议采用"奖金"的办法，鼓励承包人克服困难，加速施工。即规定当某一部分工程或分部工程每提前完工一天，发给承包人奖金若干。这种支付方式的优点是：不仅促使承包人早日建成工程，早日投入运行，而且计价方式简单，避免了计算加速施工、延长工期、调整单价等许多容易扯皮的烦琐计算和讨论。

⑤发包人不正当地终止工程而引起的索赔。由于发包人不正当地终止工程，承包人有权要求补偿损失，其数额是承包人在被终止工程中的人工、材料、机械设备的全部支出，以及各项管理费用、保险费、贷款利息、保函费用的支出（减去已结算的工程款），并有权要求赔偿其盈利损失。

⑥法律、货币及汇率变化引起的索赔。

⑦拖延支付工程款的索赔。

⑧业主的风险。

⑨不可抗力。

(2)发包人向承包人的索赔。由于承包人不履行或不完全履行约定的义务，或者由于承包人的行为使发包人受到损失时，发包人可向承包人提出索赔。

①工期延误索赔。在工程项目的施工过程中，由于多方面的原因，往往使竣工日期拖后，影响到发包人对该工程的利用，给发包人带来经济损失，按国际惯例，发包人有权对承包人进行索赔，即由承包人支付误期损害赔偿费。承包人支付误期损害赔偿责任属于承包人方面。施工合同中的误期损害赔偿费，通常是由发包人在招标文件中确定的。

②质量不满足合同要求索赔。当承包人的施工质量不符合合同的要求，或使用的设备和材料不符合合同规定，或在缺陷责任期未满以前未完成应该负责修补的工程时，发包人有权向承包人追究责任，要求补偿所受的经济损失。如果承包人在规定的期限内未完成缺陷修补工作，发包人有权雇用他人来完成工作，发生的成本和利润由承包人负担。如果承包人自费修复，则发包人可索赔重新检验费。

③承包人不履行的保险费用索赔。如果承包人未能按照合同条款指定的项目投保，并保证保险有效，发包人可以投保并保证保险有效，发包人所支付的必要的保险费可在应付给承包人的款项中扣回。

④对超额利润的索赔。如果工程量增加很多，使承包人预期的收入增大，因工程量增加承包人并不增加任何固定成本，合同价应由双方讨论调整，收回部分超额利润。

由于法规的变化导致承包人在工程实施中降低了成本，产生了超额利润，应重新调整合同价格，收回部分超额利润。

⑤发包人合理终止合同或承包人不正当地放弃工程的索赔。如果发包人合理地终止承包人的承包，或者承包人不合理地放弃工程，则发包人有权从承包人手中收回由新的承包人完成工程所需的工程款与原合同未付部分的差额。

2. 现场签证

(1)现场签证的情形。签证有多种情形，一般包括以下几项：

①发包人的口头指令，需要承包人将其提出，由发包人转换成书面签证。

②发包人的书面通知如涉及工程实施，需要承包人就完成此通知需要的人工、材料、机械设备等内容向发包人提出，取得发包人的签证确认。

③合同工程招标工程量清单中已有，但施工中发现与其不符，如土方类别等，需承包人及时向发包人提出签证确认，以便调整合同价款。

④由于发包人原因，未按合同约定提供场地、材料、设备或停水、停电等造成承包人停工，需承包人及时向发包人提出签证确认，以便计算索赔费用。

⑤合同中约定的材料等价格由于市场发生变化，需承包人向发包人提出采购数量及单价，以取得发包人的签证确认。

(2)现场签证的范围。现场签证的范围一般包括以下几项：

①适用于施工合同范围以外零星工程的确认；

②在工程施工过程中发生变更后需要现场确认的工程量；

③非承包人原因导致的人工、设备窝工及有关损失；

④符合施工合同规定的非承包人原因引起的工程量或费用增减；

⑤确认修改施工方案引起的工程量或费用增减；

⑥工程变更导致的工程施工措施费增减等。

(3)现场签证的程序。现场签证的程序一般包括以下几项：

①承包人应发包人要求完成合同以外的零星项目、非承包人责任事件等工作的，发包人应及时以书面形式向承包人发出指令，提供所需的相关资料。

②承包人在收到发包人指令后的7天内，向发包人提交现场签证报告，发包人应在收到现场签证报告后的48 h内未确认也未提出修改意见的，视为承包人提交的现场签证报告已被发包人认可。

③现场签证的工作如已有相应的计日工单价，现场签证中应列明完成该类项目所需的人工、材料、工程设备和施工机械台班的数量。

如现场签证的工作没有相应的计日工单价，应在现场签证报告中列明完成该签证工作所需的人工、材料设备和施工机械台班的数量及其单价。

④合同工程发生现场签证事项，未经发包人签证确认，承包人便擅自施工的，除非征得发包人书面同意，否则发生的费用由承包人承担。

⑤现场签证工作完成后的7天内，承包人应按照现场签证内容计算价款，报送发包人确认后，作为增加合同价款，与进度款同期支付。

⑥在施工过程中，当发现合同工程内容因场地条件、地质水文、发包人要求等不一致时，承包人应提供所需的相关资料，提交发包人签证认可，作为合同价款调整的依据。

5.5.6 合同价款期中支付

期中支付的合同价款包括预付款、安全文明施工费和进度款。监理工程师应做好合同价款期中支付工作。

1. 预付款

工程预付款是建设工程施工合同订立后由发包人按照合同约定，在正式开工前预先支付给承包人的工程款。其是施工准备和所需要材料、结构件等流动资金的主要来源。工程是否实行预付款，取决于工程性质、承包工程量的大小及发包人在招标文件中的规定。工程实行预付款的，发包人应按照合同约定支付工程预付款，承包人应将预付款专用于合同工程。支付的工程预付款，按照合同约定在工程进度款中抵扣。

(1)预付款的支付。包工包料工程的预付款的支付比例不得低于签约合同价(扣除暂列金额)的10%，不宜高于签约合同价(扣除暂列金额)的30%。对重大工程项目，按年度工程计划逐年预付。实行工程量清单计价的工程，实体性消耗和非实体性消耗部分应在合同中分别约定预付款比例(或金额)。

(2)预付款的支付时间。承包人应在签订合同或向发包人提供与预付款等额的预付款保函后向发包人提交预付款支付申请。发包人应在收到支付申请的7天内进行核实后向承包人发出预付款支付证书，并在签发支付证书后的7天内向承包人支付预付款。发包人没有按合同约定按时支付预付款的,承包人可催告发包人支付;发包人在预付款期满后的7天内仍未支付的,承包人可在付款期满后的第8天起暂停施工。发包人应承担由此增加的费用和延误的工期,并应向承包人支付合理利润。

(3)预付款的扣回。发包人拨付给承包人的工程预付款属于预支的性质。随着工程进度的推进,拨付的工程进度款数额不断增加,工程所需主要材料、构件的储备逐步减少,原已支付的预付款应以抵扣的方式从工程进度款中予以陆续扣回。预付款应从每一个支付期应支付给承包人的工程进度款中扣回,直到扣回的金额达到合同约定的预付款金额为止。承包人的预付款保函的担保金额根据预付款扣回的数额相应递减,但在预付款全部扣回之前一直保持有效。发包人应在预付款扣完后的14天内将预付款保函退还给承包人。

2. 安全文明施工费

财政部、原国家安全生产监督管理总局印发的《企业安全生产费用提取和使用管理办法》(财企〔2012〕16号)第十九条对企业安全费用的使用范围作了规定,建设工程施工阶段的安全文明施工费包括的内容和使用范围,应符合此规定。

鉴于安全文明施工的措施具有前瞻性,必须在施工前予以保证。因此,发包人应在工程开工后的28天内预付不低于当年施工进度计划的安全文明施工费总额的60%,其余部分按照提前安排的原则进行分解,与进度款同期支付。发包人没有按时支付安全文明施工费的,承包人可催告发包人支付;发包人在付款期满后的7天内仍未支付的,若发生安全事故,发包人应承担相应责任。

承包人对安全文明施工费应专款专用,在财务账目中单独列项备查,不得挪作他用,否则发包人有权要求其限期改正;逾期未改正的,造成的损失和延误的工期由承包人承担。

3. 进度款

建设工程合同是先由承包人完成建设工程,后由发包人支付合同价款的特殊承揽合同,由于建设工程具有投资大、施工期长等特点,合同价款的履行顺序主要通过"阶段小结、最终结清"来实现。当承包人完成了一定阶段的工程量后,发包人就应该按合同约定履行支付工程进度款的义务。

发承包双方应按照合同约定的时间、程序和方法,根据工程计量结果,办理期中价款结算,支付进度款。进度款支付周期,应与合同约定的工程计量周期一致。其中,工程量的正确计量是发包人向承包人支付进度款的前提和依据。计量和付款周期可采用分段或按月结算的方式,财政部、建设部印发的《建设工程价款结算暂行办法》(财建〔2004〕369号)的规定如下:

(1)按月结算与支付。即实行按月支付进度款,竣工后结算的办法。合同工期在两个年度以上的工程,在年终进行工程盘点,办理年度结算。

(2)分段结算与支付。即当年开工、当年不能竣工的工程按照工程形象进度,划分不同阶段,支付工程进度款。

当采用分段结算方式时,应在合同中约定具体的工程分段划分方法,付款周期应与计量周期一致。

《建设工程工程量清单计价规范》(GB 50500—2013)规定,已标价工程量清单中的单价项目,承包人应按工程计量确认的工程量与综合单价计算;如综合单价发生调整的,以发承包双方确认调整的综合单价计算进度款。已标价工程量清单中的总价项目,承包人应按合同中约定的进度款支付分解,分别列入进度款支付申请中的安全文明施工费和本周期应支付的总价项目的金额中。发包人提供的甲供材料金额,应按照发包人签约提供的单价和数量从进度款支付中扣除,列入本周期应扣减的金额中。进度款的支付比例按照合同约定,按期中结算价款总额计,不低于60%,不高于90%。

5.5.7 竣工结算与支付

工程完工后,发承包双方必须在合同约定时间内办理工程竣工结算。工程竣工结算由承包人或受其委托具有相应资质的工程造价咨询人编制,由发包人或受其委托具有相应资质的工程造价咨询人核对。竣工结算办理完毕,发包人应将竣工结算文件报送工程所在地(或有该工程管辖权的行业管理部门)工程造价管理机构备案,竣工结算文件作为工程竣工验收备案、交付使用的必备文件。

其中,项目监理机构应按有关工程结算规定及施工合同约定对竣工结算进行审核,程序如下:

(1)专业监理工程师审查承包人提交的工程结算款支付申请,提出审查意见。

(2)总监理工程师对专业监理工程师的审查意见进行审核,签认后报发包人审批,同时抄送承包人,并就工程竣工结算事宜与发包人、承包人协商;达成一致意见的,根据发包人审批意见向承包人签发竣工结算款支付证书;不能达成一致意见的,应按施工合同约定处理。

5.5.8 投资偏差分析

在确定了投资控制目标之后,为了有效地进行投资控制,监理工程师就必须定期进行投资计划值与实际值的比较,当实际值偏离计划值时,分析产生偏差的原因,采取适当的纠偏措施,以使投资超支尽可能小。

1. 偏差原因分析

偏差分析的一个重要目的就是要找出引起偏差的原因,从而采取有针对性的措施,减少或避免相同原因的再次发生。在进行偏差原因分析时,首先应当将已经导致和可能导致偏差的各种原因逐一列举出来。导致不同建设工程产生投资偏差的原因具有一定共性,因而,可以通过对已建项目的投资偏差原因进行归纳、总结,为该项目采用预防措施提供依据。

2. 纠偏措施

(1)修改投资计划。修改投资计划就是对用于管理项目的投资文件进行修正,如调整设计概算、变更合同价格等,必要时,必须通知工程项目的利益关系者。

(2)采取纠偏措施。对偏差原因进行分析的目的是有针对性地采取纠偏措施,从而实现投资的动态控制和主动控制。纠偏首先要确定纠偏的主要对象,如上面介绍的偏差原因,有些是无法避免和控制的,如客观原因,充其量只能对其中少数原因做到防患于未然,力求减少该原因所产生的经济损失。对于施工原因所导致的经济损失通常是由承包人自己承担的,从投资控制的角度只能加强合同的管理,避免被承包人索赔。所以,这些偏差原因都不是纠偏的主要对象。纠偏的主要对象是发包人原因和设计原因造成的投资偏差。在确定了纠偏的主要对象之后,就需要采取有针对性的纠偏措施。纠偏可采用组织措施、经济措施、技术措施和合同措施等。例如,寻找新的、更好更省的、效率更高的设计方案;购买部分产品,而不是采用完全由自己生产的产品;重新选择供应商,但会产生供应风险,选择需要时间;改变实施过程;变更工程范围;索赔等。

本章小结

本章简单而准确地阐述了建设工程项目投资的特点、投资控制的主要任务、投资控制的措施，详细介绍了投资的构成、建设工程各阶段投资的控制。其中，重点是建设工程各阶段投资的控制，难点是处理监理过程中投资控制的相关问题。通过本章的学习，应使学生明确建设工程项目投资控制的措施。

练习与思考

1. 建设工程投资的特点有哪些？
2. 建设工程投资控制的措施是什么？
3. 简述我国现行建设工程投资总构成。
4. 施工图预算的审查方法有哪些？
5. 施工阶段投资控制的主要工作有哪些？
6. 索赔的主要类型有哪些？
7. 合同价款期中支付包括哪些？

第6章 建设工程质量控制

内容提要

本章主要内容包括：建设工程质量的特性、建设工程质量控制的主体和原则、建设工程质量管理的主要制度、建设工程质量控制的主要工作、建设工程施工过程的质量控制、建设工程质量缺陷及事故处理程序。

知识目标

1. 了解建设工程质量的概念、影响因素、特点。
2. 了解建设工程质量控制主体和原则。
3. 掌握建设工程参建各方的质量责任。
4. 掌握建设工程项目质量控制的主要工作。
5. 掌握建设工程施工阶段的质量控制。
6. 掌握建设工程质量缺陷及事故处理程序。

能力目标

1. 能理解建设工程项目质量控制的主要任务和质量缺陷及事故处理程序。
2. 能明确建设工程项目质量控制的主要工作和质量缺陷及事故的处理。

6.1 建设工程质量控制的相关知识

6.1.1 建设工程质量的概念

建设工程质量是指建设工程满足相关标准规定和合同约定要求的程度，包括其在安全、使用功能及其在耐久性能、节能与环境保护等方面所有明示和隐含的固有特性。

建设工程作为一种特殊的产品，除具有一般产品共有的质量特性外，还具有特定的内涵。建设工程质量的特性主要表现在以下七个方面：

(1)适用性，即功能，是指工程满足使用目的的各种性能。其包括：理化性能，如尺寸、规格、保温、隔热、隔声等物理性能，耐酸、耐碱、耐腐蚀、防火、防风化、防尘等化学性能；结构性能是指地基基础牢固程度，结构的足够强度、刚度和稳定性；使用性能，如民用住宅工程要能使居住者安居，工业厂房要能满足生产活动需要，道路、桥梁、铁路、航道要能通达便捷等，建设工程的组成部件、配件、水、暖、电、卫器具、设备也要能满足其使用功能；外观性能是指建筑物的造型、布置、室内装饰效果、色彩等美观大方、协调等。

(2)耐久性，即寿命，是指工程在规定的条件下，满足规定功能要求使用的年限，也就是工程竣工后的合理使用寿命期。

(3)安全性,是指工程建成后在使用过程中保证结构安全、保证人身和环境免受危害的程度。

(4)可靠性,是指工程在规定的时间和规定的条件下完成规定功能的能力。工程不仅要求在交工验收时要达到规定的指标,而且在一定的使用时期内要保持应有的正常功能。

(5)经济性,是指工程从规划、勘察、设计、施工到整个产品使用寿命周期内的成本和消耗的费用。工程经济性具体表现为设计成本、施工成本、使用成本三者之和。其包括从征地、拆迁、勘察、设计、采购(材料、设备)、施工、配套设施等建设全过程的总投资和工程使用阶段的能耗、水耗、维护、保养乃至改建更新的使用维修费用。通过分析比较,判断工程是否符合经济性要求。

(6)节能性,是指工程在设计与建造过程及使用过程中满足节能减排、降低能耗的标准和有关要求的程度。

(7)与环境的协调性,是指工程与其周围生态环境协调,与所在地区经济环境协调以及与周围已建工程相协调,以适应可持续发展的要求。

上述七个方面的质量特性彼此之间是相互依存的。总体而言,适用、耐久、安全、可靠、经济、节能与环境适应性,都是必须达到的基本要求,缺一不可。但是对于不同门类不同专业的工程,如工业建筑、民用建筑、公共建筑、住宅建筑、道路建筑,可根据其所处的特定地域环境条件、技术经济条件的差异,有不同的侧重面。

6.1.2 影响工程质量的因素

影响工程的因素很多,但归纳起来主要有五个方面,即人(Man)、材料(Material)、机械(Machine)、方法(Method)和环境(Environment),简称 4M1E。

(1)人员素质。人是生产经营活动的主体,也是工程项目建设的决策者、管理者、操作者,工程建设的规划、决策、勘察、设计、施工与竣工验收等全过程,都是通过人的工作来完成的。

(2)工程材料。工程材料是指构成工程实体的各类建筑材料、构配件、半成品等。其是工程建设的物质条件,是工程质量的基础。工程材料选用是否合理、产品是否合格、材质是否经过检验、保管使用是否得当等,都将直接影响建设工程的结构刚度和强度,影响工程外表及观感,影响工程的使用功能,影响工程的使用安全。

(3)机械设备。机械设备可分为两类:一类是指组成工程实体及配套的工艺设备和各类机具,如电梯、泵机、通风设备等,它们构成了建筑设备安装工程或工业设备安装工程,形成完整的使用功能;另一类是指施工过程中使用的各类机具设备,包括大型垂直与横向运输设备、各类操作工具、各种施工安全设施、各类测量仪器和计量器具等,简称施工机具设备,它们是施工生产的手段。

(4)方法。方法是指工艺方法、操作方法和施工方案。在工程施工中,施工方案是否合理,施工工艺是否先进,施工操作是否正确,都将对工程质量产生重大的影响。采用新技术、新工艺、新方法,不断提高工艺技术水平,是保证工程质量稳定提高的重要因素。

(5)环境条件。环境条件是指对工程质量特性起重要作用的环境因素。其包括工程技术环境,如工程地质、水文、气象等;工程作业环境,如施工环境作业面大小、防护设施、通风照明和通信条件等;工程管理环境,主要指工程实施的合同环境与管理关系的确定,组织体制及管理制度等;周边环境,如工程邻近的地下管线、建(构)筑物等。环境条件往往对工程质量产生特定的影响。加强环境管理,改进作业条件,把握好技术环境,辅以必要的措施,是控制环境对质量影响的重要保证。

6.1.3 工程质量的特点

建设工程质量的特点是由建设工程本身和建设生产的特点决定的。建设工程（产品）及其生产的特点：一是产品的固定性，生产的流动性；二是产品的多样性，生产的单件性；三是产品形体庞大、高投入、生产周期长、具有风险性；四是产品的社会性，生产的外部约束性。正是由于上述建设工程的特点而形成了工程质量本身具有的特点。

1. 影响因素多

建设工程质量受到多种因素的影响，如决策、设计、材料、机具设备、施工方法、施工工艺、技术措施、人员素质、工期、工程造价等，这些因素直接或间接地影响工程项目质量。

2. 质量波动大

由于建筑生产的单件性、流动性，不像一般工业产品的生产那样，有固定的生产流水线、有规范化的生产工艺和完善的检测技术、有成套的生产设备和稳定的生产环境，所以，工程质量容易产生波动且波动大。同时，由于影响工程质量的偶然性因素和系统性因素比较多，其中任一因素发生变动，都会使工程质量产生波动。如材料规格品种使用错误、施工方法不当、操作未按规程进行、机械设备过度磨损或出现故障、设计计算失误等，都会发生质量波动，产生系统因素的质量变异，造成工程质量事故。为此，要严防出现系统性因素的质量变异，要把质量波动控制在偶然性因素范围内。

3. 质量隐蔽性

建设工程在施工过程中，分项工程交接多、中间产品多、隐蔽工程多，因此质量存在隐蔽性。若在施工中不及时进行质量检查，事后只能从表面上检查，就很难发现内在的质量问题，这样就容易产生判断错误，即将不合格品误认为合格品。

4. 终检的局限性

工程项目建成后不可能像一般工业产品那样依靠终检来判断产品质量，或将产品拆卸、解体来检查其内在质量，或对不合格零部件进行更换。而工程项目的终检（竣工验收）无法进行工程内在质量的检验，发现隐蔽的质量缺陷。因此，工程项目的终检存在一定的局限性。这就要求工程质量控制应以预防为主，防患于未然。

5. 评价方法的特殊性

工程质量的检查评定及验收是按检验批、分项工程、分部工程、单位工程进行的。检验批的质量是分项工程乃至整个工程质量检验的基础，检验批合格质量主要取决于主控项目和一般项目检验的结果。隐蔽工程在隐蔽前要检查合格后验收，涉及结构安全的试块、试件以及有关材料，应按规定进行见证取样检测，涉及结构安全和使用功能的重要分部工程要进行抽样检测。工程质量是在施工单位按合格质量标准自行检查评定的基础上，由项目监理机构组织有关单位、人员进行检验确认验收。这种评价方法体现了"验评分离、强化验收、完善手段、过程控制"的指导思想。

6.1.4 工程质量控制主体和原则

1. 工程质量控制主体

工程质量控制贯穿于工程项目实施的全过程，其侧重点是按照既定目标、准则、程序，使产品和过程的实施保持受控状态，预防不合格的发生，持续稳定地生产合格品。

工程质量控制按其实施主体不同，可分为自控主体和监控主体。前者是指直接从事质量职能的活动者；后者是指对他人质量能力和效果的监控者。主要包括以下四个方面：

(1)政府的工程质量控制。政府属于监控主体,它主要是以法律法规为依据,通过抓工程报建、施工图设计文件审查、施工许可、材料和设备使用、工程质量监督、工程竣工验收备案等主要环节实施监控。

(2)建设单位的工程质量控制。建设单位属于监控主体,工程质量控制按工程质量形成过程,建设单位的质量控制包括建设全过程各阶段。

①决策阶段的质量控制,主要是通过项目的可行性研究,选择最佳建设方案,使项目的质量要求符合业主的意图,并与投资目标相协调,与所在地区环境相协调。

②工程勘察设计阶段的质量控制,主要是要选择好勘察设计单位,要保证工程设计符合决策阶段确定的质量要求,保证设计符合有关技术规范和标准的规定,要保证设计文件、图纸符合现场和施工的实际条件,其深度能满足施工的需要。

③工程施工阶段的质量控制,一是择优选择能保证工程质量的施工单位;二是择优选择服务质量好的监理单位,委托其严格监督施工单位按设计图纸进行施工,并形成符合合同文件规定质量要求的最终建设产品。

(3)工程监理单位的质量控制。工程监理单位属于监控主体,主要是受建设单位的委托,根据法律法规、工程建设标准、勘察设计文件及合同,制订和实施相应的监理措施,采用旁站、巡视、平行检验和检查验收等方式,代表建设单位在施工阶段对工程质量进行监督和控制,以满足建设单位对工程质量的要求。

(4)勘察设计单位的质量控制。勘察设计单位属于自控主体,它是以法律、法规及合同为依据,对勘察设计的整个过程进行控制,包括工作质量和成果文件质量的控制,确保提交的勘察设计文件所包含的功能和使用价值,满足建设单位工程建造的要求。

(5)施工单位的质量控制。施工单位属于自控主体,它是以工程合同、设计图纸和技术规范为依据,对施工准备阶段、施工阶段、竣工验收交付阶段等施工全过程的工作质量和工程质量进行的控制,以达到施工合同文件规定的质量要求。

2. 工程质量控制原则

项目监理机构在工程质量控制过程中,应遵循以下几条原则:

(1)坚持质量第一的原则。建设工程质量不仅关系工程的适用性和建设项目投资效果,而且关系到人民群众生命财产的安全。所以,项目监理机构在进行投资、进度、质量三大目标控制时,在处理三者关系时,应坚持"百年大计,质量第一",在工程建设中自始至终将"质量第一"作为对工程质量控制的基本原则。

(2)坚持以人为核心的原则。人是工程建设的决策者、组织者、管理者和操作者。工程建设中各单位、各部门、各岗位人员的工作质量水平和完善程度,都直接和间接地影响工程质量。所以在工程质量控制中,要以人为核心,重点控制人的素质和人的行为,充分发挥人的积极性和创造性,以人的工作质量保证工程质量。

(3)坚持以预防为主的原则。工程质量控制应该是积极主动的,应事先对影响质量的各种因素加以控制,而不能是消极被动的,等出现质量问题再进行处理,以免造成不必要的损失。所以,要重点做好质量的事先控制和事中控制,以预防为主,加强过程和中间产品的质量检查和控制。

(4)以合同为依据,坚持质量标准的原则。质量标准是评价产品质量的尺度,工程质量是否符合合同规定的质量标准要求,应通过质量检验并与质量标准对照。符合质量标准要求的才是合格,不符合质量标准要求的就是不合格,必须返工处理。

(5)坚持科学、公平、守法的职业道德规范。在工程质量控制中,项目监理机构必须坚持科学、公平、守法的职业道德规范,要尊重科学,尊重事实,以数据资料为依据,客观、公平地进行质量问题的处理。要坚持原则,遵纪守法,秉公监理。

6.1.5 工程质量管理主要制度

近年来,我国住房城乡建设主管部门先后颁发了多项建设工程质量管理规定。工程质量管理的主要制度如下。

1. 工程质量监督

国务院住房城乡建设主管部门对全国的建设工程质量实施统一监督管理。国务院铁路、交通、水利等有关部门按国务院规定的职责分工,负责对全国的有关专业建设工程质量的监督管理。县级以上地方人民政府住房城乡建设主管部门对本行政区域内的建设工程质量实施监督管理。县级以上地方人民政府交通、水利等有关部门在各自职责范围内,负责本行政区域内的专业建设工程质量的监督管理。

2. 施工图设计文件审查

施工图设计文件(以下简称施工图)审查是政府主管部门对工程勘察设计质量监督管理的重要环节。施工图审查是指国务院住房城乡建设主管部门和省、自治区、直辖市人民政府住房城乡建设主管部门委托依法认定的设计审查机构,根据国家法律、法规,对施工图涉及公共利益、公众安全和工程建设强制性标准的内容进行的审查。

3. 建设工程施工许可

建设工程开工前,建设单位应当按照国家有关规定向工程所在地县级以上人民政府住房城乡建设主管部门申请领取施工许可证;但是,国务院住房城乡建设主管部门确定的限额以下的小型工程除外。

4. 工程质量检测

工程质量检测工作是对工程质量进行监督管理的重要手段之一。工程质量检测机构是对建设工程、建筑构件、制品及现场所用的有关建筑材料、设备质量进行检测的法定单位。在住房城乡建设主管部门领导和标准化管理部门指导下开展检测工作,其出具的检测报告具有法定效力。法定的国家级检测机构出具的检测报告,在国内为最终裁定,在国外具有代表国家的性质。

5. 工程竣工验收与备案

项目建成后必须按国家有关规定进行竣工验收,并由验收人员签字负责。建设单位收到建设工程竣工报告后,应当组织设计、施工、监理等有关单位进行竣工验收。

6. 工程质量保修

建设工程质量保修制度是指建设工程在办理交工验收手续后,在规定的保修期限内,因勘察、设计、施工、材料等原因造成的质量问题,要由施工单位负责维修、更换,由责任单位负责赔偿损失。质量问题是指工程不符合国家工程建设强制性标准、设计文件及合同中对质量的要求。

6.1.6 工程参建各方的质量责任

在工程项目建设中,参与工程建设的各方,应根据《建设工程质量管理条例》以及合同、协议与有关文件的规定承担相应的质量责任。

1. 建设单位的质量责任

(1)建设单位要根据工程特点和技术要求,按有关规定选择相应资质等级的勘察、设计单位和施工单位,在合同中必须有质量条款,明确质量责任,并真实、准确、齐全地提供与建设工程有关的原始资料。凡与工程建设有关的重要设备材料采购实行招标的,必须实行招标,依法确定程序和方法，择优选定中标者。不得将应由一个承包单位完成的建设工程项目肢解成若干部分发包给几个承包单位；不得迫使承包方以低于成本的价格竞标；不得任意压缩合理工期；不得明示或暗示设计单位或施工单位违反建设强制性标准，降低建设工程质量。建设单位对其自行选择的设计、施工单位发生的质量问题承担相应责任。

（2）建设单位应根据工程特点，配备相应的质量管理人员。对国家规定强制实行监理的工程项目，必须委托有相应资质等级的工程监理单位进行监理。建设单位应与工程监理单位签订监理合同，明确双方的责任和义务。

（3）建设单位在工程开工前，负责办理有关施工图设计文件审查、工程施工许可证和工程质量监督手续，组织设计和施工单位认真进行设计交底；在工程施工中，应按现行国家有关工程建设法规、技术标准及合同规定，对工程质量进行检查，涉及建筑主体和承重结构变动的装修工程，建设单位应在施工前委托原设计单位或者相应资质等级的设计单位提出设计方案，经原审查机构审批后方可施工。工程项目竣工后，应及时组织设计、施工、工程监理等有关单位进行施工验收，未经验收备案或验收备案不合格的，不得交付使用。

（4）建设单位按合同的约定负责采购供应的建筑材料、建筑构配件和设备，应符合设计文件和合同要求，对发生的质量问题，应承担相应的责任。

2. 勘察、设计单位的质量责任

（1）勘察、设计单位必须在其资质等级许可的范围内承揽相应的勘察设计任务，不许承揽超越其资质等级许可范围以外的任务，不得将承揽工程转包或违法分包，也不得以任何形式用其他单位的名义承揽业务或允许其他单位或个人以本单位的名义承揽业务。

（2）勘察、设计单位必须按照国家现行的有关规定、工程建设强制性标准和合同要求进行勘察、设计工作，并对所编制的勘察、设计文件的质量负责。

3. 施工单位的质量责任

（1）施工单位必须在其资质等级许可的范围内承揽相应的施工任务，不许承揽超越其资质等级业务范围以外的任务，不得将承接的工程转包或违法分包，也不得以任何形式用其他施工单位的名义承揽工程或允许其他单位或个人以本单位的名义承揽工程。

（2）施工单位对所承包的工程项目的施工质量负责。

（3）施工单位必须按照工程设计图纸和施工技术规范标准组织施工。未经设计单位同意，不得擅自修改工程设计。在施工中，必须按照工程设计要求、施工技术规范标准和合同约定，对建筑材料、构配件、设备和商品混凝土进行检验；不得偷工减料，不使用不符合设计和强制性标准要求的产品，不使用未经检验和试验或检验和试验不合格的产品。

4. 工程监理单位的质量责任

（1）工程监理单位应按其资质等级许可的范围承担工程监理业务，不许超越本单位资质等级许可的范围或以其他工程监理单位的名义承担工程监理业务，不得转让工程监理业务，不允许其他单位或个人以本单位的名义承担工程监理业务。

（2）工程监理单位应依照法律、法规以及有关技术标准、设计文件和建设工程承包合同，与建设单位签订监理合同，代表建设单位对工程质量实施监理，并对工程质量承担监理责任。监理责任主要有违法责任和违约责任两个方面。如果工程监理单位故意弄虚作假，降低工程质量标准，造成质量事故的，要承担法律责任。如果工程监理单位与承包单位串通，谋取非法利益，给建设单位造成损失的，应当与承包单位承担连带赔偿责任。如果监理单位在责任期内，不按照监理合同约定履行监理职责，给建设单位或其他单位造成损失的，属违约责任，应当按监理合同约定向建设单位赔偿。

5. 工程材料、构配件及设备生产或供应单位的质量责任

工程材料、构配件及设备生产或供应单位对其生产或供应的产品质量负责。生产厂或供应商必须具备相应的生产条件、技术装备和质量管理体系，所生产或供应的工程材料、构配件及设备的质量应符合现行国家和行业的技术规定的合格标准和设计要求，并与说明书和包装上的质量标准相符，且应有相应的产品检验合格证，设备应有详细的使用说明等。

6.2 工程项目质量控制的主要制度及主要工作

项目监理机构建立相关制度，是有效实施质量控制的保障。

6.2.1 制定工作制度

1. 施工图纸会审及设计交底制度

在工程开工之前，必须进行图纸会审，在熟悉图纸的同时排除图纸上的错误和矛盾。项目监理机构应于开工前协助建设单位组织设计、施工单位进行图纸会审；协助建设单位督促组织设计单位向施工单位进行施工设计图纸的全面技术交底，提出对关键部位、工序质量控制的要求，主要包括设计意图、施工要求、质量标准、技术措施等。图纸会审应以会议形式进行，设计单位就施工图纸设计文件向施工单位和监理单位作出详细说明，使施工单位和监理单位了解工程特点和设计意图，随后通过各相关单位多方研究，找出图纸存在的问题及需要解决的技术难题，并制订解决方案。监理单位要根据讨论决定的事项整理出书面会议纪要，交由参加图纸会审各方会签，会议纪要一经签认，即成为施工和监理的依据。

2. 施工组织设计/(专项)施工方案审核、审批制度

在工程开工前，施工单位必须完成施工组织设计的编制及内部审批工作，填写《施工组织设计/(专项)施工方案报审表》报送项目监理机构。总监理工程师在约定的时间内，组织专业监理工程师审查，提出意见后，由总监理工程师审核签认。需要施工单位修改时，由总监理工程师签发书面意见，退回施工单位修改后重新报审。施工单位应严格按审定的施工组织设计/(专项)施工方案设计文件施工。

3. 工程开工、复工审批制度

当工程项目的主要施工准备工作已完成时，施工单位可填报《工程开工报审表》，总监理工程师组织专业监理工程师审查施工单位报送的开工报审表及相关资料；同时具备下列条件时，应由总监理工程师签署审查意见，并应报建设单位批准后，总监理工程师签发工程开工令：

(1)设计交底和图纸会审已完成；
(2)施工组织设计已由总监理工程师签认；
(3)施工单位现场质量、安全生产管理体系已建立，管理及施工人员已到位，施工机械具备使用条件，主要工程材料已落实；
(4)进场道路及水、电、通信等已满足开工要求。

否则，施工单位应进一步做好施工准备，待条件具备时，再次填报开工申请。

4. 工程材料检验制度

材料进场必须有出厂合格证、生产许可证、质量保证书和使用说明书。工程材料进场后，用于工程施工前，施工单位应填报《工程材料、构配件、设备报审表》，项目监理机构应审查施工单位报送的用于工程的材料、构配件、设备的质量证明文件，包括进场材料出厂合格证、材质证明、试验报告等，并应按有关规定、建设工程监理合同约定，对用于工程的材料进行见证取样、平行检验。

项目监理机构对已进场经检验不合格的工程材料、构配件、设备，应要求施工单位限期将其撤出施工现场。

5. 工程质量检验制度

工程质量检验前，施工单位应按有关技术规范、施工图纸进行自检，自检合格后填写隐蔽工程、关键部位质量报审、报验表，并附上相应的工程检查证明（或隐蔽工程检查记录）及相关材料证明、试验报告等，报送项目监理机构。项目监理机构应对施工单位报验的隐蔽工程、检验批、分项工程和分部工程进行验收，对验收合格的应给予签认；对验收不合格的应拒绝签认，同时，应要求施工单位在指定的时间内整改并重新报验。对已同意覆盖的工程隐蔽部位质量有疑问的，或发现施工单位私自覆盖工程隐蔽部位的，项目监理机构应要求施工单位对该隐蔽部位进行钻孔探测或揭开或使用其他方法进行重新检验。

6. 工程变更处理制度

如因设计图错漏，或发现实际情况与设计不符时，对施工单位提出的工程变更申请，总监理工程师应组织专业监理工程师审查施工单位提出的工程变更申请，提出审查意见。对涉及工程设计文件修改的工程变更，应由建设单位转交原设计单位修改工程设计文件。必要时，项目监理机构应建议建设单位组织设计、施工等单位召开论证工程设计文件的修改方案的专题会议。工程变更往往会对工程费用和工程工期带来影响，总监理工程师应组织专业监理工程师对工程变更费用及工期影响作出评估并组织建设单位、施工单位等共同协商确定工程变更费用及工期变化，会签工程变更单。工程变更由总监理工程师审核无误后签发。项目监理机构根据批准的工程变更文件监督施工单位实施工程变更，做好工程变更的闭环控制和签证、确认工作，为竣工决算提供依据。

7. 工程质量验收制度

施工单位完工，自检合格提交单位工程竣工验收报审表及竣工资料后，项目监理机构应组织审查资料和组织工程竣工预验收。工程存在质量问题的，应要求施工单位及时整改；工程质量合格的，总监理工程师应签认单位工程竣工验收报审表。工程竣工预验收合格后，项目监理机构应编写工程质量评估报告，并应经总监理工程师和工程监理单位技术负责人审核签字后报建设单位。

项目监理机构应参加由建设单位组织的竣工验收，对验收中提出的整改问题，应督促施工单位及时整改。工程质量符合要求的，总监理工程师应在工程竣工验收报告中签署意见。

8. 监理例会制度

项目监理机构应定期组织召开监理例会，研究协调施工现场包括计划、进度、质量、安全及工程款支付等问题，可由参建各方负责人参加，施工单位书面向会议汇报上期工程情况及需要协调解决的问题，提出下期工作计划。监理例会应沟通工程质量及工程进展情况，检查上期会议纪要中有关决定的执行情况，分析当前存在的问题，提出问题的解决方案或建议，明确会后应完成的任务。项目监理机构根据会议内容和协调结果编写会议纪要并由与会各方签字确认，会议纪要须经总监理工程师批准签发后分发给各单位。

9. 监理工作日志制度

在监理工作开展过程中，项目监理机构每日填写监理日志。监理日志应反映监理检查工作的内容、发现的问题、处理情况及当日大事等。监理日志的填写要求及时、准确、真实，书写工整，用语规范，内容严谨。监理日志要及时交总监理工程师审查，以便及时沟通了解现场状况，从而促进监理工作正常有序地开展。

6.2.2 监理工作中的主要手段

1. 监理指令

对监理检查发现的施工质量问题或严重的质量隐患，项目监理机构通过下发监理通知单、工程暂停令等指令性文件向施工单位发出指令以控制工程质量，施工单位整改后，应以监理通知回复单回复。

2. 旁站

旁站监理是针对工程项目关键部位和关键工序施工质量控制的主要监理手段之一。通过旁站可以使施工单位在进行工程项目的关键部位和关键工序施工过程中，严格按照有关技术规范和施工图纸进行，从而保证工程项目质量。

旁站人员应在规定时间到达现场，检查和督促施工人员按标准、规范、图纸、工艺进行施工；要求施工单位认真执行"三检制"（自检、互检、专检）；根据测量数据填写相关的旁站检查记录表；旁站结束后，应及时整理旁站检查记录表，并按程序审核、归档。

3. 巡视

项目监理机构应对工程项目进行的定期或不定期的检查。检查的主要内容有：施工单位的施工质量、安全、进度、投资等情况；工程变更、施工工艺等调整情况；跟踪检查上次巡视发现的问题、监理指令的执行落实情况等，对于巡视发现的问题，应及时作出处理。巡视检查以预防为主，主要检查施工单位的质量保证体系运行情况。

4. 平行检验和见证取样

平行检验是在施工单位自行检测的同时，项目监理机构按有关规定、建设工程监理合同的约定，对同一检验项目进行独立的检测试验活动，核验施工单位的检测结果。

见证取样是在施工单位进行试样检测前，项目监理机构对施工单位进行的涉及结构安全的试块、试件及工程材料现场取样、封样、送检工作的实施的监督，确认其程序、方法的有效性。

6.3 建设工程施工质量控制

工程施工质量控制是项目监理机构工作的主要内容。项目监理机构应基于施工质量控制的依据和工作程序，抓好施工质量控制工作。施工阶段的质量控制应重点做好图纸会审与设计交底、施工组织设计的审查、施工方案的审查和现场施工准备质量控制等工作。项目监理机构的质量控制包括审查、巡视、监理指令、旁站、见证取样、验收和平行检验，工程变更的质量控制。

6.3.1 工程施工质量控制的依据

项目监理机构施工质量控制的依据，大体上可分为以下四类：
(1)工程合同文件；
(2)工程勘察设计文件；
(3)有关质量管理方面的法律法规、部门规章与规范性文件；
(4)质量标准与技术规范（规程）。

6.3.2 工程施工准备阶段的质量控制

1. 图纸会审与设计交底

(1)图纸会审的内容一般包括以下几项：

①审查设计图纸是否满足项目立项的功能、技术可靠、安全、经济适用的需求；

②图纸是否已经审查机构签字、盖章；

③地质勘探资料是否齐全，设计图纸与说明是否齐全，设计深度是否达到规范要求；

④设计地震烈度是否符合当地要求；

⑤总平面与施工图的几何尺寸、平面位置、标高等是否一致；

⑥防火、消防是否满足要求；

⑦各专业图纸本身是否有差错及矛盾，结构图与建筑图的平面尺寸及标高是否一致，建筑图与结构图的表示方法是否清楚，是否符合制图标准，预留、预埋件是否表示清楚；

⑧工程材料来源有无保证，新工艺、新材料、新技术的应用有无问题；

⑨地基处理方法是否合理，建筑与结构构造是否存在不能施工、不便于施工的技术问题，或容易导致质量、安全、工程费用增加等方面的问题；

⑩工艺管道、电气线路、设备装置、运输道路与建筑物之间或相互之间有无矛盾。

(2)设计交底。设计单位交付工程设计文件后，按法律规定的义务就工程设计文件的内容向建设单位、施工单位和监理单位作出详细的说明。帮助施工单位和监理单位正确贯彻设计意图，加深对设计文件特点、难点、疑点的理解，掌握关键工程部位的质量要求，以确保工程质量。设计交底的主要内容一般包括：施工图设计文件总体介绍，设计的意图说明，特殊的工艺要求，建筑、结构、工艺、设备等各专业在施工中的难点、疑点和容易发生的问题说明，以及对施工单位、监理单位、建设单位等对设计图纸疑问的解释等。

2. 施工组织设计审查

施工组织设计是指导施工单位进行施工的实施性文件。项目监理机构应审查施工单位报审的施工组织设计，符合要求时，应由总监理工程师签认后报建设单位。项目监理机构应要求施工单位按已批准的施工组织设计组织施工。施工组织设计需要调整时，项目监理机构应按程序重新审查。施工组织设计审查的基本内容如下：

(1)编审程序应符合相关规定；

(2)施工进度、施工方案及工程质量保证措施应符合施工合同要求；

(3)资金、劳动力、材料、设备等资源供应计划应满足工程施工需要；

(4)安全技术措施应符合工程建设强制性标准；

(5)施工总平面布置应科学合理。

3. 施工方案审查

总监理工程师应组织专业监理工程师审查施工单位报审的施工方案，符合要求后应予以签认。施工方案审查应包括的基本内容如下：

(1)编审程序应符合相关规定；

(2)工程质量保证措施应符合有关标准。

4. 现场施工准备质量控制

(1)施工现场质量管理检查。工程开工前，项目监理机构应审查施工单位现场的质量管理组织机构、管理制度及专职管理人员和特种作业人员的资格，主要内容包括以下几项：

①项目部质量管理体系；

②现场质量责任制；
③主要专业工种操作岗位证书；
④分包单位管理制度；
⑤图纸会审记录；
⑥地质勘察资料；
⑦施工技术标准；
⑧施工组织设计编制及审批；
⑨物资采购管理制度；
⑩施工设施和机械设备管理制度；
⑪计量设备配备；
⑫检测试验管理制度；
⑬工程质量检查验收制度等。

(2)分包单位资质的审核确认。分包工程开工前，项目监理机构应审核施工单位报送的分包单位资格报审表及有关资料，专业监理工程师进行审核并提出审查意见，符合要求后，应由总监理工程师审批并签署意见。分包单位资格审核应包括的基本内容如下：
①营业执照、企业资质等级证书；
②安全生产许可文件；
③类似工程业绩；
④专职管理人员和特种作业人员的资格。

(3)查验施工控制测量成果。专业监理工程师应检查、复核施工单位报送的施工控制测量成果及保护措施，签署意见，并应对施工单位在施工过程中报送的施工测量放线成果进行查验。施工控制测量成果及保护措施的检查、复核包括以下几项：
①施工单位测量人员的资格证书及测量设备检定证书；
②施工平面控制网、高程控制网和临时水准点的测量成果及控制桩的保护措施。

5. 施工试验室的检查

专业监理工程师应检查施工单位为本工程提供服务的试验室（包括施工单位自有试验室或委托的试验室）。试验室的检查应包括下列内容：
(1)试验室的资质等级及试验范围；
(2)法定计量部门对试验设备出具的计量检定证明；
(3)试验室管理制度；
(4)试验人员资格证书。

6. 工程材料、构配件、设备的质量控制

(1)工程材料、构配件、设备质量控制的基本内容。项目监理机构收到施工单位报送的工程材料、构配件、设备报审表后，应审查施工单位报送的用于工程的材料、构配件、设备的质量证明文件，并应按有关规定、建设工程监理合同约定，对用于工程的材料进行见证取样。用于工程的材料、构配件、设备的质量证明文件包括出厂合格证、质量检验报告、性能检测报告以及施工单位的质量抽检报告等。对于工程设备应同时附有设备出厂合格证、技术说明书、质量检验证明、有关图纸、配件清单及技术资料等。对已进场经检验不合格的工程材料、构配件、设备，应要求施工单位限期将其撤出施工现场。

(2)工程材料、构配件、设备质量控制的要点。
①对用于工程的主要材料，在材料进场时专业监理工程师应核查厂家生产许可证、出厂合格证、材质化验单及性能检测报告，审查不合格者一律不准用于工程。专业监理工程师应参与

建设单位组织的对施工单位负责采购的原材料、半成品、构配件的考察，并提出考察意见。对于半成品、构配件和设备，应按经过审批认可的设计文件和图纸要求采购订货，质量应满足有关标准和设计的要求。某些材料，如瓷砖等装饰材料，要求订货时最好一次性备足货源，以免由于分批而出现色泽不一的质量问题。

②在现场配制的材料，施工单位应进行级配设计与配合比试验，经试验合格后才能使用。

③对于进口材料、构配件和设备，专业监理工程师应要求施工单位报送进口商检证明文件，并会同建设单位、施工单位、供货单位等相关单位有关人员按合同约定进行联合检查验收。联合检查由施工单位提出申请，项目监理机构组织，建设单位主持。

④对于工程采用的新设备、新材料，还应核查相关部门鉴定证书或工程应用的证明材料、实地考察报告或专题论证材料。

⑤原材料、（半）成品、构配件进场时，专业监理工程师应检查其尺寸、规格、型号、产品标志、包装等外观质量，并判定其是否符合设计、规范、合同等要求。

⑥工程设备验收前，设备安装单位应提交设备验收方案，包括验收方法、质量标准、验收的依据，经专业监理工程师审查同意后实施。

⑦对进场的设备，专业监理工程师应会同设备安装单位、供货单位等的有关人员进行开箱检验，检查其是否符合设计文件、合同文件和规范等所规定的厂家、型号、规格、数量、技术参数等，检查设备图纸、说明书、配件是否齐全。

⑧由建设单位采购的主要设备则由建设单位、施工单位、项目监理机构进行开箱检查，并由三方在开箱检查记录上签字。

⑨质量合格的材料、构配件进场后，到其使用或安装时通常要经过一定的时间间隔。在此时间里，专业监理工程师应对施工单位在材料、半成品、构配件的存放、保管及使用期限实行监控。

6.3.3 工程施工过程质量控制

1. 巡视与旁站

（1）巡视。巡视是项目监理机构对施工现场进行的定期或不定期的检查活动，是项目监理机构对工程实施建设监理的方式之一。

项目监理机构应安排监理人员对工程施工质量进行巡视。巡视应包括下列主要内容：

①施工单位是否按工程设计文件、工程建设标准和批准的施工组织设计、（专项）施工方案施工。施工单位必须按照工程设计图纸和施工技术标准施工，不得擅自修改工程设计，不得偷工减料。

②使用的工程材料、构配件和设备是否合格。应检查施工单位使用的工程原材料、构配件和设备是否合格。不得在工程中使用不合格的原材料、构配件和设备，只有经过复试检测合格原材料、构配件和设备才能够用于工程。

③施工现场管理人员，特别是施工质量管理人员是否到位。应对其是否到位及履职情况做好检查和记录。

④特种作业人员是否持证上岗。应对施工单位特种作业人员是否持证上岗进行检查。

（2）旁站。旁站是指项目监理机构对工程的关键部位或关键工序的施工质量进行的监督活动。

项目监理机构应根据工程特点和施工单位报送的施工组织设计，将影响工程主体结构安全的、完工后无法检测其质量的或返工会造成较大损失的部位及其施工过程作为旁站的关键部位、关键工序，安排监理人员进行旁站，并应及时记录旁站情况。

旁站人员的主要职责如下：

①检查施工单位现场质检人员到岗、特殊工种人员持证上岗情况以及施工机械、建筑材料准

备情况；

②在现场监督关键部位、关键工序的施工执行施工方案以及工程建设强制性标准情况；

③核查进场建筑材料、构配件、设备和商品混凝土的质量检验报告等，并可在现场监督施工单位进行检验或者委托具有资格的第三方进行复验；

④做好旁站记录，保存旁站原始资料。

2. 见证取样与平行检验

(1)见证取样。见证取样是指项目监理机构对施工单位进行的涉及结构安全的试块、试件及工程材料现场取样、封样、送检工作的监督活动。

实施见证取样的要求如下：

①试验室要具有相应的资质并进行备案、认可。

②负责见证取样的专业监理工程师要具有材料、试验等方面的专业知识，并经培训考核合格，而且要取得见证人员培训合格证书。

③施工单位从事取样的人员一般应是试验室人员或专职质检人员担任。

④试验室出具的报告一式两份，分别由施工单位和项目监理机构保存，并作为归档材料，是工序产品质量评定的重要依据。

⑤见证取样的频率，国家或地方主管部门有规定的，执行相关规定；施工承包合同中如有明确规定的，执行施工承包合同的规定。

⑥见证取样和送检的资料必须真实、完整，符合相应规定。

(2)平行检验。平行检验是指项目监理机构在施工单位自检的同时，按有关规定、建设工程监理合同约定对同一检验项目进行的检测试验活动。项目监理机构应根据工程特点、专业要求，以及建设工程监理合同约定，对施工质量进行平行检验。

平行检验的项目、数量、频率和费用等应符合建设工程监理合同的约定。对平行检验不合格的施工质量，项目监理机构应签发监理通知单，要求施工单位在指定的时间内整改并重新报验。

3. 监理通知单、工程暂停令、工程复工令的签发

(1)监理通知单的签发。在工程质量控制方面，项目监理机构发现施工存在质量问题的，或施工单位采用不适当的施工工艺，或施工不当，造成工程质量不合格的，应及时签发监理通知单，要求施工单位整改。监理通知单由专业监理工程师或总监理工程师签发。

(2)工程暂停令的签发。监理人员发现可能造成质量事故的重大隐患或已发生质量事故的，总监理工程师应签发工程暂停令。

项目监理机构发现下列情形之一时，总监理工程师应及时签发工程暂停令：

①建设单位要求暂停施工且工程需要暂停施工的；

②施工单位未经批准擅自施工或拒绝项目监理机构管理的；

③施工单位未按审查通过的工程设计文件施工的；

④施工单位违反工程建设强制性标准的；

⑤施工存在重大质量、安全事故隐患或发生质量、安全事故的。

(3)工程复工令的签发。因建设单位原因或非施工单位原因引起工程暂停的，在具备复工条件时，应及时签发工程复工令，指令施工单位复工。

4. 工程变更的控制

在施工过程中，由于前期勘察设计的原因，或由于外界自然条件的变化，未探明的地下障碍物、管线、文物、地质条件不符等，以及施工工艺方面的限制、建设单位要求的改变，均会涉及工程变更。做好工程变更的控制工作，是工程质量控制的一项重要内容。

5. 质量记录资料的管理

质量资料是施工单位进行工程施工或安装期间，实施质量控制活动的记录，还包括对这些质量控制活动的意见及施工单位对这些意见的答复，它详细地记录了工程施工阶段质量控制活动的全过程。因此，它不仅在工程施工期间对工程质量的控制具有重要作用，而且在工程竣工和投入运行后，对于查询和了解工程建设的质量情况以及工程维修和管理提供大量有用的资料和信息。

质量记录资料包括以下 3 个方面的内容：

(1)施工现场质量管理检查记录资料。主要包括施工单位现场质量管理制度，质量责任制；主要专业工种操作上岗证书；分包单位资质及总承包施工单位对分包单位的管理制度；施工图审查核对资料(记录)，地质勘察资料；施工组织设计、施工方案及审批记录；施工技术标准；工程质量检验制度；混凝土搅拌站(级配填料拌合站)及计量设置；现场材料、设备存放与管理等。

(2)工程材料质量记录。主要包括进场工程材料成品、构配件、设备的质量证明资料；各种试验检验报告(如力学性能试验、化学成分试验、材料级配试验等)；各种合格证；设备进场维修记录或设备进场运行检验记录。

(3)施工过程作业活动质量记录资料。施工或安装过程可按分项、分部、单位工程建立相应的质量记录资料。在相应质量记录资料中应包含有关图纸的图号、设计要求；质量自检资料；项目监理机构的验收资料；各工序作业的原始施工记录；检测及试验报告；材料、设备质量资料的编号、存放档案卷号。另外，质量记录资料还应包括不合格项的报告、通知与处理及检查验收资料等。

6.4 建设工程质量缺陷及事故

6.4.1 工程质量缺陷

工程质量缺陷是指工程不符合国家或行业的有关技术标准、设计文件及合同中对质量的要求。工程质量缺陷可分为施工过程中的质量缺陷和永久质量缺陷，施工过程中的质量缺陷又可分为可整改质量缺陷和不可整改质量缺陷。

1. 工程质量缺陷的成因

由于建设工程施工周期较长，所用材料品种繁杂，在施工过程中，受社会环境和自然条件等方面因素的影响，产生的工程质量问题表现形式千差万别，类型多种多样。这使得引起工程质量缺陷的成因也错综复杂，往往一项质量缺陷是由于多种原因引起。虽然每次发生质量缺陷的类型各不相同，但通过对大量质量缺陷调查与分析发现，其发生的原因有不少相同或相似之处，归纳其最基本的因素主要有以下几个方面：

(1)违背基本建设程序。

(2)违反法律法规。

(3)地质勘察数据失真。

(4)设计差错。

(5)施工与管理不到位。

(6)操作工人素质差。

(7)使用不合格的原材料、构配件和设备。

(8)自然环境因素。

(9)盲目抢工。
(10)使用不当。

2. 工程质量缺陷的处理

工程在施工过程中，由于种种主观和客观原因，出现质量缺陷往往难以避免。对已发生的质量缺陷，项目监理机构应按下列程序进行处理：

(1)发生工程质量缺陷后，项目监理机构签发监理通知单，责成施工单位进行处理。

(2)施工单位进行质量缺陷调查，分析质量缺陷产生的原因，并提出经设计等相关单位认可的处理方案。

(3)项目监理机构审查施工单位报送的质量缺陷处理方案，并签署意见。

(4)施工单位按审查合格的处理方案实施处理，项目监理机构对处理过程进行跟踪检查，对处理结果进行验收。

(5)质量缺陷处理完毕后，项目监理机构应根据施工单位报送的监理通知回复单对质量缺陷处理情况进行复查，并提出复查意见。

(6)处理记录整理归档。

6.4.2 工程质量事故

1. 工程质量事故等级划分

《关于做好房屋建筑和市政基础设施工程质量事故报告和调查处理工作的通知》（建质〔2010〕111号），工程质量事故是指由于建设、勘察、设计、施工、监理等单位违反工程质量有关法律法规和工程建设标准，使工程产生结构安全、重要使用功能等方面的质量缺陷，造成人身伤亡或者重大经济损失的事故。根据工程质量事故造成的人员伤亡或者直接经济损失，工程质量事故分为以下4个等级：

(1)特别重大事故，是指造成30人以上死亡，或者100人以上重伤，或者1亿元以上直接经济损失的事故；

(2)重大事故，是指造成10人以上30人以下死亡，或者50人以上100人以下重伤，或者5 000万元以上1亿元以下直接经济损失的事故；

(3)较大事故，是指造成3人以上10人以下死亡，或者10人以上50人以下重伤，或者1 000万元以上5 000万元以下直接经济损失的事故；

(4)一般事故，是指造成3人以下死亡，或者10人以下重伤，或者100万元以上1 000万元以下直接经济损失的事故。

该等级划分所称的"以上"包括本数，所称的"以下"不包括本数。

2. 工程质量事故处理方案

(1)修补处理。这是最常用的一类处理方案。通常当工程的某个检验批、分项或分部工程的质量虽未达到规定的规范、标准或设计要求，存在一定缺陷，但通过修补或更换构配件、设备后还可达到要求的标准，又不影响使用功能和外观要求，在此情况下，可以进行修补处理。

(2)返工处理。当工程质量未达到规定的标准和要求，存在严重的质量缺陷，对结构的使用和安全构成重大影响，而且又无法通过修补处理的情况下，可对检验批、分项、分部工程甚至整个工程返工处理。

(3)不做处理。某些工程质量缺陷虽然不符合规定的要求和标准而构成质量事故，但视其严重情况，经过分析、论证、法定检测单位鉴定和设计等有关单位认可，对工程或结构使用及安全影响不大，也可不做专门处理。

3. 工程质量事故处理的鉴定验收

质量事故的技术处理是否达到了预期目的，消除了工程质量不合格和工程质量缺陷，是否仍留有隐患，项目监理机构应通过组织检查和必要的鉴定，对此进行验收并予以最终确认。

(1)检查验收。工程质量事故处理完成后，项目监理机构在施工单位自检合格的基础上，应严格按施工验收标准及有关规范的规定进行检查，依据质量事故技术处理方案设计要求，通过实际量测，检查各种资料数据进行验收，并应办理验收手续，组织各有关单位会签。

(2)必要的鉴定。为确保工程质量事故的处理效果，凡涉及结构承载力等使用安全和其他重要性能的处理工作，常需做必要的试验和检验鉴定工作。如果质量事故处理施工过程中建筑材料及构配件保证资料严重缺乏，或对检查验收结果各参与单位有争议时，常见的检验工作有：混凝土钻芯取样，用于检查密实性和裂缝修补效果，或检测实际强度；结构荷载试验，确定其实际承载力；超声波检测焊接或结构内部质量；池、罐、箱柜工程的渗漏检验等。检测鉴定必须委托具有资质的法定检测单位进行。

(3)验收结论。对所有质量事故无论是经过技术处理，通过检查鉴定验收还是不需专门处理的，均应有明确的书面结论。若对后续工程施工有特定要求，或对建筑物使用有一定限制条件，应在结论中提出。

6.4.3 工程保修阶段的质量管理

1. 工程保修的相关规定

(1)保修范围和保修期限的规定。《中华人民共和国建筑法》第六十二条规定：建筑工程的保修范围应当包括地基基础工程、主体结构工程、屋面防水工程和其他土建工程，以及电气管线、上下水管线的安装工程，供热、供冷系统工程等项目；保修的期限应当按照保证建筑物合理寿命年限内正常使用，维护使用者合法权益的原则确定。具体的保修范围和保修期限在《建设工程质量管理条例》中有明确规定。

《建设工程质量管理条例》

(2)关于保修期义务的规定。建设工程在保修范围和保修期限内出现质量缺陷，施工单位应当履行保修义务。

建设工程在保修期限内出现质量缺陷，建设单位或者建设工程所有人应当向施工单位发出保修通知。施工单位接到保修通知后，应当到现场核查情况，在保修书约定的时间内予以保修。发生涉及结构安全或者严重影响使用功能的紧急抢修事故，施工单位接到保修通知后，应当立即到达现场抢修。发生涉及结构安全的质量缺陷时，建设单位或者建设工程所有人应当立即向当地住房城乡建设主管部门报告，采取安全防范措施，由原设计单位或者具有相应资质等级的设计单位提出保修方案，施工单位实施保修，原工程质量监督机构负责监督。

在保修期限内，因工程质量缺陷造成建设工程所有人、使用人或者第三方人身、财产损害的，建设工程所有人、使用人或者第三方可以向建设单位提出赔偿要求。建设单位向造成房屋建设工程质量缺陷的责任方追偿。因保修不及时造成新的人身、财产损害，由造成拖延的责任方承担赔偿责任。但因使用不当或者第三方造成的质量缺陷以及不可抗力造成的质量缺陷不属于保修范围。

(3)关于工程质量保证金的规定。按照现行规定，工程建设过程中建设单位扣留每期工程进度款的5%作为工程质量保证金。财政部《基本建设财务管理规定》(财建〔2002〕394号)规定："工程建设期间，建设单位与施工单位进行工程价款结算，建设单位必须按工程价款结算总额的5%预留工程质量保证金，待工程竣工验收一年后再清算。"《建设工程价款结算暂行办法》(财建〔2004〕369号)规定："发包人根据确认的竣工结算报告向承包人支付工程竣工结算价款，保留

5%左右的质量保证(保修)金,待工程交付使用一年质保期到期后清算(合同另有约定的,从其约定),质保期内如有返修,发生费用应在质量保证(保修)金内扣除。"有些地方和行业根据自身特点也规定了相应的缺陷责任期。

2. 工程保修阶段工程监理单位应完成的工作

(1)定期回访。承担工程保修阶段的服务工作时,工程监理单位应定期回访,及时征求建设单位或使用单位的意见,及时发现使用中存在的问题。

(2)协调联系。对建设单位或使用单位提出的工程质量缺陷,工程监理单位应安排监理人员进行检查和记录,并应向施工单位发出保修通知,要求施工单位予以修复。施工单位接到保修通知后,应当到现场核查情况,在保修书约定的时间内予以保修。发生涉及结构安全或者严重影响使用功能的紧急抢修事故,监理单位应单独或通过建设单位向政府管理部门报告,并立即通知施工单位到达现场抢修。

(3)界定责任。监理单位应组织相关单位对于质量缺陷责任进行界定。首先应界定是否是使用不当责任,如果是使用者责任,施工单位修复的费用应由使用者承担;如果不是使用者责任,应界定是施工责任还是材料缺陷,以及该缺陷部位的施工方的具体情况。分清情况,按施工合同的约定合理界定责任方。对非施工单位原因造成的工程质量缺陷,应核实施工单位申报的修复工程费用,并应签认工程款支付证书,同时应报建设单位。

(4)督促维修。施工单位对于质量缺陷的维修过程,监理单位应予监督,合格后应予以签认。

(5)检查验收。施工单位保修完成后,经监理单位验收合格,由建设单位或者工程所有人组织验收。涉及结构安全的,应当报当地住房城乡建设主管部门备案。

由于保修工作千差万别,监理单位应根据具体项目的工作量决定保修期间的具体工作计划,并根据与建设单位的合同约定具体决定工作方式和资料留存。

本章小结

本章简单而准确地阐述了建设工程项目建设工程质量的特性、建设工程质量控制的主体和原则、建设工程质量管理的主要制度、建设工程施工过程的质量控制,详细介绍了建设工程质量控制的主要工作、建设工程质量缺陷及事故处理程序。其中,重点是建设工程施工阶段的质量控制,难点是处理监理过程中质量控制的相关问题。通过本章的学习,应使学生明确建设工程项目质量控制的措施。

练习与思考

1. 建设工程质量和质量控制的概念是什么?
2. 影响建设工程质量的因素有哪些?各因素的控制要点是什么?
3. 建设工程质量控制的原则有哪些?
4. 施工阶段质量控制的依据是什么?
5. 图纸会审的主要目的和内容是什么?施工文件审查应注意什么?
6. 什么是见证点和停止点?在实施质量控制时,二者的主要区别是什么?
7. 监理工程师进行质量监督控制的方法有哪些?
8. 质量事故处理的基本步骤是什么?质量事故处理方法有哪些?

第7章 建设工程进度控制

内容提要

本章主要内容包括影响建设工程进度的主要因素、建设工程进度控制的主要方法、建设工程设计阶段的进度控制、建设工程施工阶段的进度控制。

知识目标

1. 了解影响建设工程进度的主要因素。
2. 掌握建设工程进度控制的主要方法。
3. 掌握建设工程设计阶段的进度控制。
4. 掌握建设工程施工阶段的进度控制。

能力目标

1. 能理解影响建设工程进度的主要因素及建设工程进度控制的主要方法。
2. 能明确建设工程设计阶段、施工阶段进度控制的作用。

7.1 概　　述

建设工程进度控制是指为保证工程项目实现预期的工期目标,对建设工程项目的各阶段中的各项工作时间进行计划、实施、检查和调整的一系列工作。建设工程进度控制的最终目标是确保建设项目能够按照预定的工期目标投入使用。无论对于建设单位、监理单位还是施工单位来说,其进度控制的工作都是围绕着建设项目的总工期目标开展的。作为监理单位,其进度控制实际上是在既定的投资和质量要求前提下,在监理的职权范围内,通过有效的措施和方法对工程的实施进度进行控制,以确保工程如期完工或提前完工。

在实际工程建设过程中,原有的工程进度计划经常会受到各种事件和突发情况的干扰,致使建设工程项目实际执行进度与原计划进度不符,作为监理工程师,需要结合工程进度的实际开展情况,比较实际进度与计划进度的偏差,找出导致偏差的原因,通过组织、技术、经济和合同等措施,对工程进度和工程计划进行调整,从而保证建设工程项目的建设进度能够满足工程进度控制目标的要求。

在进行进度控制时,监理工程师不能单纯追求进度目标的合理性和最优化,还要考虑到进度、投资和质量三大目标之间的对立统一关系。因此,监理工程师在进度控制或对工程进度进行调整时,还要兼顾投资和质量目标,在实施进度控制时,尽可能优先选择那些对投资和质量目标有利的进度控制措施。当进度目标和投资、质量目标产生矛盾时,尽可能采取那些对投资、质量目标负面影响比较小的进度控制措施。

建设工程项目的基本建设程序各个阶段具有相对独立性,但各阶段的工作内容相互联系,可以在工作的开展时间上适当搭接，如施工准备阶段的一些工作内容可以和设计工作同时开展，如征地与拆迁、设备采购与设计工作同时进行，再如采用CM建造模式时，施工工作与设计工作平行开展等。监理工程师在实施进度控制时，应充分了解并充分利用各阶段、各工作程序之间的内在联系，合理地确定各项工作之间的搭接方式、内容和搭接时间。监理工程师在实施进度控制时，还要对影响工程建设进度的各项工程内容、工作内容，以及各种影响因素进行全面的了解和控制，才能切实保证工程按期完成。

另外，监理工程师在实施进度控制时，还必须注意监理合同的委托范围与委托阶段。如果监理企业受业主的委托，负责整个建设项目的全过程项目管理，则监理工程师的进度控制的对象是包括项目咨询阶段、设计招标阶段、设计阶段、施工招标阶段、施工阶段在内的项目建设全过程。如果业主仅仅委托监理机构负责施工阶段的监理，则监理工程师进度控制对象局限于施工阶段。另外，监理工程师在实施进度控制时，必须明确自己所处的位置，监理单位是代业主实施进度控制，而不是施工单位的进度控制。在进度控制时，监理工程师实施进度控制的方式和方法也与施工单位自身的控制是不同的，监理工程师主要通过监督工程实施，通过对施工单位施加影响来控制工程进度。因此，监理工程师应将工作重点放在对实施方进度计划的审查和对施工单位进度计划执行过程的监督方面。

7.1.1 影响建设工程进度的主要因素

由于建设工程项目具有规模大、建设周期长、结构和工艺复杂、参与方众多等特点，影响建设工程进度的因素也很多。对影响工程进度的各种因素进行分析和预测，是有效控制建设工程进度的前提。通过对这些影响因素的分析和预测，一方面，可以促进对有利因素的充分利用和对不利因素的妥善预防；另一方面，也便于事先制定预防措施，事中采取有效对策，事后进行妥善补救，以缩小实际进度与计划进度的偏差，实现对建设工程进度的主动控制和动态控制。

影响建设工程进度的因素可以分为有利因素和不利因素两大类，以下主要介绍影响建设工程进度的不利因素。影响建设工程进度的不利因素可以归纳为人、设备、技术、方法、环境五个大的方面，在工程建设过程中，常见的影响因素如下：

1. 业主因素

如业主要求设计变更，业主没有及时提供施工场地，业主不能及时向施工单位支付工程款等。

2. 勘察设计因素

如勘察资料不准确，设计内容不完善，设计有缺陷或错误，设计对施工的可行性考虑不周，施工图纸供应不及时或出现重大差错等。

3. 自然环境因素

如复杂的工程地质条件，不明的水文气象条件，地下埋藏物的保护、处理，洪水、地震、台风等不可抗力等。

4. 社会环境因素

如外单位临近工程施工干扰，市容整顿，临时停水、停电，法律及规章制度变化，战争、骚乱爆发等。

5. 组织管理因素

如向有关部门提出各种申请审批手续的延误，合同签订时遗漏条款、表达失当，计划安排不周密、组织协调不力，领导不力、指挥失当使各个单位、各个专业及施工过程之间的交接配合发生矛盾等。

6. 材料设备因素

如材料、构配件、设备供应环节的差错，材料的品种、规格、质量、数量等方面不能满足工程的需要，施工设备不配套、选型失当、安装失误、有故障等。

7. 资金因素

如业主方拖欠资金、资金不到位，施工单位资金短缺，汇率浮动和通货膨胀等。

7.1.2 建设工程项目进度控制的一般程序

建设工程项目进度控制的一般程序如图 7-1 所示。

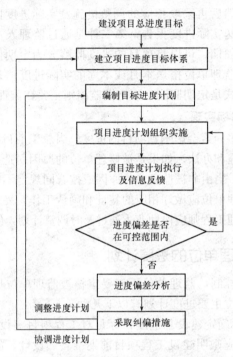

图 7-1 建设工程进度控制的一般程序

7.1.3 建设工程监理进度控制的主要内容

1. 建立监理进度控制体系

项目监理单位在建立项目监理机构时，为了完成项目监理进度控制的目标，首先必须建立监理进度控制体系。在监理组织内部，无论是直线制、职能制、直线职能制还是矩阵制监理组织，都必须明确进度控制的任务和职责划分，建立责权一致的进度控制体系，并且在分工的基础上，预先明确协调机制，建立起分工协作的进度控制体系。

2. 编制监理进度控制计划

监理工程师在项目监理工作正式开展之前，应根据业主与实施单位所签订的合同工期，确定监理的进度控制目标。在此基础上，制订监理的控制性进度计划。对总进度目标分解的方法有多种，可以按年度、季度分解为年度进度计划、季度进度计划和月度进度计划等；也可按各建设阶段分解为设计准备阶段进度计划、设计阶段进度计划、施工阶段进度计划和运用前准备阶段进度计划等；还可以按各子项目分解。上述这些工作，可以在制订监理规划和监理实施细则时进行。

3. 审查施工单位提交的进度计划

项目施工开始前,监理工程师应当要求项目被监理单位提交项目实施进度计划和进度保证措施,比照监理的进度控制计划,审查其是否能够实现预期进度目标,其进度保证措施是否可行、有效。如果监理工程师认为被监理单位提交的计划不足以保证项目进度目标的实现,有权要求其修改计划。只有当监理工程师认为被监理单位提交的进度计划能够保证项目进度目标的实现时,才会对其签字批准,此时,被监理单位才能据此进行施工。

4. 进度计划实施中的监测与调整

监理工程师要在项目实施过程中对实际进度进行监测,如果发现项目实际进度出现偏差,则应分析偏差产生的原因,然后再采取相应的调整措施。实际进度监测的方法主要有两种,第一种是定期由被监理单位报送实际进度报告;第二种是通过监理人员现场检查实际进度的开展情况。按照进度监测的时间周期,可以将项目的进度监测分为定期监测和不定期监测两种。监理工程师按月或按周要求被监理单位报送本月或本周的实际进度信息,并以监理进度协调会等形式协调项目进度情况的形式是定期监测;不定期监测则主要在监理人员现场检查时采用。

5. 调整计划保证工期目标实现

在项目实施过程中,许多因素会影响到项目的进度。当总工期目标受到影响时,监理单位应配合业主采取相应的补救措施和办法。如果是被监理单位的原因所造成的进度拖延,监理单位有权要求被监理单位自费赶工。当由非被监理单位原因或按合同规定不应由被监理单位负责的原因引起的实际进度拖后时,监理单位应做好相应的签证和确认工作,妥善处理由此引起的工程延期和赶工费用索赔等问题。监理工程师应协助业主通过及时调整计划,使总工期目标得以实现。

7.1.4 建设工程监理单位的进度计划

为了更有效地实施进度控制,监理单位不仅要审核被监理单位提交的进度计划,而且要为自身编制进度计划,监理单位主要进度计划有以下几种:

(1)总进度计划。合理地确定建设总进度目标是对工程项目建设进度进行控制的首要问题。监理单位编制的总进度计划应阐明建设工程项目前期准备、设计、施工、动用前准备及项目动用等几个阶段的控制进度。一般用横道图来表示,见表7-1。

表7-1 总进度计划

阶段名称	阶段进度															
	××年				××年				××年				××年			
	1	2	3	4	1	2	3	4	1	2	3	4	1	2	3	4
前期准备																
设计																
施工																
动用前准备																
项目动用																

(2)总进度分解计划。包括:年度进度计划;季度进度计划;月进度计划;设计准备阶段进度计划;设计阶段进度计划;施工阶段进度计划;动用前准备阶段进度计划等。

(3)各子项进度计划。

(4)进度控制工作制度。包括：进度流程图及进度控制措施(组织措施、技术措施、经济措施、合同措施)。

(5)进度目标实现风险分析。

(6)进度控制方法规划。

7.1.5 建设工程监理进度控制的措施

为了有效地实施进度控制，监理工程师必须根据建设工程的具体情况，以及建设工程合同条件，认真制订进度控制措施，以确保建设工程进度控制目标的实现。通常，进度控制的措施应包括组织措施、技术措施、经济措施及合同措施。

1. 组织措施

监理进度控制的组织措施通常包括以下几项：

(1)建立项目监理组织，确定项目监理班子成员，落实监理人员管理职责。

(2)建立监理进度控制目标体系，明确进度控制任务。

(3)建立工程进度报告制度及进度信息沟通网络。

(4)建立进度计划审核制度和计划实施中的检查分析制度，及时发现和解决进度问题。

(5)建立进度协调会议制度，包括协调会议举行的时间、地点，协调会议的参加人员等。

(6)建立图纸审查、工程变更和设计变更管理等进度管理制度。

2. 技术措施

监理进度控制的技术措施通常包括以下几项：

(1)审查施工单位提交的进度计划，使被监理单位按照批准的进度计划实施项目。

(2)编制进度控制工作细则，指导监理人员实施进度控制。

(3)采用网络计划技术及其他科学适用的计划方法，利用计算机辅助监理进度控制，实施项目进度动态控制。

3. 经济措施

监理进度控制的经济措施通常包括以下几项：

(1)利用工程预付款及工程进度款的支付控制工程进度。

(2)在业主的授权下，对应急赶工给予优厚的赶工费用。

(3)按照合同规定，对工期提前给予奖励。

(4)按照合同规定，对工程延误收取误期损失赔偿金。

(5)加强索赔管理，公正地处理工期延误带来的工期与费用索赔。

4. 合同措施

监理进度控制的合同措施主要包括以下几项：

(1)通过承发包模式的选择达到有利于进度控制的目的。如推行CM承发包模式，对建设工程实行分段设计、分段发包和分段施工。

(2)加强合同管理，协调合同工期与进度计划之间的关系，保证合同中进度目标的实现。

(3)严格控制合同变更，对各方提出的工程变更和设计变更，监理工程师应严格审查后再补入合同文件之中。

(4)加强风险管理，在合同中应充分考虑风险因素与其对进度的影响，以及相应的处理方法。

(5)加强索赔管理，客观公正地处理由进度变化带来的索赔问题。

7.2 建设工程进度控制的主要方法

建设工程进度计划由被监理单位完成后,应提交监理工程师审查,监理工程师审查合格后即可付诸实施。但在建设工程实施过程中,由于各种因素的影响,原有的计划安排常常会被打乱,致使工程进度出现偏差,对此,监理工程师应经常地、定期地对进度计划的执行情况进行跟踪检查,分析进度偏差产生的原因,及时采取措施加以解决。下面将介绍几种常用的建设工程进度控制方法。

整套施工进度计划网络图、横道图、平面图及相关附表

7.2.1 实际进度与计划进度的比较方法

在建设工程项目中,常用的进度比较方法有横道图比较法、S形曲线比较法、香蕉形曲线比较法、前锋线比较法和列表比较法等。

1. 横道图比较法

横道图比较法是指将在项目实施中检查实际进度的信息,经整理后直接用横道线并标于原计划的横道线处,进行直观比较的方法。用横道图编制进度计划具有简明、形象和直观的特点。例如,表7-2中所示某基础工程施工实际进度与计划进度的比较,其中虚线表示计划进度,粗实线表示实际进度。假设在第8周周末进行施工进度检查时,从实际进度与计划进度的比较中可以看出,土方开挖工作已经完成,混凝土垫层工作只完成了计划的67%,实际进度比计划进度拖后两周。

表7-2 某基础工程进度实施计划

工作序号	工作名称	工作时间/周	进度/周													
			1	2	3	4	5	6	7	8	9	10	11	12	13	14
1	土方开挖	2														
2	混凝土垫层	6														
3	砌基础	4														
4	回填土	2														

通过对实际进度与计划进度进行比较,管理者可以清楚地掌握实际进度与计划进度之间的偏差,并以此为依据采取进度调整措施。横道图比较法是人们施工中进行进度控制经常使用的一种最简单、熟悉的方法。但是,在横道图比较法中,各项工作之间的逻辑关系表达不够明确,无法确定关键工作与关系线路,一旦某些工作实际进度出现偏差时,既难以预测其对后续工作和总工期的影响,也难以确定相应的进度计划调整方法。因此,横道图比较法主要应用于工程项目中某些工作实际进度与计划进度的局部比较。根据工程项目中各项工作的进展是否匀速进行,其比较方法主要可分为以下两种:

(1)匀速进展横道图比较法。匀速进展是指工程项目中,每项工作的实施进展速度都是均匀的,即在单位时间内完成的任务量都是相等的,累计完成的任务量与时间呈直线变化,如图7-2所示。为了便于比较,常用实际完成任务量的累计百分比进行比较。完成的任务量可以用实物工程量或劳动消耗量或费用支出表示。

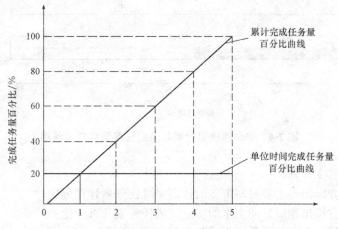

图 7-2 匀速进展时间与完成任务量关系曲线图

匀速进展时采用横道图比较法的步骤如下：
①编制横道图进度计划；
②在进度计划上标出检查日期；
③将检查收集到的实际进度数据，按比例用涂黑的粗线标于计划进度线的右下方，如图 7-3 所示；

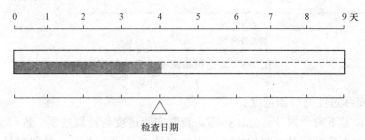

图 7-3 匀速进展横道图比较图

④比较分析实际进度与计划进度：
  a. 如果涂黑的粗线右端与检查日期重合，表明实际进度与计划进度一致；
  b. 如果涂黑的粗线右端落在检查日期的右侧，表明实际进度超前；
  c. 如果涂黑的粗线右端落在检查日期的左侧，表明实际进度拖后。

需要注意的是，匀速进展横道图比较法只适用于工作从开始到完成的整个过程中，工作的进展速度是固定不变的，累计完成的任务量与时间成正比。若工作的进展速度是变化的，用这种方法就不能比较实际进度与计划进度。

(2) 双比例单侧横道图比较法。当工作在不同单位时间内的进展速度不同时，累计完成的任务量与时间的关系就不是呈直线变化，如图 7-4 所示。按匀速进展横道图比较法绘制的实际进度涂黑粗线，不能反映实际进度与计划进度完成任务量的比较情况。此时，可以采用双比例单侧横道图比较法。

双比例单侧横道图比较法在绘出表示工作实际消耗时间的涂黑粗线的同时，在粗线两侧标出其实际完成任务的累计百分比与计划完成任务的累计百分比。通过对应时刻实际完成任务累计百分比与其同时刻计划完成任务累计百分比的比较，来判断工作的实际进度与计划进度之间的关系。其比较步骤如下：

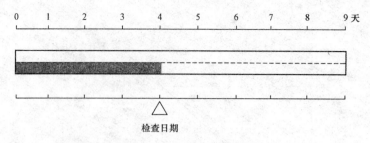

图 7-4　非匀速进展时间与完成任务量关系曲线图

①编制横道图进度计划；
②在横道线上方标出各主要时间工作的计划完成任务累计百分比；
③在横道线下方标出相应日期工作的实际完成任务累计百分比；
④用涂黑粗线标出实际进度线，由工作开始日标起，同时反映出实施过程中的连续与间断情况，如图 7-5 所示；

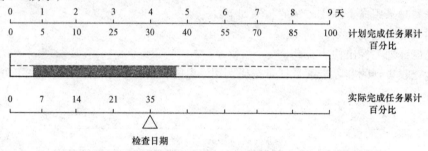

图 7-5　双比例单侧横道图比较图

⑤比较分析实际进度与计划进度：
a. 同一时刻，上下两个累计百分比相等，表明实际进度与计划进度一致；
b. 同一时刻，上面的累计百分比小于下面的累计百分比，表明该时刻实际进度超前，超前进度量为二者之差；
c. 同一时刻，上面的累计百分比大于下面的累计百分比，表明该时刻实际进度拖后，拖后进度量为二者之差。

双比例单侧横道图比较法，不仅适合于进展速度变化情况下的进度比较，同时除标出检查日期进度比较情况外，还能提供某一指定时间二者比较情况的信息。从图 7-5 中可以看出，工作实际开始时间比计划晚一段时间，进程中连续工作，在检查日工作是超前的，第一天比实际进度超前 2％，以后各天分别为 4％、-4％和 5％。

2. S 形曲线比较法

S 形曲线比较法是以横坐标表示时间，纵坐标表示累计完成任务量，先绘制一条按计划时间累计完成任务量的 S 形曲线；然后将工程项目实施过程中各检查时间实际累计完成任务量的 S 形曲线也绘制在同一坐标系中，进行实际进度与计划进度比较的一种方法，如图 7-6 所示。

S 形曲线比较法的应用步骤如下：

(1)确定工程进展速度。根据每单位时间内完成的实物工程量、投入的劳动力或费用，计算出计划单位时间的工程进展速度量值 q_j，建设工程项目的全过程中，一般是开始和收尾时单位时间投入的资源量较少，中间阶段单位时间投入的资源量相对较多，这种规律与其相应单位时间内完成的任务量是一致的，如图 7-7(a)所示。

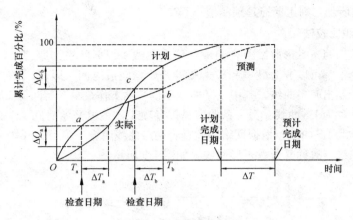

图 7-6 S 形曲线比较图

(2) 计算规定时间 j 累计完成的任务量。将各时间单位完成的任务量累加求和,即可求出 j 时间累计完成的任务量 Q_j,可按下式计算:

$$Q_j = \sum_{j=1}^{n} q_j \tag{7-1}$$

(3) 绘制 S 形曲线。按各规定的时间 j 及其对应的累计完成任务量 Q_j 分别绘制计划进度和实际进度的 S 形曲线。绘制方法如图 7-7(b) 所示。

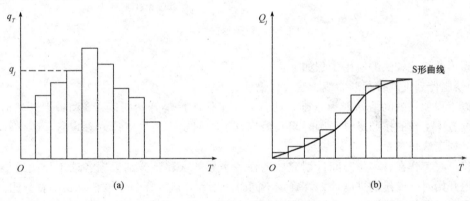

图 7-7 时间与完成任务量关系曲线

(4) 比较实际进度 S 形曲线和计划进度 S 形曲线。通过两者之间的比较,可得到以下信息:

① 建设工程项目实际进展状况。如果工程实际进度 S 形曲线上点 a 落在计划 S 形曲线左上方,表明此时实际进度比计划进度超前;如果工程实际进度 S 形曲线上点 b 落在 S 形曲线右下方,表明此时实际进度拖后;如果工程实际进度 S 形曲线与计划进度 S 形曲线交于点 c,表明此时实际进度与计划进度一致,如图 7-6 所示。

② 建设工程项目实际进度超前或拖后的时间。在 S 形曲线比较图中可以直接比较出实际进度比计划进度超前或拖后的时间,即在某产量点上两曲线横坐标的差值。如图 7-6 所示,ΔT_a 表示 T_a 时刻实际进度超前的时间,ΔT_b 表示 T_b 时刻实际进度拖后的时间。

③ 建设工程项目实际进度比计划进度超额或拖欠的任务量。在 S 形曲线比较图中可直接比较出实际进度比计划进度超前或拖欠的任务量,即在某时间点上两曲线纵坐标的差值。如图 7-6 所示,ΔQ_a 表示 T_a 时刻实际进度超额完成的任务量,ΔQ_b 表示 T_b 时刻实际进度拖欠的任务量。

④ 后期工程进度预测。如果后期工程按原计划速度进行,则可作出后期工程计划 S 形曲线,

如图 7-6 中的虚线所示，则工期拖延预测值 ΔT。

3. 香蕉形曲线比较法

香蕉形曲线是由两条 S 形曲线组合而成的闭合曲线。根据网络图原理，任一建设工程项目的工作时间在理论上都可以分为最早和最迟两种开始与完成时间。因此，任一建设工程项目的网络计划都可以绘制出两条曲线，其中一条曲线是以各项工作最早开始时间 ES 安排进度计划而绘制的 S 形曲线，称为 ES 曲线；另一条曲线是以各项工作最迟开始时间 LS 安排进度计划而绘制的 S 形曲线，称为 LS 曲线。根据网络图原理，两条曲线闭合于项目的开始和结束时刻，形成一个形如香蕉的曲线，故称其为香蕉形曲线，如图 7-8 所示。

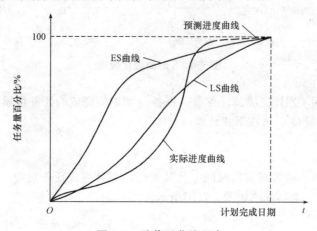

图 7-8 香蕉形曲线示意

香蕉形曲线比较法的应用步骤如下：

(1) 绘制计划进度香蕉形曲线。其具体做法如下：

① 以工程项目的网络计划为基础，计算各项工作的最早开始时间 ES 和最迟开始时间 LS；分别根据各项工作的按照最早开始时间和最迟开始时间安排的进度计划确定各项工作在各单位时间的计划完成任务量。

② 将所有工作在各单位时间计划完成的任务量累加求和，分别根据各项工作按最早开始时间、最迟开始时间安排的进度计划，确定不同时间累计完成的任务量或任务量的百分比。

③ 分别根据各项工作按最早开始时间、最迟开始时间安排的进度计划而确定的累计完成任务量或任务量的百分比描绘各点，并连接各点分别得到 ES 曲线和 LS 曲线，由此组成香蕉形曲线。

(2) 绘制实际进度 S 形曲线。在项目实施过程中，按照规定时间将检查收集到的实际累计完成任务量或者其百分比绘制在香蕉形曲线图上，即得到实际进度 S 形曲线。

(3) 实际进度与计划进度比较。建设工程项目实施进度的理想状态是任一时刻工程实际进度 S 形曲线上的点均落在香蕉形曲线所包含的范围内。如果工程实际进度 S 形曲线上的点落在 ES 曲线的左侧，表明此刻实际进度比各项工作按其最早开始时间安排的计划进度超前；如果工程实际进度 S 形曲线上的点落在 LS 曲线的右侧，表明此刻实际进度比各项工作按其最迟开始时间安排的计划进度拖后。

(4) 预测后期工程进展趋势。如果后期工程按原计划速度进行，则可以作出后期工程进展情况的预测，如图 7-8 中的虚线所示。

香蕉形曲线除可以用于进度比较外，它还可以用于合理安排工程项目进度计划。因为如果工程项目中的各项工作均按其最早开始时间安排进度计划，将会导致项目的投资加大。而如果各项工作都按其最迟开始时间安排进度，则一旦受到进度影响因素的干扰，又将导致工程拖期，使工程进度风险加大。因此，一个科学合理的进度优化曲线应处于香蕉形曲线所包含的区域之内。同时，香蕉形曲线的形状还可以反映出进度控制的难易程度。当香蕉形曲线很窄时，说明进度控制的难度大，当香蕉形曲线很宽时，说明进度控制很容易。由此，也可以利用其判断进度计划编制的合理程度。

4. 前锋线比较法

当建设工程项目的进度计划用时标网络计划表达时，可采用实际进度前锋线进行实际进度与计划进度比较。

前锋线比较法是从检查时刻的时标点出发，自上而下地用直线段依次连接各项工作的实际进度点，最后到达计划检查时刻的时间刻度线为止，由此组成一条折线，这条折线被称为前锋线，按前锋线与箭线交点的位置判定工程实际进度与计划进度的偏差，进而判定该偏差对后续工作及总工期影响程度的一种方法。

用前锋线比较法比较实际进度与计划进度的步骤如下：

(1) 绘制时标网络计划。按照时标网络计划图的绘制方法绘制时标网络图，并在时标网络计划图的上方和下方各设一时间坐标轴。

(2) 绘制实际进度前锋线。从时标网络计划图上方时间坐标的检查日期开始连线，依次连接相邻工作的实际进展位置点，最后与时标网络计划图下方坐标的检查日期相连接。工作实际进展位置点的标定方法有以下两种：

①按该工作已完成任务量比例进行标定。假设工程项目中各项工作均为匀速进展，根据实际进度检查该工作已完任务量占其计划完成总任务量的比例，在工作箭线上从左至右按相同的比例标定其实际进展位置点。

②按尚需作业时间进行标定。当某些工作的持续时间难以按实物工程量来计算而只能凭经验估算时，可以先估算出检查时刻到该工作全部完成尚需作业的时间，然后在该工作箭线上从右向左逆向标定其实际进展位置点。

(3) 进行实际进度与计划进度的比较。用前锋线比较实际进度与计划进度，可反映出检查日期有关工作实际进度与计划进度的关系有以下三种情况：

①若工作实际进度点位置与检查日期时间坐标相同，则该工作实际进度与计划进度一致；

②若工作实际进度点位置在检查日期时间坐标右侧，则该工作实际进度超前，超前时间为二者坐标之差；

③若工作实际进度点位置在检查日期时间坐标左侧，则该工作实际进展拖后，拖后时间为二者坐标之差。

(4) 预测进度偏差对后续工作及总工期的影响。通过比较实际进度与计划进度确定进度偏差后，还可以根据工作的自由时差和总时差预测该进度偏差对后续工作及项目总工期的影响。

【例 7-1】 已知某工程网络计划如图 7-9 所示，在第 6 周检查时，发现 A 工作已完成，B 工作已进行 2 周，C 工作已进行 4 周，D 工作刚好结束，试用前锋线比较法比较实际进度与计划进度。

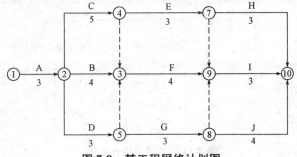

图 7-9 某工程网络计划图

解：根据第 6 周检查的情况，绘实际进度前锋线，如图 7-10 所示。通过比较可以看出：

(1)工作 B 实际进度拖后 1 周，但对总工期无影响。

(2)工作 C 实际进度提前 1 周。

(3)工作 D 实际进度与计划进度相符。

从以上比较分析可以看出，如果其他工作的进度按照原计划进行，该工程的总工期不变，仍然为 15 天。

5. 列表比较法

当工程进度计划用无时标网络计划图表示

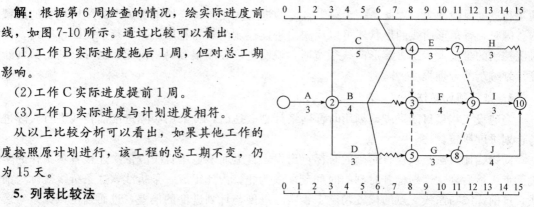

图 7-10 某网络计划前锋线比较图

时，可以采用列表比较法比较工程实际进度与计划进度的偏差情况。该方法是记录检查时应该进行的工作名称和已进行的天数，然后列表计算有关时间参数，根据原有总时差和尚有总时差判断实际进度与计划进度的比较方法。

采用列表比较法比较实际进度与计划进度的步骤如下：

(1)计算检查时正在进行的工作 $i-j$ 尚需的作业时间 T_{ij}^2，可按式(7-2)计算：

$$T_{ij}^2 = D_{ij} - T_{ij}^1 \tag{7-2}$$

式中 D_{ij} ——工作 $i-j$ 的计划持续时间；

  T_{ij}^1——工作 $i-j$ 检查时已经进行的时间。

(2)计算工作 $i-j$ 检查时至最迟完成时间的尚余时间 T_{ij}^3，可按式(7-3)计算：

$$T_{ij}^3 = LF_{ij} - T_2 \tag{7-3}$$

式中 LF_{ij}——工作 $i-j$ 的最迟完成时间；

  T_2——检查时间。

(3)计算检查工作 $i-j$ 尚有总时差 TF_{ij}^1，可按式(7-4)计算：

$$TF_{ij}^1 = T_{ij}^3 - T_{ij}^2 \tag{7-4}$$

(4)填表比较实际进度与计划进度的偏差，比较的结果可能出现以下几种情况：

①总时差相等，说明该工作实际进度与计划进度一致；

②若工作尚有总时差大于原有总时差，说明该工作实际进度超前，超前的时间为二者之差；

③若工作尚有总时差小于原有总时差，且仍为正值，说明该工作实际进度拖后，拖后的时间为二者之差，但不影响总工期；

④如果工作总时差小于原有总时差，且为负值，说明该工作实际进度拖后，此时工作实际进度偏差将影响总工期，拖后的时间为二者之差。

【例 7-2】 已知某工程网络计划如图 7-11 所示，在第 5 周检查时，发现 A 工作已完成，B 工作已进行两天，C 工作已完成，D 工作尚未开始，试用列表比较法比较实际进度与计划进度的偏差。

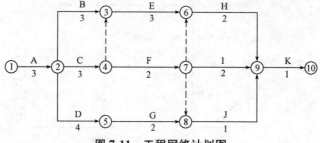

图 7-11 工程网络计划图

解：根据计算公式计算有关参数，见表7-3。

表7-3 时间参数计算表

工作代号	工作名称	检查计划时尚需作业天数 T_{ij}^2	至计划最迟完成时尚余作业天数 T_{ij}^3	原有总时差 TF_{ij}	尚有总时差 TF_{ij}^1	情况判断
2—3	B	1	1	0	0	正常
2—4	C	0	1	0	1	进度超前
2—5	D	4	3	1	−1	进度拖后2天，影响总工期1天

7.2.2 进度计划实施过程中的调整方法

1. 分析进度偏差对后续工作及总工期的影响

根据前面对实际进度与计划进度的比较，能够确定出两者之间的偏差。当实际进度与计划进度的偏差影响到工期的按时完成时，应及时对施工进度进行调整，以保证预定工期目标的实现。偏差的大小及其所处的位置不同，其对后续工作和总工期的影响程度也不同。分析实际进度与计划进度的偏差时，主要利用网络计划中总时差和自由时差的概念进行判断。具体分析步骤如下：

（1）分析出现进度偏差的工作是否为关键工作。根据工作所在线路的性质或时间参数的特点，判断其是否为关键工作。如果出现偏差的工作为关键工作，则无论偏差大小，都会对后续工作及总工期产生影响，必须采取相应的调整措施；如果出现偏差的工作不是关键工作，则需要根据偏差值与总时差 TF 和自由时差 FF 的大小关系，确定对后续工作和总工期的影响程度。

（2）分析进度偏差是否大于总时差。如果工作的进度偏差大于该工作的总时差，说明此偏差必将影响后续工作和总工期，必须采取相应的调整措施；如果工作的进度偏差小于或等于该工作的总时差，说明此偏差对总工期无影响，但它对后续工作的影响程度，则需要根据此偏差与自由时差的比较情况来确定。

（3）分析进度偏差是否大于自由时差。如果工作的进度偏差大于该工作的自由时差，说明此偏差会对紧后工作产生影响，应根据紧后工作允许的影响程度来确定如何调整；如果工作的进度偏差小于或等于该工作的自由时差，则说明此偏差对紧后工作没有影响。因此，原进度计划可以不做调整。

通过以上的分析，监理进度控制人员就可以确定需要调整的工作和偏差的调整值，以便采取调整措施，获得符合实际进度情况和计划目标的新进度计划。

2. 进度计划的调整方法

在分析进度计划进行的基础上，应确定调整原计划的方法，通常有以下几种：

（1）改变某些工作间的逻辑关系。通过以上分析比较，如果发现进度产生的偏差影响了总工期，并且有关工作之间的逻辑关系允许改变，则可以改变关键线路和超过计划工期的非关键线路上的有关工作之间的逻辑关系，以达到缩短工期的目的。例如，可以把依次进行的有关工作改为平行或相互搭接以及分成几个施工段进行流水施工的工作，这些措施都可以达到缩短工期的目的。

（2）缩短某些工作的持续时间。此方法是在不改变工作之间逻辑关系的前提下，通过缩短某些工作的持续时间，使工作进度加快，以保证计划工期的实现。这些被压缩的工作必须是因实际进度的拖延而引起总工期增加的关键线路和某些非关键线路上的工作，同时，这些工作必须是可以压缩持续时间的工作。工作持续时间的压缩，需要借助网络计划优化中的工期优化方法和工期与成本优化方法。

7.3 建设工程设计阶段的进度控制

7.3.1 设计阶段进度控制的目标

1. 设计分阶段进度控制的目标

设计阶段是建设工程项目基本建设程序中的一个重要阶段,也是影响项目建设工期的关键阶段。根据工程项目的复杂程度,可以将设计阶段分为两阶段设计和三阶段设计。其中,两阶段设计包括扩大初步设计和施工图设计两个阶段;三阶段设计包括初步设计、技术设计和施工图设计三个阶段。另外,在设计分阶段开始之前,还要做好设计准备工作。

设计分阶段的进度控制目标如下:

(1)设计准备阶段的进度目标。在设计准备阶段,监理工程师需要协助建设单位确定规划设计条件,提供设计基础资料;进行设计招标或设计方案竞选及委托设计等工作。

①规划设计条件是指在城市建设中,由城市规划管理部门根据国家有关规定,从城市总体规划的角度出发,对拟建项目在规划设计方面所提出的要求。

②监理工程师需要代表建设单位向设计单位提供完整、可靠的设计基础资料,其内容一般包括:经批准的可行性研究报告;城市规划管理部门发给的"规划设计条件通知书"和地形图;建筑总平面布置图、原有的上下水管道图、道路图、动力和照明线路图;建设单位与有关部门签订的供电、供气、供热、供水、雨污水排放方案或协议书;环保部门批准的建设工程环境影响审批表和城市节水部门批准的节水措施批件;当地的气象、风向、风荷载、雪荷载及地震级别、水文地质和工程地质勘察报告;对建筑物的采光、照明、供电、供气、供热、给水排水、空调及电梯的要求,建筑构配件的适用要求;各类设备的选型、生产厂家及设备构造安装图纸;建筑物的装饰标准及要求;对"三废"处理的要求;建设项目所在地区其他方面的要求和限制(如机场、港口、文物保护等)。

③设计单位的选定可以采用直接指定、设计招标及设计方案竞选等方式。监理单位可以接受建设单位的委托帮助其组织设计方案竞赛,选择理想的设计方案,编制设计招标文件,组织设计招标和评标,并参与设计合同的起草和商签工作。设计合同的签订各方应明确设计进度及设计图纸提交时间。

(2)初步设计、技术设计阶段的进度目标。初步设计应根据建设单位所提供的设计基础资料进行编制。初步设计和总概算经批准后,便可作为确定建设项目投资额、编制固定资产投资计划、签订总包合同及贷款合同、实行投资包干、控制建设工程拨款、组织主要设备订货、进行施工准备及编制技术设计(或施工图设计)文件等的主要依据。技术设计应根据初步设计文件进行编制,技术设计和修正总概算经批准后,便成为建设工程拨款和编制施工图设计文件的依据。为了确保工程建设进度总目标的实现,并保证工程设计质量,应根据建设工程的具体情况,确定合理的初步设计和技术设计周期。该进度目标中,除要考虑设计工作本身及进行设计分析和评审所需要的时间外,还应考虑设计文件的报批时间。

(3)施工图设计阶段的进度目标。施工图设计应根据批准的初步设计文件(或技术设计文件)和主要设备订货情况进行编制,它是工程施工的主要依据。施工图设计是工程设计的最后一个阶段,其工作进度将直接影响建设工程的施工进度,进而影响建设工程进度总目标的实现。因此,必须确定合理的施工图设计交付时间,确保建设工程设计进度总目标的实现,从而为工程施工的正常进行创造良好的条件。

2. 设计阶段进度控制分专业目标

为了有效地控制建设工程设计进度，还可以将各阶段设计进度目标具体化，进行进一步分解。例如，可以将施工图设计进度目标分解为基础设计进度目标、结构设计进度目标、装饰设计进度目标及安装图设计进度目标等。这样，设计进度控制目标便构成了一个从总目标到分目标的完整的目标体系。

7.3.2 影响设计进度的主要因素

建设工程设计工作属于多专业协作配合的智力劳动，在工程设计过程中，影响其进度的因素通常有以下几个方面。

1. 建设意图及要求改变的影响

建设工程设计是本着业主的建设意图和要求而进行的，所有的工程设计必然是业主意图的体现。因此，在设计过程中，如果业主改变其建设意图和要求，就会引起设计单位的设计变更，必然会对设计进度造成影响。

2. 设计审批时间的影响

建设工程设计是分阶段进行的，如果前一阶段（如初步设计）的设计文件不能顺利得到批准，必然会影响到下一阶段（如施工图设计）的设计进度。因此，设计审批时间的长短，在一定条件下将影响到设计进度。

3. 设计各专业之间协调配合的影响

如前所述，建设工程设计是一个多专业、多方面协调合作的复杂过程，如果业主、设计单位、监理单位等各单位之间，以及土建、电气、通信等各专业之间没有良好的协作关系，必然会影响建设工程设计工作的顺利实施。

4. 工程变更的影响

当建设工程采用CM法实行分段设计、分段施工时，如果在已施工的部分发现一些问题而必须进行工程变更的情况下，也会影响设计工作进度。

5. 材料代用、设备选用失误的影响

材料代用、设备选用的失误将会导致原有工程设计失效而重新进行设计，这也会影响设计工作进度。

7.3.3 设计阶段的进度监控

监理单位受业主委托进行工程设计监理时，应落实项目监理班子中专门负责设计进度控制的人员，按合同要求对设计工作进度进行严格监控。设计阶段监理进度控制的流程如图7-12所示。

监理工程师应对设计进度实施动态监控。设计工作开始之前，监理工程师应审查设计单位所编制进度计划的合理性和可行性。在进度计划实施过程中，监理工程师应定期检查设计工作的实际完成情况，并与计划进度进行比较分析。一旦发现偏差，监理工程师应立即进行分析，并在分析原因的基础上提出纠偏措施，加快设计工作进度，必要时，应对原进度计划进行调整或修订，以保证设计进度目标的达成。

在设计进度控制中，监理工程师要对设计单位填写的设计图纸进度表（表7-4）进行核查，从而将设计各阶段的进度都纳入监控之中。

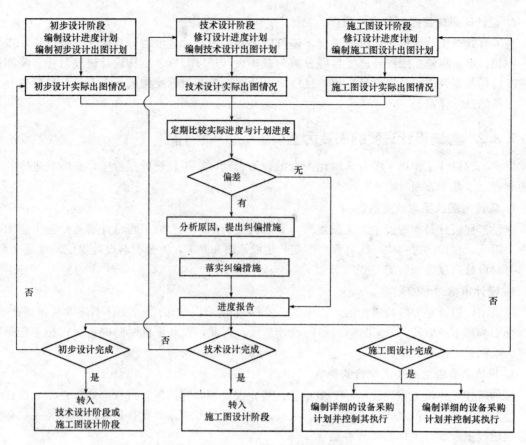

图 7-12 设计阶段进度控制的流程图

表 7-4 设计图纸进度表

工程项目名称			项目编号	
监理单位			设计阶段	
图纸编号		图纸名称	图纸版次	
图纸设计负责人			制表日期	
设计步骤	监理工程师批准的计划完成时间		实际完成时间	
草图				
制图				
设计单位自审				
监理工程师审核				
发出				
偏差原因分析:				
纠正措施:				

由于设计阶段本身又划分为初步设计、技术设计和施工图设计三个阶段或扩大初步设计和施工图设计两个阶段来进行，各阶段的设计重点各不相同，监理工程师在进行进度控制时，应针对各设计阶段的不同特点来进行。

7.3.4 设计阶段进度控制的内容

在设计阶段，监理进度控制的主要任务就是根据建设工程总工期的要求，协助业主确定合理的设计工期要求，并监督管理设计单位，使其按设计合同工期交付设计图纸。具体的进度控制内容包括以下几个方面。

1. 确定合理的设计工期

在设计阶段，监理工程师应首先对建设工程进度总目标进行论证，并确认其可行性；然后，根据建设总工期的要求，协助建设单位确定一个合理的设计工期。

2. 制订进度控制计划

根据初步设计、技术设计和施工图设计的阶段性特点，制订建设工程设计总进度计划和分阶段设计进度控制计划，为各设计阶段进度控制提供依据。

3. 审查设计单位设计进度计划

在设计正式开始之前，监理单位应要求设计单位提交设计进度计划，并根据进度控制计划对设计单位的进度计划进行审查，审查合格后，设计工作才能开始。

4. 协助业主方控制材料和设备供应进度

在设计过程中，经常有业主方供应材料和设备的情况出现，为了保证设计任务的顺利开展和设计进度的如期完成，监理单位应协助业主编制材料和设备供应进度计划，对于特殊材料和大型设备应提前订购，监理单位还要监督材料和设备供应的实施情况。

5. 开展设计组织协调活动

在设计阶段，当设计由不同的设计单位共同完成时，监理单位还要在各设计单位之间开展设计组织协调工作，从而使各设计单位设计工作互相配合。

6. 设计进度索赔事宜的处理

按照设计合同，业主和设计单位均有权根据设计合同进行工期索赔，当出现索赔时，监理工程师应根据实际情况做好设计进度索赔事宜的处理工作。

7.3.5 设计阶段进度的测定方法

为了更好地对设计阶段的进度进行控制，监理工程师需要了解设计开展的实际进度情况，对设计进度进行测定，以下是几种常用的测定设计进度的方法。

1. 消耗时数衡量法

根据以往的设计经验，估算拟建项目设计过程预计消耗的时间，根据设计实际消耗的时间与估算整个设计过程预计消耗的时间之比，确定拟建项目设计进度：

$$设计进度(完成百分比)=已耗时数/预计总时数$$

2. 完成蓝图数衡量法

根据以往类似工程设计经验，估计各工种设计的蓝图数量，已完成的蓝图数与预计总蓝图数之比即为设计进度：

$$设计进度(完成百分比)=已完成蓝图数/预计总蓝图数$$

3. 采购单衡量法

为确保施工时主要设备、材料供应不脱节，设计单位在设计阶段通常要在主要设备、材料选型后，向有关供应厂商询价，比较价格，并向供应厂商发出采购单。因此，设计进度也可以用已发采购单来衡量：

$$设计进度(完成百分比)=已发采购单数/预计采购单总数$$

4. 权数法

权数法是以绘制蓝图为中心来计算设计完成百分比，具体步骤如下：
(1) 定出各工种专业蓝图标准完成程度；
(2) 测定各专业设计实际完成程度；
(3) 估计出各专业设计实际完成程度；
(4) 计算实际设计进度。

相比以上的三种设计进度的测定方法而言，权数法能够更全面、更确切地测定设计进度。

7.4 建设工程施工阶段的进度控制

7.4.1 施工阶段进度控制的目标

施工阶段是工程实体的形成阶段，对施工阶段的进度进行控制是整个工程项目建设进度控制的重点。施工阶段监理的进度控制目标应当按照《监理合同》的委托和建设单位与施工单位之间所签订的《建设工程施工合同》中注明的合同工期来进行确定，施工阶段监理进度控制目标就是施工项目按期交工的时间目标。

1. 施工分阶段进度控制的目标

为了有效地控制施工进度，首先应对施工进度总目标从不同角度进行层层分解，形成施工进度控制目标体系，并以此作为实施进度控制的依据。工程建设施工进度控制目标体系分解图如图7-13所示。

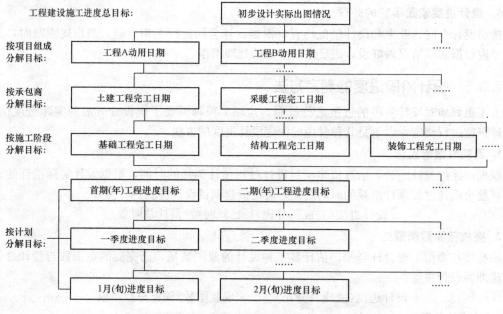

图7-13 工程建设施工进度控制目标体系分解图

从图7-13中可以看出，工程建设进度控制目标不仅包括项目建成交付使用日期这个总目标，还包括各单项工程交工、动用的时间目标以及按承包商、施工阶段和不同计划周期划分的分阶段目标。各分阶段目标之间相互联系，共同构成施工阶段进度控制的目标体系。从目标层次上看，下级目标受到上级目标的制约，同时，下级目标也是上级目标的保证，各级目标的顺利完成最终保证施工进度总目标得以实现。

2. 施工阶段进度控制目标的确定

为了提高进度计划的预见性和进度控制的主动性，在确定施工进度控制目标时，必须全面细致地分析与工程项目进度有关的各种有利因素和不利因素。只有这样，才能制订出科学、合理的进度控制目标。

在确定施工进度控制目标时，需要考虑的主要因素包括：工程建设总进度目标对施工工期的要求；工期定额；类似工程项目的实际进度；工程难易程度和工程条件的落实情况等。

在进行施工进度分解目标时，还需要注意以下问题：

(1) 对于大型工程建设项目，应根据尽早提供可动用的单项工程为原则，集中力量分期分批建设，以便使单项工程尽早投入使用，尽早发挥投资效益。

(2) 合理安排土建与设备的综合施工。要按照施工顺序和工艺特点，合理安排土建施工与设备基础、设备安装的先后顺序及搭接、交叉或平行作业，明确设备工程对土建工程的要求和土建工程为设备工程提供施工条件的内容及时间。

(3) 结合在建工程的特点，参考同类工程建设的经验来确定施工进度目标，避免主观盲目地确定进度目标而在实施过程中造成进度失控。

(4) 做好资金供应、施工力量配备、物资(材料、构配件、设备)供应工作，使其与施工进度的开展相适应，确保工程进度目标能够实现。

(5) 考虑外部协作条件的配合情况，包括施工过程中及项目竣工动用所需的水、电、气、通信、道路的供应和通畅情况，以及其他施工辅助条件的达成。保证这些因素与施工进度目标相协调。

(6) 考虑工程项目所在地区地形、地质、水文、气象等方面的限制条件。

7.4.2 影响施工进度的主要因素

由于建设工程项目具有施工周期长、规模大、结合面众多等特点，施工进度会受到很多因素的影响。在控制施工进度时，监理工程师只有充分认识和估计这些因素，才能克服或减小其影响，使施工活动按照预先拟定的施工进度计划进行。影响施工进度的主要因素有以下几项。

1. 相关单位的影响

施工单位对建设工程的施工进度起着决定性作用。然而，在施工过程中，建设单位、设计单位、银行信贷单位、材料供应部门、运输部门、水电供应部门及政府有关主管部门都可能给施工某些方面造成困难而影响施工进度。施工进度经常会由于设计单位图纸交付不及时或图纸错误，以及建设单位对设计方案的变动等情况的发生而受到影响。材料和设备供应的不及时或质量、规格不符合要求也会使施工停顿。监理工程师自身的工作失误也会造成施工进度的拖延。

2. 施工条件的变化

施工中工程地质条件和水文地质条件与勘察设计不符，如发现地下障碍物、软弱地基，以及恶劣的气候、暴雨、高温、洪水等也会对施工进度产生影响，造成临时停工或进度拖延。

3. 技术失误

施工单位采用的技术措施不当，施工中发生技术事故；应用新技术、新材料、新结构缺乏经验，造成质量问题等，会影响到工程施工进度。

4. 施工组织管理不当

流水施工组织不合理，劳动力和施工机械调配不当，施工平面布置不合理，没有建立切实的进度控制体系，施工进度计划安排不合理，施工管理混乱，会影响到施工进度计划的执行和合同工期目标的实现。

5. 施工中出现意外事件

施工中有时会出现意外事件，从而导致进度的延误，如不可抗力事件的发生，如战争、洪涝灾害、极端恶劣天气等。

7.4.3 施工阶段进度控制的任务

施工阶段监理进度控制的主要任务是使工程施工进度达到施工合同中约定的工期目标要求。为完成施工阶段进度控制任务，监理工程师应做好下列工作：

(1)根据施工招标和施工准备阶段的工程信息，进一步完善施工进度控制性进度计划，并据此进行施工阶段进度控制；

(2)审查施工单位施工进度计划，确认其满足建设工程控制性进度计划要求并且可行；

(3)制订业主方材料和设备供应进度计划并进行控制，使其满足施工要求；

(4)审查施工单位进度控制报告，督促施工单位做好施工进度控制；

(5)对施工进度进行跟踪，掌握施工动态；研究制定预防工期索赔的措施，做好处理工期索赔工作；在施工过程中，做好对人力、材料、机具、设备等的投入控制工作以及转换控制工作、信息反馈工作、对比和纠正工作，使进度控制定期连续进行；

(6)开好进度协调会议，及时协调有关各方关系，使工程施工顺利进行。

7.4.4 施工阶段进度控制的程序

施工阶段进度控制的工作流程如图 7-14 所示。

7.4.5 施工阶段进度控制的主要内容

1. 施工进度控制方案的编制

监理工程师在进行施工进度控制时，首先在监理规划和监理实施细则中编制项目的施工进度控制方案，作为进度控制的指导文件，其主要内容包括以下几项：

(1)施工进度控制目标分解图；

(2)实现施工进度控制目标的风险分析；

(3)施工进度控制的主要工作内容和深度；

(4)监理人员对进度控制的职责分工；

(5)进度控制工作流程；

(6)进度控制的方法(包括进度检查周期、数据采集方式、进度报表格式、统计分析方法等)；

(7)进度控制的具体措施(包括组织措施、技术措施、经济措施及合同措施等)；

(8)尚待解决的有关问题。

2. 施工进度计划的审核

在正式开始施工前，监理工程师要对施工承包单位报送的施工进度计划进行审核，审核批准后，施工承包单位方可开工。

(1)审批施工总进度计划。在施工正式开始之前，施工承包单位必须在满足合同工期的要求下，编制施工总进度计划，并向监理单位申报。项目总监理工程师根据施工合同和监理规划对施工进度的要求，审批承包单位报送的施工总进度计划。在审批施工总进度计划时，应重点审查该进度计划是否满足合同工期的要求，是否可行。

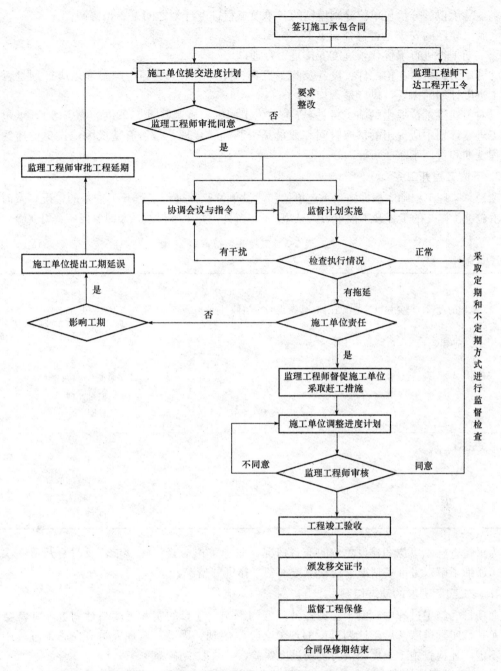

图 7-14 建设工程项目施工进度控制的工作流程

(2)审批年、季和月度的施工进度计划。在项目实施过程中,在每年年初施工前应要求施工单位报送年度的施工进度计划,在每季前要报送季度施工进度计划,在每月前要报送月度施工进度计划,由监理工程师对这些进度计划进行初审,然后,由总监理工程师最终审批承包单位编制的年、季、月度施工进度计划。

(3)监理工程师对施工进度计划审核的主要内容通常包括以下几项:

①进度计划是否符合施工合同中开竣工日期的规定;

②进度计划中的主要工程项目是否有遗漏,分期施工是否满足分批动用的需要和配套动用

的要求，总承包、分承包单位分别编制的各单项工程进度计划之间是否相协调；

③施工顺序的安排是否符合施工工艺的要求；

④工期是否进行了优化，进度安排是否合理；

⑤劳动力、材料、构配件、设备及施工机具、设备、水、电等生产要素供应计划是否能保证施工进度计划的需要，供应是否均衡；

⑥对由建设单位提供的施工条件（资金、施工图纸、施工场地、采供的物资等），承包单位在施工进度计划中所提出的供应时间和数量是否明确、合理，是否有造成因建设单位违约而导致工程延期和费用索赔的可能。

3. 下达工程开工令

项目总监理工程师应根据施工承包单位和建设单位双方进行工程开工准备的情况，及时审查施工承包单位提交的工程开工报审表，见表7-5。当具备开工条件时，及时签发工程开工令。

表7-5 工程开工报审表

工程名称： 编号：

致：
我方承担的过程，已完成以下各项工作，具备了开工条件，特此申请开工，请核查并签发开工指令。 附：1. 开工报告 　　2.（证明文件）   承办单位（章） 项目经理 日期
审查意见：   项目监理单位 总监理工程师 日期

为了检查施工单位和建设单位的准备情况，监理单位应督促建设单位及时召开第一次工地会议。详细了解双方准备情况，协调双方准备工作进展情况。

4. 施工实际进度的动态控制

在项目的施工过程中，由于受到各种因素的影响，项目的实际进度与计划进度常常会不一致，尤其是实际进度落后于计划进度的现象会经常出现。因此，监理人员应在施工过程中，定期或不定期地检查施工进度，及时发现进度偏差，并采取措施调整。

（1）施工进度的检查方式。监理工程师通常采用定期检查和日常巡视两种方式进行施工进度的检查。

①定期检查是指以每周、每两周或每月为单位由施工单位报送实际进度报表来检查。其进度报表的格式由监理单位提供给施工承包单位，再由施工承包单位填写完成后提交给监理工程师核查。报表的内容可以根据施工对象和承包方式的不同而有所区别，但一般应包括工作的开始时间、完成时间、持续时间、工作时间的逻辑关系、实物工程量和工作量，以及工作时差的利用情况等。

②日常巡视主要是由监理人员根据现场施工进度检查实际进度与计划进度的偏差情况，进而及时发现进度偏差，采取调整措施。

当监理工程师获得实际进度信息后，就可以利用前述的进度比较方法确定实际进度状态，判断偏差大小以及对总工期的影响程度，监理工程师据此作出进度调整的决策。

(2) 施工进度计划的调整。当进度出现偏差时，为了实现建设项目的进度目标，监理工程师应当区分产生进度偏差的原因。如果是施工单位原因造成的工程延误，监理工程师可直接向施工承包单位发出监理指令，要求施工承包单位调整施工进度计划，自费赶工。但如果是非施工单位原因造成的进度拖后，则监理工程师要按照相关规定对工程延期进行处理。

(3) 现场进度协调会议的组织。监理工程师应当定期或不定期地组织召开不同层级的现场进度协调会议，解决工程施工过程中的相互协调配合问题，通常这种会议以每周、半月或一月为间隔召开。通常在每月或半月召开的进度高级协调会上通报工程项目建设的重大变更事项，协商处理结果，解决各施工承包单位以及建设单位与承包单位之间的协调配合问题。通常在每周召开的管理层协调会议上，通报各自进度状况、存在的问题及下阶段的工作安排，解决施工中的相互协调配合问题。

5. 工程延期的处理

工程延期是指由不属于施工单位的原因而导致的工程拖期，此时施工单位不仅有权提出延长工期的要求，而且还有权向建设单位提出赔偿费用的要求以弥补由此造成的额外损失。工程延期的处理对建设单位和施工单位都非常重要，监理工程师一定要认真对待。

(1) 申报工程延期的条件主要包括以下五种情况：

① 监理工程师发出工程变更指令而导致工程量增加；

② 合同所涉及的任何可能造成工程延期的原因，如延期交图、工程暂停、对合格工程的剥离检查及不利的外界条件等；

③ 异常恶劣的气候条件；

④ 由业主造成的任何延误、干扰或障碍，如未及时提供施工场地、未及时付款等；

⑤ 除承包单位自身外的其他任何原因。

(2) 工程延期的审批程序。图 7-15 所示为工程延期的审批程序。当工程延期事件发生后，承包单位应在合同规定的有效期内以书面形式向监理工程师发出工程延期索赔意向通知，并在合同规定的有效期内向监理工程师提交详细的申述报告，说明延期的理由、依据和延期时间。监理工程师收到报告后应进行调查核实。当延期事件具有持续性时，承包单位应按合同规定或监理工程师同意的时间提交阶段性的详情报告。监理工程师应在调查核实后，尽快作出临时延期决定。当整个延期事件结束后，承包单位应在合同规定的期限内向监理工程师提交最终的详情报告。监理工程师复查详情报告后，作出该延期事件最终的延期时间决定。

需要注意的是，监理工程师在作出工程延期决定时应与业主和施工单位进行协商。按照监理规范，施工单位在申请工程延期时，需填写表 7-6 所示的工程临时延期申请表。监理工程师处理工程延期事项时，需向承包单位发出工程最终（临时）延期审批表，见表 7-7。

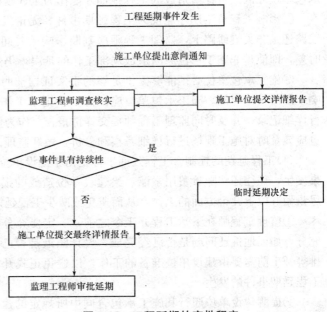

图 7-15 工程延期的审批程序

表 7-6　工程临时延期申请表

工程名称：　　　　　　　　　　　　　　　　　　编号：

致：（监理单位）
　　根据施工合同条款_____条的规定，由于_____原因，我方申请工程延期，请予以批准。
　　附件：1. 工程延期的依据及工期计算
　　　　　　　合同竣工日期：
　　　　　　　申请延长竣工日期：
　　　　　2. 证明材料

　　　　　　　　　　　　　　　　　　　　　　　承办单位（章）
　　　　　　　　　　　　　　　　　　　　　　　项目经理
　　　　　　　　　　　　　　　　　　　　　　　日期

表 7-7　工程最终（临时）延期审批表

工程名称：　　　　　　　　　　　　　　　　　　编号：

致：
　　根据施工合同条款_____条的规定，我方对你方提出的工程延期申请（第　　号）要求延长工期_____天的要求，经过审核评估：
　　□最终（暂时）同意延长_____天。使竣工日期（包括已指令延长的工期）从原来的_____年_____月_____日延至_____年_____月_____日。请你方执行。
　　□不同意工程延期，请按约定竣工日期组织施工。
　　说明：

　　　　　　　　　　　　　　　　　　　　　　　项目监理单位
　　　　　　　　　　　　　　　　　　　　　　　总监理工程师
　　　　　　　　　　　　　　　　　　　　　　　日期

(3)工程延期的审批原则。监理工程师应按照下列三项原则处理工程延期：

①监理工程师必须按照建设单位与施工承包单位签订的施工合同条件为依据。只有非施工承包单位原因或责任所造成的工程拖期才能作为工程延期处理。

②影响工程总工期才能视为工程延期事件。无论发生工程延期事件的工程部位是位于关键线路还是非关键线路上，监理工程师应判断影响的时间是否超过工作的总时差，如果没超过总时差，即使是非施工单位原因造成局部工作的延误，仍然不能批准工程延期。

③施工承包单位必须能够提供足够的事实证据证明该事件确实是工程延期事件，且报告影响工期的具体时间。施工承包单位应注意工程记录工作，对延期事件发生后的各类有关细节进行详细记录，并及时向监理工程师提交详情报告。作为监理工程师为了合理处理工程延期问题，也应该及时对施工现场进行详细考察和分析，做好监理记录。

(4)工程延期的控制。工程延期事件是由于建设单位原因或责任所造成的工程拖期，因此如果发生，往往还伴随着费用索赔，给建设单位造成的损失是不言而喻的。因此，监理工程师应尽量做好以下几个方面的工作，从而避免或减少工程延期事件的发生：

①监理工程师在下达工程开工令之前，一定要充分考虑建设单位的前期工作是否已经准备充分，如征地拆迁问题是否已经完成，设计图纸是否已完成，工程款支付方面是否已有妥善安排等开工前需要由建设单位准备的工作，以避免正式开工以后才发现上述问题缺乏准备而造成工程延期事件的发生。

②提醒建设单位履行其施工承包合同中所规定的建设单位职责。在施工过程中，监理工程师应及时提醒建设单位履行合同中的职责，提前做好施工场地的获得和设计图纸的提供工作，

并按时支付工程进度款，以减少或避免由此造成的工程延期。

③严格履行监理的职责，不能因为监理工程师自身的原因造成工程延误。监理工程师在施工进行过程中，要履行多项检查、签证和确认的职责，如果监理工作不及时，就会影响施工单位正常的施工活动，从而造成工程进度的延误。因此，监理工程师工作必须及时、主动，以避免此类延期事件的发生。

④当延期事件发生后，监理工程师必须根据合同及时妥善地处理工程延期事件，既要尽量减少工程延期时间和损失，又要在详细调查研究的基础上合理批准工程延期时间。

6. 工期延误

与工程延期不同，工期延误是指由于施工单位自身的原因造成的工期延长。当工期延误出现时，监理工程师有权要求施工单位采取有效的措施加快施工进度，追赶工期。当工程实际进度没有明显改进，拖后于计划进度，而且明显地将影响工程的按期竣工时间时，监理工程师有权要求施工单位对施工进度计划进行修改，并对修改后的施工进度计划进行重新确认。由工期延误引起的全部额外开支和工期延误造成的损失由施工单位承担。

当出现工期延误而施工单位又未按照监理工程师的指令改变工程拖期状态时，监理工程师可以采用以下措施对施工单位进行制约：

(1)停止付款。当施工单位的施工进度拖后而又不采取积极措施时，监理工程师有权拒绝施工单位的支付申请，采取停止付款的措施制约施工单位。

(2)误期损失赔偿。误期损失赔偿是当施工单位未能按照合同规定的工期完成合同范围内的工作时对其的处罚。如果施工单位未能按合同规定的工期和条件完成整个工程，则应向业主支付投标书附件中规定的金额，作为该项违约的损失赔偿费。

(3)终止对施工单位的雇用。为了保证合同工期，如果施工单位严重违反合同而又不采取补救措施，则业主有权终止对他的雇用。终止对施工单位的雇用是对施工单位违约的严厉制裁，因为施工单位不但会因此被业主驱逐出施工场地，还要承担由此给业主带来的损失。

本章小结

本章简单而准确地阐述了影响建设工程进度的主要因素、建设工程进度控制的主要方法，详细介绍了建设工程设计阶段的进度控制、建设工程施工阶段的进度控制。其中，重点是施工阶段进度的控制，难点是解决监理过程中进度控制出现的问题。通过本章的学习，应使学生明确建设工程监理进度控制的作用。

练习与思考

1. 简述监理工程师对建设工程进度实施控制的目的和意义。
2. 影响进度控制的因素主要有哪些？
3. 监理工程师如何确定进度控制目标？
4. 实际进度与计划进度的比较方法有哪些？它们各自是如何进行比较的？
5. 简述设计阶段进度控制的工作程序。如何确定设计阶段的进度控制目标？
6. 影响施工进度的主要因素有哪些？施工进度的检查方式有哪些？
7. 简述施工阶段监理进度控制的程序。
8. 工程延期与工程延误有什么区别？监理工程师在处理这两种情况时的方式有何不同？

第8章 建设工程合同管理

内容提要

本章主要内容包括合同的种类和特征，合同法律关系的构成，合同担保方式，建设工程施工、设计、设备采购招标，建设工程各阶段的合同管理。

知识目标

1. 了解建设工程合同的种类、特征。
2. 了解合同的担保方式。
3. 掌握建设工程施工招标的程序。
4. 掌握建设工程材料、设备采购招标程序。
5. 掌握建设工程各阶段的合同管理。

能力目标

1. 能理解建设工程合同种类、特征。
2. 能明确建设工程施工招标程序、材料设备采购招标程序、建设工程各阶段的合同管理内容。

8.1 建设工程合同管理概述

8.1.1 建设工程合同管理的目标

1. 发展和完善建筑市场

市场经济与计划经济的最主要区别在于，市场经济主要是依靠合同来规范当事人的交易行为，而计划经济主要是依靠行政手段来规范财产流转关系。

2. 推进建设领域的改革

我国建设领域推行项目法人责任制、招标投标制、工程监理制和合同管理制。在这些制度中，核心是合同管理制度。因为项目法人责任制是要建立能够独立承担民事责任的主体制度，而市场经济中的民事责任主要是基于合同义务的合同责任。

3. 提高工程建设的管理水平

工程建设管理水平的提高体现在工程质量、进度和投资的三大控制目标上，这三大控制目标的水平主要体现在合同中。在合同中规定三大控制目标后，要求合同当事人在工程管理中细化这些内容，在工程建设过程中严格执行这些规定。

4. 避免和克服建筑领域的经济违法和犯罪

建设领域是我国经济犯罪的高发领域。出现这样的情况主要是由于工程建设中的公开、公正、公平做得不够好，加强建设工程合同管理能够有效地做到公开、公正、公平。特别是健全和完善建设工程合同的招标投标制度，将建筑市场的交易行为置于阳光之下，约束权力滥用行为，有效地避免和克服建设领域的违法犯罪行为。加强建设工程合同履行的管理也有助于政府行政管理部门对合同的监督，避免和克服建设领域的经济违法和犯罪。

8.1.2 建设工程合同的种类

1. 按承发包的不同范围和数量分类

从承发包的不同范围和数量进行划分，可以将建设工程合同分为建设工程设计施工总承包合同、工程施工承包合同、施工分包合同。

2. 按完成承包的内容分类

按完成承包的内容进行划分，建设工程合同可以分为建设工程勘察合同、建设工程设计合同和建设工程施工合同三类。

8.1.3 建设工程合同的特征

1. 合同主体的严格性

建设工程合同主体一般是法人。发包人一般是经过批准进行工程项目建设的法人，必须有国家批准建设项目，落实的投资计划，并且应当具备相应的协调能力。承包人则必须具备法人资格，而且应当具备相应的从事勘察设计、施工、监理等资质。

2. 合同标的特殊性

建设工程合同的标的是各类建筑产品。建筑产品是不动产，其基础部分与大地相连，不能移动。这就决定了每个建设工程合同标的都是特殊的，相互之间具有不可替代性。

3. 合同履行期限的长期性

建设工程由于结构复杂、体积大、建筑材料类型多、工程工作量大，使得合同履行期限都较长。建设工程合同的订立和履行一般都需要较长的准备期，在合同的履行过程中，还可能因为不可抗力，如工程变更、材料供应不及时等原因而导致合同期限顺延，所以这些情况决定了建设工程合同的履行期限具有长期性。

4. 计划和程序的严格性

订立建设工程合同必须以国家批准的投资计划为前提，即使是国家投资以外的、以其他方式筹集的投资，也要受到当年的贷款规模和批准限额的限制，纳入当年投资规模的平衡，并经过严格的审批程序。

5. 合同形式的特殊要求

《中华人民共和国合同法》要求建设工程合同应当采用书面形式，即采用要式合同。

8.1.4 招标投标与合同的关系

在工程建设领域，招标投标与合同管理是改革开放初期的两项重要改革。在市场经济建设中，两者是相辅相成的，两者缺一不可。

8.1.5 建设工程合同管理的基本方法

1. 严格执行建设工程合同管理法律法规

应当说，随着《中华人民共和国民法通则》《中华人民共和国合同法》《中华人民共和国招标投标法》《中华人民共和国建筑法》的颁布和实施,建设工程合同管理法律已基本健全。但是,在实践中,这些法律的执行还存在着很大的问题,其中既有勘察、设计、施工单位转包、违法分包和不认真执行工程建设强制性标准、偷工减料、忽视工程质量的问题,也有监理单位监理不到位的问题,还有建设单位不认真履行合同,特别是拖欠工程款的问题。市场经济条件下,要求在建设工程合同管理时要严格依法进行。这样,管理行为才能有效,才能提高建设工程合同管理的水平,才能解决建设领域存在的诸多问题。

2. 普及相关法律知识,培训合同管理人才

在市场经济条件下,工程建设领域的从业人员应当增强合同观念和合同意识,这就要求我们普及相关法律知识,培训合同管理人才。无论是施工合同中的监理工程师,还是建设工程合同的当事人,以及涉及有关合同的各类人员,都应当熟悉合同的相关法律知识,增强合同观念和合同意识,努力做好建设工程合同管理工作。

3. 设立合同管理机构,配备合同管理人员

加强建设工程合同管理,应当设立合同管理机构,配备合同管理人员。一方面,建设工程合同管理工作,应当作为建设行政管理部门的管理内容之一;另一方面,建设工程合同当事人内部也要建立合同管理机构。特别是建设工程合同当事人内部,不但应当建立合同管理机构,还应当配备合同管理人员,建立合同台账、统计、检查和报告制度,提高建设工程合同管理的水平。

4. 建立合同管理目标制度

合同管理目标是指合同管理活动应当达到的预期结果和最终目的。建设工程合同管理需要设立管理目标,并且管理目标可以分解为管理的各个阶段的目标。合同的管理目标应当落到实处。为此,还应当建立建设工程合同管理的评估制度。这样,才能有效地督促合同管理人员提高合同管理的水平。

5. 推行合同示范文本制度

推行合同示范文本制度,一方面,有利于当事人了解、掌握有关法律、法规,使具体实施项目的建设工程合同符合法律法规的要求,避免缺款少项,防止出现显失公平的条款,也有助于当事人熟悉合同的运行;另一方面,有利于行政管理机关对合同的监督,有助于仲裁机构或者人民法院及时裁判纠纷,维护当事人的利益。使用标准化的范本签订合同,对完善建设工程合同管理制度起到了极大的推动作用。

8.2 建设工程合同管理法律基础

8.2.1 合同法律关系

1. 合同法律关系的构成

(1)合同法律关系的概念。法律关系的实质是法律关系主体之间存在的特定权利义务关系。合同法律关系包括合同法律关系主体、合同法律关系客体、合同法律关系内容三个要素。

(2)合同法律关系主体。合同法律关系主体是参加合同法律关系,享有相应权利、承担相应义务的自然人、法人和其他组织,为合同当事人。

①自然人:作为合同法律关系主体的自然人必须具备相应的民事权利能力和民事行为能力。

②法人:法人应当具备的条件有:依法成立;有必要的财产或者经费;有自己的名称、组

织机构和场所；能够独立承担民事责任。

非企业法人包括行政法人、事业法人、社团法人。

(3)合同法律关系客体。合同法律关系客体是指参加合同法律关系的主体享有的权利和承担的义务所共同指向的对象。合同法律关系客体主要包括物、行为、智力成果。

①物：如建筑材料、建筑设备、建筑物等都可能成为合同法律关系客体。货币作为一般等价物也是法律意义上的物，可以作为合同法律关系客体，如借款合同等。

②行为：如勘察设计、施工安装等，这些行为都可以成为法律关系客体。行为也可以表现为提供一定的劳务，如绑扎钢筋、土方开挖、抹灰等。

③智力成果：如专利权、工程设计(已形成的，如图纸)等，都有可能成为合同法律关系客体。

2. 合同法律关系的产生、变更与消灭的条件

能够引起合同法律关系产生、变更和消灭的客观现象和事实，就是法律事实。法律事实包括行为和事件。

(1)行为：行政行为和发生法律效力的法院判决、裁定，以及仲裁机构发生法律效力的裁决等，也是一种法律事实，也能引起法律关系的发生、变更、消灭。

(2)事件：是指不以合同法律关系主体的主观意志为转移而发生的，能够引起合同法律关系产生、变更、消灭的客观现象。这些客观事件的出现与否，是当事人无法预见和控制的。

社会事件是指由于社会上发生了不以个人意志为转移的、难以预料的重大事件所形成的客观事实，如战争、罢工、禁运等。

3. 代理关系

(1)代理的特征。

①代理人必须在代理权限范围内实施代理行为；

②代理人以被代理人的名义实施代理行为；

③代理人在被代理人的授权范围内独立地表现自己的意志；

④被代理人对代理行为承担民事责任。

(2)代理的种类。

①委托代理：在委托代理中，被代理人所作出的授权行为属于单方的法律行为，仅凭被代理人一方的意思表示，即可以发生授权的法律效力。被代理人有权随时撤销其授权委托。

在工程建设中涉及的代理主要是委托代理，如项目经理作为施工企业的代理人、总监理工程师作为监理单位的代理人等，当然，授权行为是由单位的法定代表人代表单位完成的。项目经理、总监理工程师作为施工企业、监理单位的代理人，应当在授权范围内行使代理权，超出授权范围的行为则应当由行为人自己承担。

②法定代理：是指根据法律的直接规定而产生的代理。法定代理主要是为维护无行为能力或限制行为能力人的利益而设立的代理方式。

③指定代理：是根据人民法院和有关单位的指定而产生的代理。

(3)无权代理。无权代理是指行为人没有代理权而以他人名义进行民事、经济活动。无权代理包括以下三种情况：

①没有代理权而为的代理行为；

②超越代理权限而为的代理行为；

③代理权终止后的代理行为。

(4)代理关系的终止。委托代理关系可因下列原因终止：

①代理期间届满或者代理事项完成；

②被代理人取消委托或代理人辞去委托；
③代理人死亡或代理人丧失民事行为能力；
④作为被代理人或者代理人的法人终止。

8.2.2 合同担保

1. 担保的概念

担保是指当事人根据法律规定或者双方约定，为促使债务人履行债务实现债权人权利的法律制度。担保通常由当事人双方订立担保合同。担保合同是被担保合同的从合同，被担保合同是主合同，主合同无效，从合同也无效。但担保合同另有约定的按照约定。

担保活动应当遵循平等、自愿、公平、诚实信用的原则。

担保法是指调整因担保关系而产生的债权债务关系的法律规范总称。

2. 担保方式

《中华人民共和国担保法》规定的担保方式为保证、抵押、质押、留置和定金。

(1) 保证。

①保证的概念和方式。保证是指保证人和债权人约定，当债务人不履行债务时，保证人按照约定履行债务或者承担责任的行为。保证法律关系至少必须有三方参加，即保证人、被保证人(债务人)和债权人。

保证的方式有两种，即一般保证和连带责任保证。在具体合同中，担保方式由当事人约定，如果当事人没有约定或者约定不明确的，则按照连带责任保证承担保证责任。这是对债权人权利的有效保护。

a. 一般保证是指当事人在保证合同中约定，债务人不能履行债务时，由保证人承担责任的保证。一般保证的保证人在主合同纠纷未经审判或者仲裁，并就债务人财产依法强制执行仍不能履行债务前，对债权人可以拒绝承担担保责任。

b. 连带责任保证是指当事人在保证合同中约定保证人与债务人对债务承担连带责任的保证。连带责任保证的债务人在主合同规定的债务履行期届满没有履行债务的，债权人可以要求债务人履行债务，也可以要求保证人在其保证范围内承担保证责任。

②保证人的资格。具有代为清偿能力的法人、其他组织或者公民，可以作为保证人。以下组织不能作为保证人：企业法人的分支机构、职能部门；国家机关；学校、幼儿园、医院等以公益为目的的事业单位、社会团体。

③保证责任。保证合同生效后，保证人就应当在合同规定的保证范围和保证期间承担保证责任。

保证担保的范围包括主债权及利息、违约金、损害赔偿金及实现债权的费用。当事人对保证担保的范围没有约定或者约定不明确的，保证人应当对全部债务承担责任。一般保证的保证人未约定保证期间的，保证期间为主债务履行期届满之日起6个月。

④保证在建设工程中的应用：在工程建设过程中，保证是最为常用的一种担保方式。保证这种担保方式必须由第三人作为保证人，由于对保证人的信誉要求比较高，工程建设中的保证人往往是银行，也可能是信用较高的其他担保人，如担保公司。这种保证应当采用书面形式。

a. 施工投标保证。招标人可以在招标文件中要求投标人提交投标保证金。投标保证金除现金外，可以是银行出具的银行保函、保兑支票、银行汇票或现金支票。投标人应提交规定金额的投标保证金，并作为其投标书的一部分，数额不得超过招标项目估算价的2%。投标保证金有效期应当与投标有效期一致，投标有效期从提交投标文件的截止之日起算。当在书面合同签订后5日内应向中标人和未中标的投标人退还投标保证金及银行同期存款利息。

下列任何情况发生时，投标保证金将被没收：一是投标人在投标函格式中规定的投标有效期内撤回其投标；二是中标人在规定期限内无正当理由未能根据规定签订合同，或根据规定接受对错误的修正；三是中标人根据规定未能提交履约保证金；四是投标人采用不正当的手段骗取中标。

b. 施工合同的履约保证。履约保证的形式有履约担保金（又称履约保证金）、履约银行保函和履约担保书三种。履约担保金可用保兑支票、银行汇票或现金支票，一般情况下，额度为合同价格的10%；履约银行保函是中标人从银行开具的保函，额度是合同价格的10%；履约担保书是由保险公司、信托公司、证券公司、实体公司或社会上担保公司出具担保书，担保额度是合同价格的30%。

若发生下列情况，发包人有权凭履约保证向银行或者担保公司索取保证金作为赔偿：

ⓐ施工过程中，承包人中途毁约，或任意中断工程，或不按规定施工；

ⓑ承包人破产，倒闭。

如果工程拖期，无论何种原因，承包人都应与发包人协商，并通知保证人延长保证有效期，防止发包人借故提款。

(2) 抵押。

①抵押的概念：是指债务人或者第三人向债权人以不转移占有的方式提供一定的财产作为抵押物，用以担保债务履行的担保方式。债务人不履行债务时，债权人有权依照法律规定以抵押物折价或者从变卖抵押物的价款中优先受偿。

②债务人或者第三人提供担保的财产为抵押物。

下列财产可以作为抵押物：建筑物和其他土地附着物；建设用地使用权；以招标、拍卖、公开协商等方式取得的荒地等土地承包经营权；生产设备、原材料、半成品、产品；正在建造的建筑物、船舶、航空器；交通运输工具；法律、行政法规未禁止抵押的其他财产。

下列财产不得抵押：土地所有权；耕地、宅基地、自留地、自留山等集体所有的土地使用权，但法律规定可以抵押的除外；学校、幼儿园、医院等以公益为目的的事业单位、社会团体的教育设施、医疗卫生设施和其他社会公益设施；所有权、使用权不明或者有争议的财产；依法被查封、扣押、监管的财产；依法不得抵押的其他财产。

抵押权自抵押合同生效时设立，未经登记，不得对抗善意第三人。

③抵押权的实现：抵押权人可以与抵押人协议以抵押财产折价或者以拍卖、变卖该抵押财产所得的价款优先受偿。

同一财产向两个以上债权人抵押的，拍卖、变卖抵押财产所得的价款依照下列规定清偿：抵押权已登记的，按照登记的先后顺序清偿；顺序相同的，按照债权比例清偿；抵押权已登记的先于未登记的受偿；抵押权未登记的，按照债权比例清偿。

(3) 质押。

①质押的概念：是指债务人或者第三人将其动产或权利移交债权人占有，用以担保债权履行的担保。

②质押的分类：可以质押的权利包括：汇票、支票、本票；债券、存款单；仓单、提单；可以转让的基金份额、股权；可以转让的注册商标专用权、专利权、著作权等知识产权中的财产权；应收账款。

(4) 留置：是指债权人按照合同约定占有对方（债务人）的财产，当债务人不能按照合同约定期限履行债务时，债权人有权依照法律规定留置该财产并享有处置该财产得到优先受偿的权利。留置权以债权人合法占有对方财产为前提，并且债务人的债务已经到了履行期。比如，在承揽合同中，定作方逾期不领取其定作物的，承揽方有权将该定作物折价、拍卖、变卖，并从中优先受偿。

由于留置是一种比较强烈的担保方式，必须依法行使，不能通过合同约定产生留置权。担保法规定，能够留置的财产仅限于动产，且只有因保管合同、运输合同、承揽合同发生的债权，债权人才有可能实施留置。

(5)定金：是指当事人双方为了保证债务的履行，约定由当事人一方先行支付给对方一定数额的货币作为担保。定金的数额由当事人约定，但不得超过主合同标的额的20%。定金合同要采用书面形式，并在合同中约定交付定金的期限，定金合同从实际交付定金之日生效。债务人履行债务后，定金应当抵作价款或者收回。给付定金的一方不履行约定债务的，无权要求返还定金；收受定金的一方不履行约定债务的，应当双倍返还定金。

8.2.3 工程保险

保险是指投保人根据合同约定，向保险人支付保险费，保险人对于合同约定的可能发生的事故因其发生所造成的财产损失承担赔偿保险金责任，或者当被保险人死亡、伤残、疾病或者达到合同约定的年龄、期限时承担给付保险金责任的商业保险行为。保险是一种受法律保护的分散风险、消化损失的法律制度。保险的目的是分散危险，因此，危险的存在是保险产生的前提。保险制度上的危险是一种损失发生的不确定性，其表现为：发生与否的不确定性；发生时间的不确定性；发生后果的不确定性。

保险合同是指投保人与保险人约定保险权利义务关系的协议。投保人是指与保险人订立保险合同，并按照保险合同负有支付保险费义务的人。保险人是指与投保人订立保险合同，并承担赔偿或者给付保险金责任的保险公司。

保险合同在履行中还会涉及被保险人和受益人的概念。被保险人是指其财产或者人身受保险合同保障，享有保险金请求权的人，投保人可以为被保险人。受益人是指人身保险合同中由被保险人或者投保人指定的享有保险金请求权的人，投保人、被保险人可以为受益人。

保险合同一般是以保险单的形式订立的，可分为财产保险合同、人身保险合同。

工程建设涉及的主要险种如下。

住房和城乡建设部发布的《建设工程施工合同（示范文本）》（GF—2017—0201）规定：

(1)工程保险。除专用合同条款另有约定外，发包人应投保建设工程一切险或安装工程一切险；发包人委托承包人投保的，因投保产生的保险费和其他相关费用由发包人承担。

《建设工程施工合同（示范文本）》

(2)工伤保险。发包人应依照法律规定参加工伤保险，并为在施工现场的全部员工办理工伤保险，缴纳工伤保险费，并要求监理人及由发包人为履行合同聘请的第三方依法参加工伤保险。

承包人应依照法律规定参加工伤保险，并为其履行合同的全部员工办理工伤保险，缴纳工伤保险费，并要求分包人及由承包人为履行合同聘请的第三方依法参加工伤保险。

(3)其他保险。发包人和承包人可以为其施工现场的全部人员办理意外伤害保险并支付保险费，包括其员工及为履行合同聘请的第三方的人员，具体事项由合同当事人在专用合同条款中约定。

除专用合同条款另有约定外，承包人应为其施工设备等办理财产保险。

(4)持续保险。合同当事人应与保险人保持联系，使保险人能够随时了解工程实施中的变动，并确保按保险合同条款要求持续保险。

(5)保险凭证。合同当事人应及时向另一方当事人提交其已投保的各项保险的凭证和保险单复印件。

(6)未按约定投保的补救。发包人未按合同约定办理保险,或未能使保险持续有效的,则承包人可代为办理,所需费用由发包人承担。发包人未按合同约定办理保险,导致未能得到足额赔偿的,由发包人负责补足。

承包人未按合同约定办理保险,或未能使保险持续有效的,则发包人可代为办理,所需费用由承包人承担。承包人未按合同约定办理保险,导致未能得到足额赔偿的,由承包人负责补足。

(7)通知义务。除专用合同条款另有约定外,发包人变更除工伤保险之外的保险合同时,应事先征得承包人同意,并通知监理人;承包人变更除工伤保险之外的保险合同时,应事先征得发包人同意,并通知监理人。

保险事故发生时,投保人应按照保险合同规定的条件和期限及时向保险人报告。发包人和承包人应当在知道保险事故发生后及时通知对方。

8.3 建设工程施工招标

8.3.1 建设工程施工招标概述

1. 标准施工招标文件概述

(1)标准施工招标文件使用的强制性。

①行业标准施工招标文件和试点项目招标人编制的施工招标资格预审文件、施工招标文件,应不加修改地引用《标准施工招标资格预审文件》中的"申请人须知""资格审查办法",以及《标准施工招标文件》中的"投标人须知""评标办法""通用合同条款"。此两文件中的其他内容,供招标人参考。

②行业标准施工招标文件中的"专用合同条款"可对《标准施工招标文件》中的"通用合同条款"进行补充、细化,除"通用合同条款"明确"专用合同条款"可作出不同约定外,补充和细化的内容不得与"通用合同条款"强制性规定相抵触,否则抵触内容无效。

③"投标人须知前附表"不得与"投标人须知"正文内容相抵触,否则抵触内容无效。

④没有列明的因素和标准不得作为评标的依据。

(2)标准施工招标文件的主要内容。

①招标文件的组成。

a. 招标公告或投标邀请书;

b. 投标人须知;

c. 评标办法;

d. 合同条款及格式;

e. 工程量清单;

f. 图纸;

g. 技术标准及要求;

h. 投标文件格式。

②招标公告或投标邀请书发布的内容。

a. 招标条件;

  b. 项目概况与招标范围；
  c. 投标人资格要求；
  d. 招标文件的获取；
  e. 投标文件的递交；
  f. 发布公告的媒介；
  g. 联系方式。
  ③投标人须知是对所有招标项目的通用性规定，前附表则是针对本次招标项目在投标人须知对应款项中需要明确规定或说明的具体要求予以明确。投标人须知的内容主要涉及以下三个方面：
  a. 招标项目概况介绍和要求；
  b. 招标程序；
  c. 对投标人的要求。

2. 简明标准施工招标文件和标准设计施工总承包招标文件

（1）适用范围。简明标准施工招标文件适用于工期不超过12个月、技术相对简单且设计和施工不是由同一承包人承担的小型项目。

标准设计施工总承包招标文件适用于设计—施工一体化的总承包项目。

（2）标准设计施工总承包招标文件的主要内容。标准设计施工总承包招标文件共七章，标题分别为：招标公告（或投标邀请书）；投标人须知；评标办法；合同条款及格式；发包人要求；发包人提供的资料；投标文件格式。

（3）资格预审与资格后审：公开招标对投标人的资格审查通常采用资格预审的方式，可以通过筛选减小评标的工作量和招标评审费用。

招标人采用邀请招标时，由于对邀请对象的基本情况和能力有一定的了解，一般采用资格后审。如果公开招标前预计可能响应投标的人数较少，为了保证投标的竞争性和参与投标的人数在3家以上，也可以采用资格后审。

8.3.2 施工招标程序

1. 施工招标概述

招标工作程序包括：确定招标方式；向建设主管部门申请招标；发布招标公告（或投标邀请书）；编制发放资格预审文件；确定合格投标申请人；发售招标文件；组织现场踏勘；召开投标预备会；接受投标文件；开标；评标；编写投标情况报告及备案；发中标通知书；与中标人签订施工合同。

2. 招标准备阶段的工作

（1）划分标段。如按照施工的顺序，先进行土建招标，再进行设备安装招标；特殊专业技术施工可以单独划分一个独立的合同包；对单位工程较多的项目，可以采用平行发包。

通常情况下，划分合同包的工作范围时，主要应考虑以下因素的影响：

①施工内容的专业要求。

②施工现场条件。

③对工程总投资影响。只发一个合同包，便于承包人的施工，人工、施工机械和临时设施可以统一使用；划分合同数量较多时，各投标书的报价中均要分别考虑动员准备费、施工机械闲置费、施工干扰的风险费等。但大型复杂项目的工程总承包，由于有能力参与竞争的投标人较少，而且报价中往往计入分包管理费，会导致中标的合同价较高。

④其他因素影响。

(2)确定招标方式。有下列情形之一的,可以邀请招标:
①技术复杂、有特殊要求或者受自然环境限制,只有少量潜在投标人可供选择。
②采用公开招标方式的费用占项目合同金额的比例过大。两阶段招标,即"对技术复杂或者无法精确拟定技术规格的项目,招标人可以分两阶段进行招标"。两阶段招标可以采用公开招标,也可以采用邀请招标。通过两阶段招标首先寻求实施方案,然后在第二阶段中邀请被选中方案的投标者进行报价竞争。
第一阶段招标,技术标内不允许附带报价,否则视为废标。
(3)选择招标代理机构。发包人拥有与招标项目规模和复杂程度相适应的技术、经济等方面的专业人员,具有编制招标文件和组织评标能力时,可以自行组织招标。若不具备相应能力,应委托招标代理机构负责招标工作的有关事宜。
(4)编制招标的有关文件。
①招标文件。主要内容包括:招标范围;计划工期;质量要求;是否接受联合体投标;踏勘现场的时间、地点;投标预备会的时间、地点;投标人提出问题的截止时间和招标人书面澄清的时间;对分包的规定;构成投标文件的其他材料;投标截止日期;投标有效期;投标保证金;是否允许递交备选投标方案;开标时间和地点;开标程序;评标委员会的组建;履约担保等。
②标底说明文件。招标人可以自行决定是否编制标底,一个招标项目只能有一个标底。若招标项目设有标底,应当在开标时公布。标底只能作为评标的参考,不得以投标报价是否接近标底作为中标条件,也不得以投标报价超过标底上下浮动的某一范围作为否决投标的条件。招标人设有最高投标限价时,应当在招标文件中明确最高投标限价或者最高投标限价的计算方法,但不得规定最低投标限价。
③投标人编制投标文件的依据。
a. 工程量清单。应包括工程量清单说明、投标报价说明和工程量清单表三部分内容。
b. 施工组织设计导则。

3. 接受投标书阶段的工作

(1)发出招标信息。招标人采用邀请招标时,已确定了一定数量的投标人参与投标竞争,因此不必公开发布招标信息,只向邀请对象发出投标邀请书即可。
(2)招标文件的澄清与修改。
①招标文件的澄清:投标人研究招标文件和现场踏勘后,在投标人须知前附表规定的时间内,以书面形式提交招标人,要求予以澄清。对于不召开投标预备会,或投标预备会后投标人提出的问题,招标人也应以书面形式予以解答,并发送给每一位投标人,但不应涉及问题的来源。如果澄清文件发出的时间距投标截止日期不足15天,须相应延长投标截止日期。
②招标文件的补充或修改:如果招标人发现招标文件中的错误,或要对招标文件中的部分内容进行修改,应在投标截止时间15天前,以书面形式修改招标文件,并通知所有已购买招标文件的投标人。如果修改招标文件的时间距投标截止时间不足15天,相应延长投标截止时间。
如果与发售的招标文件出现矛盾或歧义,以时间靠后的文件为准。
(3)对投标人的要求。
①投标文件的组成,投标文件应包括以下内容:
a. 投标函及投标函附录;
b. 法定代表人身份证明或附有法定代表人身份证明的授权委托书;
c. 联合体协议书;
d. 投标保证金;
e. 已标价工程量清单;

f. 施工组织设计；
g. 项目管理机构；
h. 拟分包项目情况表；
i. 资格审查资料；
j. 投标人须知前附表规定的其他材料。

②投标有效期：从投标截止日期开始起算。投标人在有效期内不得要求撤销或修改其投标文件，否则将没收投标保证金。

③投标保证金：联合体投标的，其投标保证金由牵头人递交。

采用投标保函时，金融机构出具的担保应为无条件、不可撤销的担保。

招标人与中标人签订合同后5个工作日内，应向未中标的投标人退还投标保证金，中标人以履约保函换回投标保函。

4. 评标、决标阶段的工作

招标投标法实施条例规定，投标人少于3个时不得开标，招标人应当重新招标。

(1)招标程序。招标人应当按照招标文件规定的时间、地点开标。主持人按以下程序进行：
①宣布开标纪律；
②公布在投标截止时间前递交投标文件的投标人名称；
③宣布开标人、唱标人、记录人、监标人等有关人员姓名；
④按照投标人须知前附表规定检查投标文件的密封情况；
⑤按照投标人须知前附表的规定确定并宣布投标文件开标顺序；
⑥设有标底的，公布标底；
⑦按照宣布的开标顺序当众开标；
⑧投标人代表、招标人代表、监标人、记录人等有关人员在开标记录上签字确认。

(2)评标委员会。评标委员会的组成：评标委员会成员一般应于开标前确定，成员名单应当保密。评标委员会由招标人或其委托的招标代理机构熟悉相关业务的代表，以及有关技术、经济等方面的专家组成，成员人数为五人以上单数，其中技术、经济等方面的专家不得少于成员总数的2/3。

(3)评标。评审中对投标书存在的响应性细微偏差或不确定性问题，以书面形式通知该投标人。投标人书面回答的澄清、说明不得超出投标文件的范围或者改变投标文件的实质性内容。推荐的中标候选人名单不超过3家，并标明排序，以便招标人选择中标人。

(4)中标。确定中标人：如果招标人授权评标委员会确定中标人，评标委员会可将排序第一的投标人定为中标人，提交发包人请其与中标人签订施工合同。

招标人依据评标报告的推荐投标人名单排序第一的候选中标人进行签约前的谈判，招标人不得就投标价格、投标方案、质量、履行期限等实质性内容进行谈判。

排名第一的中标候选人放弃中标、因不可抗力不能履行合同、不按照招标文件要求提交履约保证金，或者被查实存在影响中标结果的违法行为等情形，不符合中标条件的，招标人可以按照评标委员会提出的中标候选人名单排序依次确定其他中标候选人为中标人，也可以重新招标。

(5)重新招标和不再招标。
①重新招标。招标过程中出现下列情形之一时，招标人应当重新招标：
a. 投标截止时间止，投标人少于3家；
b. 经评标委员会评审后否决所有投标。
②不再招标。重新投标后，投标人仍少于3家或所有投标人又全部被否决，属于必须审批或核准的工程建设项目，经原审批或核准部门批准后不再进行招标，采用直接发包的形式。

8.3.3 投标人的资格审查

1. 申请人须知

(1)招标项目情况介绍。
①招标人和招标代理机构;
②项目名称和建设地点;
③项目的资金来源和落实情况;
④招标范围、计划工期和质量要求。
(2)申请文件递交的说明。
①招标人应当合理确定提交资格预审申请文件的时间,自资格预审文件停止发售之日起不得少于5日;
②申请人所递交的资格预审申请文件不予退还;
③逾期送达或者未送达指定地点的资格预审申请文件,招标人不予受理。

2. 对资格预审文件审查的说明

在申请人前附表内应说明资质条件、财务要求、业绩要求、信誉要求、项目经理资格和其他要求的具体规定。
(1)初步审查。初步审查是检查申请人提交的资格预审文件是否满足申请人须知的要求。其内容包括以下几项:
①提供资料的有效性:法定代表人授权委托书必须由法定代表人签署;
②提供资料的完整性。
(2)详细审查。主要审查内容包括以下几项:
①资质条件;
②财务状况;
③类似项目的业绩;
④信誉;
⑤项目经理资格;
⑥承接本招标项目的实施能力。
招标人和审查委员会不接受申请人主动提出的澄清或说明。

3. 资格预审办法

应淘汰的申请人如下:
(1)不满足规定的审查标准;
(2)不按审查委员会要求澄清或说明;
(3)在资格预审过程中有违法违规行为。

8.3.4 施工评标办法

1. 评标方法

最低评标价法适用于没有特殊专业施工技术要求,采用通用技术即可保证质量完成的招标工程项目。
综合评估法则适用于大型复杂工程,有特殊专业施工技术和经验要求的评标。

2. 经评审的最低投标价法

(1)有下列情形之一的,视为投标人相互串通投标:

①不同投标人的投标文件由同一单位或者个人编制;
②不同投标人委托同一单位或者个人办理投标事宜;
③不同投标人的投标文件载明的项目管理成员为同一人;
④不同投标人的投标文件异常一致或者投标报价呈规律性差异;
⑤不同投标人的投标文件相互混装;
⑥不同投标人的投标保证金从同一单位或者个人的账户转出。

(2)初步评审的内容。初步评审可分为形式评审、资格评审、响应性评审、施工组织设计和项目管理机构评审四个方面。

(3)详细评审。首先审查是否有单价漏项、报价的算术计算错误、付款调价要求等。

3. 综合评估法

(1)初步评审。初步评审分为形式评审、资格评审(适用于资格后审)和响应性评审。

报价的计算错误:投标文件中的大写金额与小写金额不一致的,以大写金额为准;总价金额与依据单价计算出的结果不一致的,以单价金额为准,修正总价。

(2)详细评审。

①评审内容:包括施工组织设计、项目管理机构、投标报价和其他因素四个方面。施工组织设计评审重点包括:内容完整性和编制水平;施工方案和技术措施的合理性;质量管理体系的可靠性和针对性;环境保护管理体系与措施的完整性和有效性;工程进度计划与措施的科学性和合理性;资源配备计划的合理性。

②投标报价。

$$偏差率=(投标人报价-评标基准价)/评标基准价 \times 100\%$$

目前采用较多的方式有以下两种:

a. 全部有效报价取平均值或平均值下浮某一预定的百分比;

b. 全部有效报价中去掉最高和最低报价后,取平均值或平均值下浮某一预定的百分比。

③分值构成。综合评估法采用打分的方式进行评估,总分为100分,4个方面的分值分配应预先确定并在投标人须知前附表中说明。例如,施工组织设计25分;项目管理机构10分;投标报价60分;其他评分因素5分。

④评标结果:每个投标书四个方面的累计得分为最后评估分,按得分从高向低排序,得分最高的投标书最优。

8.4 建设工程设计招标和设备材料采购招标

8.4.1 工程设计招标

1. 工程设计招标概述

(1)工程设计的含义和阶段划分。建设工程设计一般分为初步设计阶段和施工图设计阶段两个阶段。

(2)工程设计招标的发包范围。对技术复杂而又缺乏经验的项目,如被称为鸟巢的国家体育场,在必要时还要增加技术设计阶段。为了保证设计指导思想连续贯穿于设计的各个阶段,一般多采用技术设计招标或施工图设计招标,不单独进行初步设计招标,而是由中标的设计单位承担初步设计任务。招标人应依据工程项目的具体特点决定发包的工作范围,可以采用设计全过程总发包的一次性招标，也可以选择分单项或分专业的设计任务发包招标。另外，招标人可以依据工程建设项目的不同特点，实行勘察设计一次性总体招标。

（3）工程设计招标程序。鉴于设计任务本身的特点，设计招标通常采用设计方案竞选的方式招标。设计招标与其他招标在程序上的主要区别有以下几个方面：

①招标文件的内容不同：设计招标文件中仅提出设计依据、工程项目应达到的技术指标、项目限定的工作范围、项目所在地的基本资料、要求完成的时间等内容，而无具体的工作量。

②对投标书的编制要求不同：投标人的投标报价不是按规定的工程量清单填报报价后计算出总价，而是首先提出设计构思和初步方案，并论述该方案的优点和实施计划，在此基础上进一步提出报价。

③开标形式不同：开标时不是由招标单位的主持人宣读投标书并按报价高低排定标价次序，而是由各投标人自己说明投标方案的基本构思和意图，以及其他实质性内容，而且不按报价高低排定次序。

④评标原则不同：评标时不过分追求投标价的高低，评标委员更多关注于所提供方案的技术先进性、所达到的技术指标、方案的合理性，以及对工程项目投资效应的影响等方面的因素，以此作出一个综合判断。

2. 工程设计招标管理

（1）必须实行公开招标的项目：

①对于单项合同估算价在 50 万元人民币以上的设计服务的采购；

②全部使用国有资金投资或者国有资金投资占控股或者主导地位的工程建设项目设计服务招标；

③国务院发展和改革部门确定的国家重点项目和省、自治区、直辖市人民政府确定的地方重点项目。

下列情况下可以进行邀请招标：

①技术复杂、有特殊要求或者受自然环境限制，只有少量潜在投标人可供选择；

②采用公开招标方式的费用占项目合同金额的比例过大。

（2）对投标人的资格审查。

①资质审查：工程设计资质可分为工程设计综合资质、工程设计行业资质、工程设计专业资质和工程设计专项资质四类。其中，工程设计综合资质只设甲级；工程设计行业资质、工程设计专业资质、工程设计专项资质设甲级、乙级。

②能力和经验审查：人员的技术力量主要考查设计负责人的资格和能力，以及各类设计人员的专业覆盖面、人员数量和各级职称人员的比例等是否满足完成工程设计的需要。

（3）设计招标文件的编制。设计招标文件应当包括下列内容（无清单、图纸）：

①投标须知；

②投标文件格式及主要合同条款；

③项目说明书，包括资金来源情况；

④设计范围，对设计进度、阶段和深度要求；

⑤设计依据的基础资料；

⑥设计费用支付方式，对未中标人是否给予补偿及补偿标准；

⑦投标报价要求；

⑧对投标人资格审查的标准；

⑨评标标准和方法；

⑩投标有效期。

(4)设计要求文件的主要内容。招标文件大致包括以下内容：
①设计文件编制依据；
②国家有关行政主管部门对规划方面的要求；
③技术经济指标要求；
④平面布局要求；
⑤结构形式方面的要求；
⑥结构设计方面的要求；
⑦设备设计方面的要求；
⑧特殊工程方面的要求；
⑨其他有关方面的要求，如环保、消防、人防等。

3. 建筑工程设计投标管理

评标标准：工程设计投标的评比一般可分为技术标和商务标两部分。通常，如果招标人不接受投标人技术标方案的投标书，即被淘汰，不再进行商务标的评审。虽然投标书的设计方案各异，需要评审的内容很多，但大致可以归纳为以下五个方面：

(1)设计方案的优劣。设计方案评审内容主要包括：设计指导思想是否正确；设计产品方案是否反映了国内外同类工程项目较先进的水平；总体布置的合理性，场地利用系数是否合理；工艺流程是否先进；设备选型的适用性；主要建筑物、构筑物的结构是否合理，造型是否美观大方并与周围环境相协调；"三废"治理方案是否有效；以及其他有关问题。

(2)投入、产出经济效益比较。主要涉及：建筑标准是否合理；投资估算是否超过限制；先进的工艺流程可能带来的投资回报；实现该方案可能需要的外汇估算等。

(3)设计进度快慢。

(4)设计资历和社会信誉。

(5)报价的合理性。

8.4.2 设备材料采购招标

1. 材料和通用型设备采购招标文件主要内容

(1)采购招标条件。材料、通用型设备采购招标，应当具备下列条件后方可进行：
①项目法人已经依法成立；
②按照国家有关规定应当履行项目审批、核准或者备案手续的，已经审批、核准或者备案；
③有相应资金或者资金来源已经落实；
④能够提出货物的使用与技术要求。

(2)划分合同包装的基本原则，划分采购包的原则是：有利于吸引较多的投标人参加竞争以达到减低货物价格，保证供货时间和质量的目的。主要考虑的因素包括以下几项：
①有利于投标竞争；
②工程进度与供货时间的关系；
③市场供应情况；
④资金计划。

(3)通用型设备采购招标资格审查。通常情况下，对投标人资格的具体要求主要有以下几个方面：
①具有独立订立合同的能力；
②在专业技术、设备设施、人员组织、业绩经验等方面具有设计、制造、质量控制、经营

管理的相应资格和能力；

③具有完善的质量保证体系；

④业绩良好；

⑤有良好的银行信用和商业信誉等。

(4)评标价法。

①最低投标价法：仅以报价和运费作为比较要素，选择总价格最低者中标。

②综合评标法：以投标价为基础，将评审各要素按预定方法换算成相应价格值，增加或减少到报价上形成评标价。

除投标价外，还需考虑的因素通常包括：运输费用；交货期；付款条件；零配件和售后服务；设备性能、生产能力。

③以设备寿命周期成本为基础的评标价法：采购生产线、成套设备、车辆等运行期内各种费用较高的货物，评标时可预先确定一个统一的设备评审寿命期(短于实际寿命期)。

2. 大型工程设备的采购招标

(1)大型工程设备采购招标概述。设备采购招标的特点：采购标的属于加工承揽；对招标设备的技术要求允许投标人有一定的偏差；投标人可以是生产厂家或贸易公司；采购标的包括设备和伴随服务。

如果招标文件未作另行规定，伴随服务的费用包括在投标报价内。伴随服务的内容一般包括以下几项：

①实施所供货物的现场组装和试运行；

②提供货物组装和维修所需的专用工具；

③为所供货物的每一适当的单台设备提供详细的操作和维护；

④在双方商定的一定期限(保修期)内对所供货物实施运行或监督或维护或修理，但前提条件是该服务并不能免除卖方在合同保证期内所承担的义务；

⑤在卖方厂家或在项目现场就所供货物进行组装、试运行、运行、维护或修理；

⑥对买方的运行、管理和维修人员进行培训。

(2)评标量化比较的方法。机电设备评标通常采用评标价法进行，对于合格标书的量化比较，评标价最低者最好。

①招标文件：投标人须知；合同条款；合同格式；附件；投标邀请；投标资料表；合同条款资料表；货物需求一览表及技术规格。

②初步评审。下列情况属于没有实质性响应招标文件：

a. 未提交投标保证金或金额不足、保函有效期不足、投标保证金形式或投标保函出证银行不符合招标文件要求；

b. 超出经营范围投标；

c. 资格证明文件不全；

d. 投标文件无法人代表签字，或签字的无法人代表有效委托书；

e. 业绩不满足招标文件要求；

f. 投标保函的有效期不足；

g. 不满足技术规格书中的主要参数和超出偏差范围。

③详细评审。施工现场交货：国内招标通常在招标文件中规定由供货方负责将货物运至施工现场，则投标人的报价内除设备的制造费用外，还包括了运输、保险等费用。

国内供货商报出厂价：国际招标时，通常要求国内投标人报设备出厂价，考虑招标人在设备到达施工现场所需花费的全部费用，需在报价基础上增加运输费、保险费和其他可能发生的费用。

国外供货商的报价：招标文件如果要求国外投标人报价为到岸价（CIF 价），还应加上运至施工现场可能发生的全部费用，如关税、内陆运输费等。

④付款条件的偏差：投标人应按照招标文件内合同条款所列的付款条件报价，评标时以此报价为基础。

⑤零部件、备品备件。已计入投标报价：按照招标文件的报价说明，此项费用已包含在报价内，评标价不再进行调整。

招标文件要求此项费用单独报价，评标价处理的方式为：按投标人在"投标资料表"中规定周期内必需的备品备件的名称、数量、技术规格清单和所报单价来计算其总价，并计入评标价中；招标人开列经常使用的零部件和备件清单，依据投标人在"投标资料表"中所规定的运行周期需要的数量、单价计算其总价，计入评标价中。

⑥售后服务费用：计算招标人建立最起码的维修服务设施和零部件库房所需的费用，如果是单独报价，评标时应计入评标价。

⑦使用期内的运营费和维护费。依据招标文件中的要求，高于标准值的，不考虑降低评标价；低于标准性能或效率的，每低一个百分点，投标价将增加"投标资料表"中规定的调整金额。若所提供的货物与规定的要求有偏离，调整其评标价格。

(3)评标价的计算结果。针对每位投标人，评标价由低到高排列顺序，最低评标价的投标书最优。

中标人不一定是报价最低者，体现了考虑交货、安装指导、运行、维护等设备全寿命期招标人花费的费用最小原则。

8.5 建设工程勘察、设计合同管理

8.5.1 建设工程勘察、设计合同概述

(1)《建设工程勘察合同(示范文本)》(GF—2016—0203)。此示范文本适用于为设计提供勘察工作的委托任务，合同条款的主要内容包括：工程概况；发包人应提供的资料；勘察成果的提交；勘察费用的支付；发包人、勘察人责任；违约责任；未尽事宜的约定；其他约定事项；合同争议的解决；合同生效。《建设工程勘察合同(示范文本)》(GF—2016—0204)的委托工作内容仅涉及岩土工程。

(2)《建设工程设计合同(示范文本)》(GF—2015—0209)。此示范文本适用于民用建设工程设计的合同，主要条款包括：订立合同的依据文件；委托设计任务的范围和内容；发包人应提供的有关资料和文件；设计人应交付的资料和文件；设计费的支付；双方责任；违约责任；其他。

《建设工程设计合同(示范文本)》(GF—2015—0210)适用于委托专业工程的设计。除上述设计合同应包括的条款内容外，还增加有：设计依据；合同文件的组成和优先次序；项目的投资要求、设计阶段和设计内容；保密等方面的条款。

8.5.2 建设工程勘察、设计合同的订立

1. 建设工程勘察的内容和合同当事人

(1)建设工程勘察合同委托的工作内容如下：

①工程测量;
②水文地质勘察;
③工程地质勘察。
(2)建设工程勘察合同当事人。建设工程勘察合同当事人包括发包人和勘察人。勘察人必须具备以下条件:
①依据我国法律规定,作为承包人的勘察单位必须具备法人资格;
②建设工程勘察合同的承包方须持有工商行政管理部门核发的企业法人营业执照;
③建设工程勘察合同的承包方必须持有住房城乡建设主管部门颁发的工程勘察资质证书、工程勘察收费资格证书,而且应当在其资质等级许可的范围内承揽建设工程勘察、设计业务。
工程勘察资质可分为工程勘察综合资质、工程勘察专业资质、工程勘察劳务资质。
(3)订立勘察合同时应约定的内容。
①发包人应向勘察人提供的文件资料,并对其准确性、可靠性负责,通常包括:本工程的批准文件(复印件),以及用地(附红线范围)、施工、勘察许可等批件(复印件);工程勘察任务委托书、技术要求和工作范围的地形图、建筑总平面布置图;勘察工作范围已有的技术资料及工程所需的坐标与标高资料;勘察工作范围地下已有埋藏物的资料(如电力、电信电缆、各种管道、人防设施、洞室等)及具体位置分布图;其他必要相关资料。
②发包人应为勘察人提供现场的工作条件,可能包括:落实土地征用、青苗树木赔偿;拆除地上地下障碍物;处理施工扰民及影响施工正常进行的有关问题;平整施工现场;修好通行道路、接通电源水源、挖好排水沟渠以及水上作业用船等。
③合同争议的最终解决方式:明确约定解决合同争议的最终方式是采用仲裁或诉讼。

2. 建设工程设计合同的内容和合同当事人

(1)按我国现行规定,一般建设项目按初步设计和施工图设计两个阶段进行,对于技术复杂而又缺乏经验的项目,可以增加技术设计阶段。对一些大型联合企业、矿区和水利枢纽,为解决总体部署和开发问题,还需进行总体规划设计或方案设计。

(2)建设工程设计合同当事人包括发包人和设计人。发包人通常也是工程建设项目地业主(建设单位)或者项目管理部门(如工程总承包单位);承包人则是设计人,设计人须为具有相应设计资质的企业法人。工程设计资质可分为工程设计综合资质、工程设计行业资质、工程设计专业资质和工程设计专项资质。工程设计综合资质只设甲级;工程设计行业资质、工程设计专业资质、工程设计专项资质设甲、乙级。根据工程性质和技术特点,个别行业、专业、专项资质可设丙级,建筑工程专业资质可设丁级。

3. 建设工程勘察、设计合同的发包方式

下列建设工程的勘察、设计,经有关部门批准,可以直接发包:
(1)采用特定的专利或者专有技术的;
(2)建筑艺术造型有特殊要求的;
(3)国务院规定的其他建设工程的勘察、设计。

4. 订立设计合同时应约定的内容

发包人应向设计人提供的有关资料和文件。
(1)设计依据文件和资料:
①经批准的项目可行性研究报告或项目建议书;
②城市规划许可文件;
③工程勘察资料等。

(2)项目设计要求:
①限额设计的要求。
②设计依据的标准。
③建筑物的设计合理使用年限要求。
④设计深度要求。设计标准可以高于国家规范的强制性规定,发包人不得要求设计人违反国家有关标准进行设计。方案设计文件应当满足编制初步设计文件和控制概算的需要;初步设计文件应当满足编制施工招标文件、主要设备材料订货和编制施工图设计文件的需要;施工图设计文件,应当满足设备材料采购、非标准设备制作和施工的需要,并注明建设工程合理使用年限。
⑤设计人配合施工工作的要求,包括向发包人和施工承包人进行设计交底;处理有关设计问题;参加重要隐蔽工程部位验收和竣工验收等事项。
⑥法律、法规规定应满足的其他条件。
(3)工作开始和终止时间。合同内约定设计工作开始和终止的时间,作为设计期限。
(4)设计费用的支付。
(5)发包人应为设计人提供现场的服务。
(6)设计人应交付的设计资料和文件。
(7)违约责任。
(8)合同争议的最终解决方式。

8.5.3 建设工程勘察、设计合同履行管理

(1)勘察合同双方的职责。
①勘察人的责任。由于勘察人提供的勘察成果资料质量不合格,勘察人应负责无偿给予补充完善使其达到质量合格。若勘察人无力补充完善,需另行委托其他单位时,勘察人应承担全部勘察费用。因勘察质量造成重大经济损失或工程事故时,勘察人除应负法律责任和免收直接受损失部分的勘察费外,并根据损失程度向发包人支付赔偿金。赔偿金由发包人、勘察人在合同内约定实际损失的某一百分比。

在勘察过程中,向发包人提出增减工作量或修改勘察工作的意见,并办理正式变更手续。
②勘察合同的工期。勘察人应在合同约定的时间内提交勘察成果资料,勘察工作有效期限以发包人下达的开工通知书或合同规定的时间为准。出现下列情况时,可以相应延长合同工期:变更;工作量变化;不可抗力影响;非勘察人原因造成的停、窝工等。
③勘察费用的支付。在合同履行中,应当按照下列要求支付勘察费用:
a. 合同生效后3天内,发包人应向勘察人支付预算勘察费的20%作为定金;
b. 勘察工作外业结束后,发包人向勘察人支付约定勘察费的某一百分比;
c. 提交勘察成果资料后10天内,发包人应一次付清全部工程费用。
④发包人的违约责任。合同履行期间,由于工程停建而终止合同或发包人要求解除合同时,勘察人未进行勘察工作的,不退还发包人已付定金;已进行勘察工作的,完成的工作量在50%以内时,发包人应向勘察人支付预算额50%的勘察费;完成的工作量超过50%时,则应向勘察人支付预算额100%的勘察费。

发包人未按合同规定时间(日期)拨付勘察费,每超过1日,应偿付未支付勘察费的1‰逾期违约金。
⑤勘察人的违约责任。由于勘察人原因未按合同规定时间(日期)提交勘察成果资料,每超过1日,应减收勘察费1‰。勘察人不履行合同时,应双倍返还定金。

(2)设计合同履行管理。按时提供设计依据文件和基础资料,一般来说,各个设计阶段需发包人提供的资料和文件有以下几种:

①方案设计阶段:

a. 规划部门的规划要点、规划设计条件、选址意见书,确认建设项目的性质、规模、布局是否符合批准的修建性详细规划的要求,确定建设用地及代征城市公共用地范围和面积等;

b. 场地规划红线图,确定规划批准的建筑物占地范围;

c. 场地地形坐标图,确定建筑场地的地形坐标;

d. 设计任务书,提出设计条件、设计依据和设计总体要求。

②初步设计阶段:除方案设计阶段应提供的资料和文件外,还需发包人提供以下资料:

a. 已批准的方案设计资料;

b. 场地工程勘察报告;

c. 有关水、电、气、燃料等能源供应情况的资料;

d. 有关公用设施和交通运输条件的资料;

e. 有关使用要求或生产工艺等资料;

f. 如工程设计项目属于技术改造或者扩建项目时,发包人还应提供企业生产现状的资料、原设计资料和对现状的检测资料。

③施工图设计阶段:除初步设计阶段应提供的资料和文件外,还需发包人提供以下资料:

a. 已批准的初步设计资料;

b. 场地工程勘察报告(详勘)。

(3)设计合同发包人的责任:

①提供必要的现场开展工作条件。

②外部协调工作:设计的阶段成果(初步设计、技术设计、施工图设计)完成后,应由发包人组织鉴定和验收,并负责向发包人的上级或有管理资质的设计审批部门完成报批手续。

③其他相关工作:发包人委托设计配合引进项目的设计任务,从询价、对外谈判、国内外技术考察直至建成投产的各个阶段,应吸收承担有关设计任务的设计人参加。出国费用,除制装费外,其他费用由发包人支付。

④保护设计人的知识产权。

⑤遵循合理设计周期的规律。

(4)设计合同设计人的责任:

①保证设计质量;

②各设计阶段的工作任务。

a. 初步设计:

ⓐ总体设计(大型工程)。

ⓑ方案设计。主要包括:建筑设计、工艺设计、进行方案比选等工作。

ⓒ编制初步设计文件。

b. 技术设计:

ⓐ提出技术设计计划;

ⓑ编制技术设计文件;

ⓒ参加初步审查,并做必要修正。

c. 施工图设计:

ⓐ建筑设计;

ⓑ结构设计;

ⓒ设备设计；
ⓓ专业设计的协调；
ⓔ编制施工图设计文件。
③配合施工的义务：
a. 设计交底；
b. 解决施工中出现的设计问题；
c. 工程验收。
(5)设计费的支付。
①定金的支付：发包人应在合同生效后3天内，支付设计费总额的20%作为定金。
②支付管理原则：设计人提交最后一部分施工图的同时，发包人应结清全部设计费，不留尾款。
③按设计阶段支付费用的百分比。
a. 合同生效3天内，发包人支付设计费总额的20%作为定金。此笔费用支付后，设计人可以自主使用。
b. 设计人提交初步设计文件后3天内，发包人应支付设计费总额的30%。
c. 施工图阶段，当设计人按合同约定提交阶段性设计成果后，发包人应依据约定的支付条件、所完成的施工图工作量比例和时间，分期分批向设计人支付剩余总设计费的50%。施工图完成后，发包人结清设计费，不留尾款。
④设计工作内容的变更。
a. 设计人的工作：设计人交付设计资料及文件后，按规定参加有关的设计审查，并根据审查结论负责对不超出原定范围的内容做必要调整补充。
b. 委托任务范围内的设计变更：如果发包人根据工程的实际需要确需修改建设工程勘察、设计文件时，应当首先报经原审批机关批准，然后由原建设工程勘察、设计单位修改。经过修改的设计文件仍需按设计管理程序经有关部门审批后使用。
c. 委托其他设计单位完成的变更：在此情况下，发包人经原建设工程设计人书面同意后，也可以委托其他具有相应资质的建设工程勘察、设计单位修改。修改单位对修改的勘察、设计文件承担相应责任，设计人不再对修改的部分负责。
d. 发包人原因的重大设计变更：发包人应按设计人所耗工作量向设计人增付设计费。
(6)发包人的违约责任。
①发包人延误支付。发包人应按合同规定的金额和时间向设计人支付设计费，每逾期支付1天，应承担支付金额2‰的逾期违约金，而且设计人提交设计文件的时间顺延。逾期超过30天以上时，设计人有权暂停履行下一阶段工作，并书面通知发包人。
②发包人原因要求解除合同：在合同履行期间，发包人要求终止或解除合同，设计人未开始设计工作的，不退还发包人已付的定金；已开始设计工作的，发包人应根据设计人已进行的实际工作量，不足一半时，按该阶段设计费的一半支付；超过一半时，按该阶段设计费的全部支付。
(7)设计人的违约责任。
①设计错误：作为设计人的基本义务，应对设计资料及文件中出现的遗漏或错误负责修改或补充。由于设计人员错误造成工程质量事故损失，设计人除负责采取补救措施外，应免收直接受损失部分的设计费。损失严重的还应根据损失的程度和设计人责任大小向发包人支付赔偿金。
②设计人延误完成设计任务：由于设计人自身原因，延误了按合同规定交付的设计资料及设计文件的时间，每延误1天，应减收该项目应收设计费的2‰。

8.6 建设工程施工合同管理

8.6.1 建设工程施工合同概述

1. 施工合同标准文本

标准施工合同提供了通用条款、专用条款和签订合同时采用的合同附件格式。

(1)合同附件格式。

(2)合同协议书：是合同组成文件中唯一需要发包人和承包人同时签字盖章的法律文书，因此，标准施工合同中规定了应用格式。

(3)履约保函。

①担保期限。担保期限自发包人和承包人签订合同之日起，至签发工程移交证书日止。

②担保方式。采用无条件担保方式。

③预付款担保。标准施工合同规定的预付款担保采用银行保函形式，主要特点如下：

a. 担保方式。担保方式也是采用无条件担保形式。

b. 担保期限。担保期限自预付款支付给承包人起生效，至发包人签发的进度付款证书说明已完全扣清预付款止。

2. 施工合同管理中监理的职责

按照标准施工合同通用条款对监理人的相关规定，监理人的合同管理地位和职责主要表现在以下几个方面：

(1)受发包人委托对施工合同的履行进行管理。

①在发包人授权范围内，负责发出指示、检查施工质量、控制进度等现场管理工作。

②在发包人授权范围内独立处理合同履行过程中的有关事项，行使通用条款规定的，以及具体施工合同专用条款中说明的权力。

③承包人收到监理人发出的任何指示，视为已得到发包人的批准，应遵照执行。

④在合同规定的权限范围内，独立处理或决定有关事项，如单价的合理调整、变更估价、索赔等。

(2)居于施工合同履行管理的核心地位。

①为了使工程施工顺利开展，避免指令冲突及尽量减少合同争议，发包人对施工工程的任何想法通过监理人的协调指令来实现；承包人的各种问题也首先提交监理人。

②总监理工程师在协调处理合同履行过程中的有关事项时，应首先与合同当事人协商，尽量达成一致。不能达成一致时，总监理工程师应认真研究审慎"确定"后通知当事人双方并附详细依据。由于监理人不是合同当事人，因此对有关问题的处理不用"决定"，而用"确定"一词，即表示总监理工程师提出的方案或发出的指示并非最终不可改变，任何一方有不同意见均可按照争议的条款解决，同时体现了监理人独立工作的性质。

(3)监理人的指示。监理人给承包人发出的指示，承包人应遵照执行。如果监理人的指示错误或失误给承包人造成损失，则由发包人负责赔偿。通用条款明确规定：

①监理人未能按合同约定发出指示、指示延误或指示错误而导致承包人施工成本增加和(或)工期延误，由发包人承担赔偿责任。

②监理人无权免除或变更合同约定的发包人和承包人权利、义务和责任。由于监理人不是合

同当事人，因此合同约定应由承包人承担的义务和责任，不因监理人对承包人提交文件的审查或批准，对工程、材料和设备的检查和检验，以及为实施监理作出的指示等职务行为而减轻或解除。

8.6.2 施工合同的订立

1. 合同文件

合同文件的组成包括以下几项：
(1)合同协议书；
(2)中标通知书；
(3)投标函及投标函附录；
(4)专用合同条款；
(5)通用合同条款；
(6)技术标准和要求；
(7)图纸；
(8)已标价的工程量清单；
(9)其他合同文件，经合同当事人双方确认构成合同的其他文件。

2. 订立合同时需要明确的内容

(1)施工现场范围和施工临时占地。
(2)发包人提供图纸的期限和数量。
(3)发包人提供的材料和工程设备。
(4)异常恶劣的气候条件范围。"异常恶劣的气候条件"属于发包人的责任，"不利气候条件"对施工的影响则属于承包人应承担的风险。
(5)物价浮动的合同价格调整。
①简明施工合同的规定：适用于工期在12个月以内的简明施工合同的通用条款没有调价条款，承包人在投标报价中合理考虑市场价格变化对施工成本的影响，合同履行期间不考虑市场价格变化调整合同价款。
②标准施工合同的规定：工期12个月以上的施工合同，标准施工合同通用条款规定用公式法调价，但调整价格的方法仅适用于工程量清单中按单价支付部分的工程款，总价支付部分不考虑物价浮动对合同价格的调整。

3. 明确保险责任

(1)办理工程保险和第三者责任保险的责任。
①承包人办理保险：保险单必须与专用合同条款约定的条件一致。承包人需要变动保险合同条款时，应事先征得发包人同意，并通知监理人。
②发包人办理保险：如果一个建设工程项目的施工采用平行发包的方式分别交由多个承包人施工，由几家承包人分别投保，有可能产生重复投保或漏保，此时由发包人投保为宜。双方可在专用条款中约定，由发包人办理工程保险和第三者责任保险。
无论是由承包人还是发包人办理工程险和第三者责任保险，均必须以发包人和承包人的共同名义投保，以保障双方均有出现保险范围内的损失时，可从保险公司获得赔偿。
(2)未按约定投保的补偿。
①如果负有投保义务的一方当事人未按合同约定办理保险，或未能使保险持续有效，另一方当事人可代为办理，所需费用由对方当事人承担。
②当负有投保义务的一方当事人未按合同约定办理某项保险，导致受益人未能得到保险人

的赔偿，原应从该项保险得到的保险赔偿应由负有投保义务的一方当事人支付。

(3)人员工伤事故保险和人身意外伤害保险。发包人和承包人应按照相关法律规定为履行合同的本方人员缴纳工伤保险费，并分别为自己现场项目管理机构的所有人员投保人身意外伤害保险。

8.6.3 施工准备阶段的合同管理

1. 发包人的义务

(1)提供施工场地：

①施工现场；

②地下管线和地下设施的相关资料；

③现场外的道路通行权。

(2)组织设计交底：发包人应根据合同进度计划，组织设计单位向承包人和监理人对提供的施工图纸和设计文件进行交底，以便承包人制订施工方案和编制施工组织设计。

2. 承包人的义务

(1)现场查勘：承包人应对施工场地和周围环境进行查勘，核对发包人提供的有关资料，并进一步收集相关的地质、水文、气象条件、交通条件、风俗习惯，以及其他为完成合同工作有关的当地资料，以便编制施工组织设计和专项施工方案。

(2)编制施工实施计划。

①施工组织设计：在施工组织设计中应针对深基坑工程、地下暗挖工程、高大模板工程、高空作业工程、深水作业工程、大爆破工程的施工编制专项施工方案。对于前3项危险性较大的分部分项工程的专项施工，还需经5人以上专家论证方案的安全性和可靠性。

②质量管理体系：承包人应在施工场地设置专门的质量检查机构，配备专职质量检查人员，建立完善的质量检查制度。

(3)施工现场内的交通道路和临时工程。

(4)施工控制网。

(5)提出开工申请。

3. 监理人的职责

(1)审查承包人的实施方案。

①审查的内容：监理人对承包人报送的施工组织设计、质量管理体系、环境保护措施进行认真的审查，批准或要求承包人对不满足合同要求的部分进行修改。

②审查进度计划：经监理人批准的施工进度计划称为"合同进度计划"。

监理人为了便于工程进度管理，可以要求承包人在合同进度计划的基础上编制并提交分阶段和分项的进度计划，特别是合同进度计划关键线路上的单位工程或分部工程的详细施工计划。

③合同进度计划。

(2)开工通知。

①发出开工通知的条件：当发包人的开工前期工作已完成且临近约定的开工日期时，应委托监理人按专用条款约定的时间向承包人发出开工通知。如果发包人开工前的配合工作已完成且约定的开工日期已届至，但承包人的开工准备还不满足开工条件时，监理人仍应按时发出开工的指示，合同工期不予顺延。

②发出开工通知的时间：监理人征得发包人同意后，应在开工日期7天前向承包人发出开工通知，合同工期自开工通知中载明的开工日起计算。

8.6.4 施工阶段的合同管理

1. 合同履行涉及的几个时间期限

(1)合同工期：是指承包人在投标函内承诺完成合同工程的时间期限。

(2)施工期：承包人施工期从监理人发出的开工通知中写明的开工日起算，至工程接收证书中写明的实际竣工日止。以此期限与合同工期比较，判定是提前竣工还是延误竣工。

(3)缺陷责任期：缺陷责任期从工程接收证书中写明的竣工日开始起算，期限视具体工程的性质和使用条件的不同在专用条款内约定，一般为1年。缺陷责任期最长时间不得超过2年。

(4)保修期：保修期自实际竣工日起算，发包人和承包人按照有关法律、法规的规定，在专用条款内约定工程质量保修范围、期限和责任。

2. 施工进度管理

(1)发包人原因延长合同工期。通用条款中明确规定，由于发包人原因导致的延误，承包人有权获得工期顺延和(或)费用加利润补偿的情况包括：增加合同工作内容；改变合同中任何一项工作的质量要求或其他特性；发包人迟延提供材料、工程设备或变更交货地点；因发包人原因导致的暂停施工；提供图纸延误；未按合同约定及时支付预付款、进度款；发包人造成工期延误的其他原因；异常恶劣的气候条件。

(2)承包人原因的延误。

(3)暂停施工。发包人责任的暂停施工，大体可以分为以下几类原因致使施工暂停：

①发包人未履行合同规定的义务；

②不可抗力；

③协调管理原因；

④行政管理部门的指令。

暂停施工程序：无论由于何种原因引起的暂停施工，监理人应与发包人和承包人协商，采取有效措施积极消除暂停施工的影响。暂停施工期间由承包人负责妥善保护工程并提供安全保障。

3. 施工质量管理

(1)质量责任。

①因承包人原因造成工程质量达不到合同约定验收标准，监理人有权要求承包人返工直至符合合同要求为止，由此造成的费用增加和(或)工期延误由承包人承担。

②因发包人原因造成工程质量达不到合同约定验收标准，发包人应承担由于承包人返工造成的费用增加和(或)工期延误，并支付承包人合理利润。

③质量检查。承包人应对使用的材料和设备进行进场检验和使用前的检验，不允许使用不合格的材料和有缺陷的设备。

承包人未通知监理人到场检查，私自将工程隐蔽部位覆盖，监理人有权指示承包人钻孔探测或揭开检查，由此增加的费用和(或)工期延误由承包人承担。

(2)监理人的质量检查和试验。

①与承包人的共同检验和试验。收到承包人共同检验的通知后，监理人既未发出变更检验时间的通知，又未按时参加，承包人为了不延误施工可以单独进行检查和试验，将记录送交监理人后可继续施工。此次检查或试验视为监理人在场情况下进行，监理人应签字确认。

②监理人指示的检验和试验。监理人对已覆盖的隐蔽工程部位质量有疑问时，可要求承包人对已覆盖的部位进行钻孔探测或揭开重新检验，承包人应遵照执行，并在检验后重新覆盖恢复原状。经检验证明工程质量符合合同要求，由发包人承担由此增加的费用和(或)工期延误，

并支付承包人合理利润；经检验证明工程质量不符合合同要求，由此增加的费用和(或)工期延误由承包人承担。

(3)对发包人提供的材料和工程设备管理。发包人要求向承包人提前接货的物资，承包人不得拒绝，但发包人应承担承包人由此增加的保管费用。

(4)对承包人施工设备的控制。承包人使用的施工设备不能满足合同进度计划或质量要求时，监理人有权要求承包人增加或更换施工设备，增加的费用和工期延误由承包人承担。

承包人的施工设备和临时设施应专用于合同工程，未经监理人同意，不得将施工设备和临时设施中的任何部分运出施工场地或挪作他用。

4. 工程款支付管理

(1)工程价款支付。

①签约合同价。签约合同价是写在协议书和中标通知书内的固定数额，作为结算价款的基数；而合同价格是承包人最终完成全部施工和保修义务后应得的全部合同价款，包括施工过程中按照合同相关条款的约定，在签约合同价基础上应给承包人补偿或扣减的费用之和。因此只有在最终结算时，合同价格的具体金额才可以确定。

②签订合同时签约合同价内尚不确定的款项。暂估价用于支付必然发生但暂时不能确定价格的材料、设备以及专业工程的金额。

暂列金额用于在签订协议书时尚未确定或不可预见变更的施工及其所需材料、工程设备、服务等的金额，包括以计日工方式支付的款项。

③费用和利润。通用条款内对费用的定义为：履行合同所发生的或将要发生的不计利润的所有合理开支，包括管理费和应分摊的其他费用。

④质量保证金。发包人和承包人需在专用条款内约定两个值：一是每次支付工程进度款时应扣质量保证金的比例(如10%)；二是质量保证金总额，可以采用某一金额或签约合同价的某一百分比(通常为5%)。质量保证金从第一次支付工程进度款时开始起扣。质量保证金用于约束承包人在施工阶段、竣工阶段和缺陷责任期内，均必须按照合同要求对施工的质量和数量承担约定的责任。

监理人在缺陷责任期满颁发缺陷责任终止证书后，承包人向发包人申请到期应返还承包人质量保证金的金额，发包人应在14天内会同承包人按照合同约定的内容核实承包人是否完成缺陷修复责任。如无异议，发包人应当在核实后将剩余质量保证金返还承包人。

(2)物价浮动的变化引起的合同价格调整。施工工期12个月以上的工程，应考虑市场价格浮动对合同价格的影响，由发包人和承包人分担市场价格变化的风险。通用条款规定用公式法调价，但仅适用于工程量清单中单价支付部分。在调价公式的应用中，有以下几个基本原则：

①在每次支付工程进度款计算调整差额时，如果得不到现行价格指数，可暂用上一次价格指数计算，并在以后的付款中再按实际价格指数进行调整。

②由于变更导致合同中调价公式约定的权重变得不合理时，由监理人与承包人和发包人协商后进行调整。

③因非承包人原因导致工期顺延，原定竣工日后的支付过程中，调价公式继续有效。

④因承包人原因未在约定的工期内竣工，后续支付时应采用原约定竣工日与实际支付日的两个价格指数中较低的一个作为支付计算的价格指数。

⑤人工、机械使用费按照国家或省、自治区、直辖市建设行政管理部门、行业建设管理部门或其授权的工程造价管理机构发布的人工成本信息、机械台班单价或机械使用费系数进行调整。需要调整价格的材料，以监理人复核后确认的材料单价及数量，作为调整工程合同价格差额的依据。

(3)工程量计量。已完成合格工程量计量的数据，是工程进度款支付的依据。

①单价子目的计量：对已完成的工程进行计量后，承包人向监理人提交进度付款申请单、已

完成工程量报表和有关计量资料。监理人应在收到承包人提交的工程量报表后的 7 天内进行复核。

②总价子目的计量：总价子目的计量和支付应以总价为基础，不考虑市场价格浮动的调整。

(4)工程进度款的支付。监理人在收到承包人进度付款申请单以及相应的支持性证明文件后的 14 天内完成核查。

通用条款规定，监理人出具的进度付款证书，不应视为监理人已同意、批准或接受了承包人完成的该部分工作。

5. 施工安全管理

(1)发包人的施工安全责任。发包人应按合同约定履行安全管理职责，授权监理人按合同约定的安全工作内容监督、检查承包人安全工作的实施，组织承包人和有关单位进行安全检查。

发包人应负责赔偿工程或工程的任何部分对土地的占用所造成的第三者财产损失。

(2)承包人的施工安全责任。承包人应按合同约定的安全工作内容，编制施工安全措施计划报送监理人审批，按监理人的指示制定应对灾害的紧急预案，报送监理人审批。承包人还应按预案做好安全检查，配置必要的救助物资和器材，切实保护好有关人员的人身和财产安全。

(3)安全事故处理程序：通知；及时采取减损措施；报告。

6. 变更管理

没有监理人的变更指示，承包人不得擅自变更。

(1)监理有权变更的范围和内容，标准施工合同通用条款规定的变更范围包括以下几项：

①取消合同中任何一项工作，但被取消的工作不能转由发包人或其他人实施；

②改变合同中任何一项工作的质量或其他特性；

③改变合同工程的基线、标高、位置或尺寸；

④改变合同中任何一项工作的施工时间或改变已批准的施工工艺或顺序；

⑤为完成工程需要追加的额外工作。

(2)监理人指示变更。

①直接指示的变更：直接指示的变更属于必须实施的变更，如按照发包人的要求提高质量标准、设计错误需要进行的设计修改、协调施工中的交叉干扰等情况。

②与承包人协商后确定的变更：此类情况属于可能发生的变更，与承包人协商后再确定是否实施变更，如增加承包范围外的某项新增工作或改变合同文件中的要求等。

(3)承包人申请的变更。

①承包人建议的变更；

②承包人要求的变更。

(4)变更估价。

①变更估价的程序：监理人收到承包人变更报价书后的 14 天内，根据合同约定的估价原则，商定或确定变更价格。

②变更的估价原则：

a. 已标价工程量清单中有适用于变更工作的子目，采用该子目的单价计算变更费用；

b. 已标价工程量清单中无适用于变更工作的子目，但有类似子目，可在合理范围内参照类似子目的单价，由监理人商定或确定变更工作的单价；

c. 已标价工程量清单中无适用或类似子目的单价，可按照成本加利润的原则，由监理人商定或确定变更工作的单价。

(5)不利物质条件的影响。不利物质条件属于发包人应承担的风险，指承包人在施工场地遇到的不可预见的自然物质条件、非自然的物质障碍和污染物，包括地下和水文条件，但不包括气候条件。

7. 不可抗力

(1)不可抗力发生后的管理:

①通知并采取措施;

②不可抗力造成的损失:通用条款规定,不可抗力造成的损失由发包人和承包人分别承担(谁的东西谁承担)。

(2)因不可抗力解除合同。合同解除后,已经订货的材料、设备由订货方负责退货或解除订货合同,不能退还的货款和因退货、解除订货合同发生的费用,由发包人承担,因未及时退货造成的损失由责任方承担。合同解除后的付款,监理人与当事人双方协商后确定。

8. 索赔管理

(1)承包人提出索赔要求,承包人应在引起索赔事件发生后的 28 天内,向监理人递交索赔意向通知书,并说明发生索赔事件的事由。承包人未在前述 28 天内发出索赔意向通知书,丧失要求追加付款和(或)延长工期的权利。

承包人应在发出索赔意向通知书后 28 天内,向监理人递交正式的索赔通知书,详细说明索赔理由以及要求追加的付款金额和(或)延长的工期,并附必要的记录和证明材料。

(2)监理人处理索赔。监理人收到承包人提交的索赔通知书后,应及时审查索赔通知书的内容、查验承包人的记录和证明材料,必要时监理人可要求承包人提交全部原始记录副本。

监理人应在收到索赔通知书或有关索赔的进一步证明材料后的 42 天内,将索赔处理结果答复承包人。标准施工合同中涉及应给承包人补偿的条款见表 8-1。

表 8-1 标准施工合同中涉及应给承包人补偿的条款

序号	款号	主要内容	可补偿内容		
			工期	费用	利润
1	1.10.1	文物、化石	√	√	
2	3.4.5	监理人的指示延误或错误指示	√	√	√
3	4.11.2	不利的物质条件	√	√	
4	5.2.4	发包人提供的材料和工程设备提前交货		√	
5	5.4.3	发包人提供的材料和工程设备不符合合同要求	√	√	√
6	8.3	基准材料的错误	√	√	√
7	11.3(1)	增加合同工作内容	√	√	√
8	(2)	改变合同中任何一项工作的质量要求或其他特性	√	√	√
9	(3)	发包人迟延提供材料、工程设备或变更交货地点的	√	√	
10	(4)	因发包人原因导致的暂停施工	√	√	√
11	(5)	提供图纸延误	√	√	√
12	(6)	未按合同约定及时支付预付款、进度款	√	√	
13	11.4	异常恶劣的气候条件	√		
14	12.2	发包人原因的暂停施工	√	√	√
15	12.4.2	发包人原因无法按时复工	√	√	√
16	13.1.3	发包人原因导致工程质量缺陷	√	√	√
17	13.5.3	隐蔽工程重新检验质量合格	√	√	√
18	13.6.2	发包人提供的材料和设备不合格承包人采取补救	√	√	√
19	14.1.3	对材料或设备的重新试验或检验证明质量合格	√	√	√

续表

序号	款号	主要内容	可补偿内容		
			工期	费用	利润
20	16.1	附加浮动引起的价格调整		√	
21	16.2	法规变化引起的价格调整		√	
22	18.4.2	发包人提前占用工程导致承包人费用增加	√	√	√
23	18.6.2	发包人原因试运行失败，承包人修复		√	√
24	22.2.2	因发包人违约承包人暂停施工	√	√	√
25	21.3(4)	不可抗力停工期间的照管和后续清理		√	
26	(5)	不可抗力不能按期竣工	√		

9. 违约责任

(1)承包人违约的处理。发生承包人不履行或无力履行合同义务的情况时，发包人可通知承包人立即解除合同。

监理人发出整改通知28天后，若承包人仍不纠正违约行为，发包人可向承包人发出解除合同通知。

(2)发包人的违约。发包人收到承包人通知后的28天内仍不履行合同义务，承包人有权暂停施工，并通知监理人，发包人应承担由此增加的费用和(或)工期延误，并支付承包人合理利润。

承包人暂停施工28天后，若发包人仍不纠正违约行为，承包人可向发包人发出解除合同通知。

8.6.5 竣工和缺陷责任期阶段的合同管理

1. 竣工验收管理

(1)单位工程验收。单位工程验收后的管理：验收合格后，由监理人向承包人出具经发包人签认的单位工程验收证书。单位工程的验收成果和结论作为全部工程竣工验收申请报告的附件。移交后的单位工程由发包人负责照管。

(2)施工期运行。施工期运行是指合同工程尚未全部竣工，其中某项或某几项单位工程已竣工或工程设备安装完毕，需要投入施工期的运行时，须经检验合格能确保安全后，才能在施工期投入运行。

(3)承包人提交竣工验收申请报告。当工程具备以下条件时，承包人可向监理人报送竣工验收申请报告：

①除监理人同意列入缺陷责任期内完成的尾工工程和缺陷修补工作外，承包人的施工已完成合同范围内的全部单位工程以及有关工作，包括合同要求的试验、试运行以及检验和验收均已完成，并符合合同要求；

②已按合同约定的内容和份数备齐了符合要求的竣工资料；

③已按监理人的要求编制了在缺陷责任期内完成的尾工工程和缺陷修补工作清单以及相应施工计划；

④监理人要求在竣工验收前应完成的其他工作；

⑤监理人要求提交的竣工验收资料清单。

(4)监理人审查竣工验收报告。监理人审查验收报告的各项内容，认为工程尚不具备竣工验收条件时，应在收到竣工验收申请报告后的28天内通知承包人，指出在颁发接收证书前承包人还需进行的工作内容。

监理人审查后认为已具备竣工验收条件，应在收到竣工验收申请报告后的28天内提请发包人进行工程验收。

(5)竣工验收。

①竣工验收合格，监理人应在收到竣工验收申请报告后的56天内，向承包人出具经发包人签认的工程接收证书。

②竣工验收基本合格但提出了需要整修和完善要求时，监理人应指示承包人限期修好，并缓发工程接收证书。

③竣工验收不合格，监理人应按照验收意见发出指示，要求承包人对不合格工程认真返工重作或进行补救处理，并承担由此产生的费用。

(6)延误进行竣工验收。发包人在收到承包人竣工验收申请报告56天后未进行验收，视为验收合格。

2. 竣工结算

(1)签发竣工付款证书：监理人在收到承包人提交的竣工付款申请单后的14天内完成核查，将核定的合同价格和结算尾款金额提交发包人审核并抄送承包人。发包人应在收到后14天内审核完毕，由监理人向承包人出具经发包人签认的竣工付款证书。

(2)支付：发包人应在监理人出具竣工付款证书后的14天内，将应支付款支付给承包人。

3. 缺陷责任期管理

缺陷责任期满，包括延长的期限终止后14天内，由监理人向承包人出具经发包人签认的缺陷责任期终止证书，并退还剩余的质量保证金。

8.6.6 施工分包合同管理

1. 施工的专业分包与劳务分包

(1)施工分包合同示范文本：施工专业分包合同由协议书、通用条款和专用条款三部分组成。由于施工劳务分包合同相对简单，仅为一个标准化的合同文件，对具体工程的分包约定采用填空的方式明确即可。

(2)施工专业分包与劳务分包的主要区别。施工专业分包由分包人独立承担分包工程的实施风险，用自己的技术、设备、人力资源完成承包的工作；施工劳务分包的分包人主要提供劳动力资源，使用常用(或简单)的自有施工机具完成承包人委托的简单施工任务。主要差异表现为以下几个方面条款的规定：

①分包人的收入。施工专业分包规定为分包合同价格，即分包人独立完成约定的施工任务后，有权获得的包括施工成本、管理成本、利润等全部收入；而施工劳务分包规定为劳务报酬。

②保险责任。施工专业分包合同规定，分包人必须为从事危险作业的职工办理意外伤害保险，并为施工场地内自有人员生命财产和施工机械设备办理保险，支付保险费用；而劳务施工分包合同则规定，劳务分包人不需单独办理保险，其保险应获得的权益包括在发包人或承包人投保的工程险和第三者责任险中，分包人也不需支付保险费用。

③施工组织。施工专业分包合同规定，分包人应编制专业工程的施工组织设计和进度计划，报承包人批准后执行。

施工劳务分包合同规定，分包人不需编制单独的施工组织设计，而是根据承包人制订的施工组织设计和总进度计划的要求施工。

④分包人对施工质量承担责任的期限。施工专业分包工程通过竣工验收后，分包人对分包工程

仍需承担质量缺陷的修复责任，缺陷责任期和保修期的期限按照施工总承包合同的约定执行。

劳务分包合同规定，全部工程竣工验收合格后，劳务分包人对其施工的工程质量不再承担责任，承包人承担缺陷责任期和保修期内的修复缺陷责任。

(3) 分包工程施工的管理职责。监理人对施工专业分包进行管理，分包工程仍属于施工总承包合同的一部分，仍需履行监督义务，包括对分包人的资质进行审查，对分包人用的材料、施工工艺、工程质量进行监督，确认完成的工程量等。

2. 施工分包合同的订立

按照《建设工程施工专业分包合同》专用条款的规定，订立分包合同时需要明确的内容主要包括以下几项：

(1) 分包工程的范围和时间要求；
(2) 分包工程施工应满足施工总承包合同的要求；
(3) 承包人为分包工程施工提供的协助条件。

3. 施工分包合同履行管理

(1) 承包人协调管理的指令。

①承包人的指令：承包人随时可以向分包人发出分包工程范围内的有关工作指令。

②发包人或监理人的指令：发包人或监理人就分包工程施工的有关指令和决定发送给承包人。

(2) 计量与支付。承包人依据计量确认的分包工程量，乘以总承包合同相应的单价计算的金额，纳入支付申请书内。获得发包人支付的工程进度款后，再按分包合同约定单价计算的款额支付给分包人。

(3) 变更管理。分包工程的变更可能来源于监理人通知并经承包人确认的指令，也可能是承包人根据施工现场实际情况自主发出的指令。

(4) 分包工程的竣工管理。

①发包人组织验收。分包工程具备竣工验收条件后，分包人要向承包人提供完整的竣工资料及竣工验收报告。双方约定由分包人提供竣工图的，应在专用条款内约定提交日期和份数。

承包人应在收到分包人提供的竣工验收报告之日起 3 日内通知发包人进行验收，分包人应配合承包人进行验收。

②承包人验收。根据总承包合同无须由发包人验收的部分，承包人应按照总承包合同约定的程序自行验收。

(5) 索赔管理。分包合同在履行过程中，当分包人认为自己的合法权益受到损害，无论事件起因于发包人或监理人的责任，还是承包人应承担的义务，都只能向承包人提出索赔要求，并保持影响事件发生后的现场同期记录。

承包人依据总合同向监理人递交任何索赔意向通知和索赔报告要求分包人协助时，分包人应提供书面形式的相应资料，以便承包人能遵守总承包合同有关索赔的约定。如果分包人未予积极配合，使得承包人涉及分包工程的索赔未获成功，则承包人可在应支付给分包人的工程款中，扣除本应获得的索赔款项中适当比例的部分，即承包人受到的损失向分包人索赔。

4. 监理人对施工专业分包合同履行的管理

(1) 对分包工程施工的确认：监理人在复核分包工程已取得发包人同意的基础上，负责对分包人承担相应工程施工要求的资质、经验和能力进行审查，确认是否批准承包人选择的分包人。

(2) 施工工艺和质量：由于专业工程施工往往对施工技术有专门的要求，监理人审查承包人的施工组织设计时，应特别关注分包人拟采用的施工工艺和保障措施是否切实可行。

(3)进度管理:虽然由承包人负责分包工程施工的协调管理,对分包工程施工进度进行监督,但如果分包工程的施工影响到发包人订立的其他合同的履行时,监理人需对承包人发出相关指令并进行相应的协调。

(4)支付管理:监理人按照总承包合同的规定对分包工程计量时,应要求承包人通知分包人进行共同计量。

(5)变更管理:监理人对分包工程的变更指示应发给承包人,由其协调和监督分包人执行。

(6)索赔管理:监理人不应受理分包人直接提交的索赔报告,分包人的索赔应通过承包人的索赔来完成。

8.7 建设工程设计施工总承包合同管理

8.7.1 设计施工总承包合同概述

1. 设计施工总承包的特点

(1)总承包方式的优点:单一的合同责任;固定工期、固定费用;可以缩短建设周期;减少设计变更;减少承包人的索赔。

(2)总承包方式的缺点:设计不一定是最优方案;减弱实施阶段发包人对承包人的监督和检查。

2. 设计施工总承包合同管理有关各方的职责

(1)对联合体承包人的规定:总承包合同的承包人可以是独立承包人,也可以是联合体。对于联合体的承包人,合同履行过程中发包人和监理人仅与联合体牵头人或联合体授权的代表联系。未经发包人同意,承包人不得擅自改变联合体的组成和修改联合体协议。

(2)对分包工程的规定。通用条款中对工程分包做了如下的规定:

①承包人不得将其承包的全部工程转包给第三人,也不得将其承包的全部工程肢解后以分包的名义分别转包给第三人。

②分包工作需要征得发包人同意。发包人已同意投标文件中说明的分包,合同履行过程中承包人还需要分包的工作,仍应征得发包人同意。

③承包人不得将设计和施工的主体、关键性工作的施工分包给第三人。要求承包人是具有实施工程设计和施工能力的合格主体,而非皮包公司。

④分包人的资格能力应与其分包工作的标准和规模相适应,其资质能力的材料应经监理人审查。

⑤发包人同意分包的工作,承包人应向发包人和监理人提交分包合同副本。

8.7.2 设计施工总承包合同的订立

1. 合同文件的组成

(1)合同协议书;

(2)中标通知书;

(3)投标函及投标函附录;

(4)专用条款;

(5)通用合同条款;

(6)发包人要求;

(7)承包人建议书；

(8)价格清单；

(9)其他合同文件。

组成合同的各文件中出现含义或内容的矛盾时，如果专用条款没有另行的约定，以上合同文件序号为优先解释的顺序。

2. 几个文件的含义

(1)发包人要求：发包人要求是承包人进行工程设计和施工的基础文件，应尽可能清晰准确。设计施工总承包合同规定，发包人要求文件说明的内容包括：功能要求[包括：工程的目的；工程规模；性能保证指标(性能保证表)和产能保证指标]；工程范围；工艺安排或要求；时间要求；技术要求；竣工试验；竣工验收；竣工后试验；文件要求；工程项目管理规定；其他要求。

(2)价格清单：设计施工总承包合同的价格清单，是指承包人按投标文件中规定的格式和要求填写，并标明价格的报价单。与施工招标由发包人依据设计图纸的概算量提出工程量清单，经承包人填写单价后计算价格的方式不同。

3. 订立合同时需要明确的内容

(1)承包人文件。通用条款对"承包人文件"的定义是：由承包人根据合同应提交的所有图纸、手册、模型、计算书、软件和其他文件。

(2)施工现场范围和施工临时占地。

(3)发包人提供的文件。专用条款内应明确约定由发包人提供的文件的内容、数量和期限。发包人提供的文件，可能包括项目前期工作相关文件、环境保护、气象水文、地质条件资料等。

(4)发包人要求中的错误。承包人应认真阅读、复核发包人要求，发现错误的，应及时书面通知发包人。发包人对错误的修改，按变更对待。

对于发包人要求中错误导致承包人受到损失的后果责任，通用条款给出了以下两种供选择的条款：

①无条件补偿条款。

②有条件补偿条款。复核时发现错误：承包人复核时对发现的错误通知发包人后，发包人坚持不做修改的，对确实存在错误造成的损失，应补偿承包人增加的费用和(或)顺延合同工期。复核时未发现错误：承包人复核时未发现发包人要求中存在错误的，承包人自行承担由此导致增加的费用和(或)工期延误。

无论承包人复核时发现与否，由于以下资料的错误，导致承包人增加费用和(或)延误的工期，均由发包人承担，并向承包人支付合理利润：发包人要求中引用的原始数据和资料；对工程或其任何部分的功能要求；对工程的工艺安排或要求；试验和检验标准；除合同另有约定外，承包人无法核实的数据和资料。

(5)材料和工程设备。发包人是否负责提供工程材料和设备，在通用条款中也给出两种不同供选择的条款：一种是由承包人包工包料承包，发包人不提供工程材料和设备；另一种是发包人负责提供主材料和工程设备的包工部分包料承包方式。

(6)发包人提供的施工设备和临时工程。发包人是否负责提供施工设备和临时工程，在通用条款中也给出两种不同的供选择条款：一种是发包人不提供施工设备或临时设施；另一种是发包人提供部分施工设备或临时设施。

(7)竣工后试验。竣工后试验是指工程竣工移交在缺陷责任期内投入运行期间，对工程的各项功能的技术指标是否达到合同规定要求而进行的试验。由于发包人已接受工程并进入运行期，因此试验所必需的电力、设备、燃料、仪器、劳力、材料等由发包人提供。

4. 履约担保

承包人应保证其履约担保在发包人颁发工程接收证书前一直有效。如果工程延期竣工,承包人有义务保证履约担保继续有效。

5. 保险责任

(1)承包人办理保险。

①投保的险种。设计和工程保险:承包人按照专用条款的约定向双方同意的保险人投保建设工程设计责任险、建筑工程一切险或安装工程一切险。

②对各项保险的要求。承包人需要变动保险合同条款时,应事先征得发包人同意,并通知监理人。

(2)发包人办理保险。发包人应为其现场机构雇用的全部人员投保工伤保险和人身意外伤害保险,并要求监理人也进行此项保险。

8.7.3 设计施工阶段的总承包合同履行管理

1. 承包人提交实施项目的计划

承包人应按合同约定的内容和期限,编制详细的进度计划,包括设计、采购、制造、检验、运达现场、施工、安装、试验的各个阶段的预期时间,以及设计和施工组织方案说明等报送监理人。

2. 开始工作

符合专用条款约定的开始工作条件时,监理人获得发包人同意后应提前7天向承包人发出开始工作通知。

3. 设计管理

(1)承包人的设计义务:

①设计应满足标准规范的要求;

②设计应符合合同要求;

③设计进度管理。

(2)设计审查:

①发包人审查。承包人的设计文件提交监理人后,发包人应组织设计审查,按照发包人要求文件中约定的范围和内容审查是否满足合同要求。

发包人审查后认为设计文件不符合合同约定的,监理人应以书面形式通知承包人,说明不符合要求的具体内容。承包人应根据监理人的书面说明,对承包人文件进行修改后重新报送发包人审查,审查期限重新起算。

②有关部门的设计审查。设计文件需政府有关部门审查或批准的工程,发包人应在审查同意承包人的设计文件后7天内,向政府有关部门报送设计文件,承包人予以协助。

4. 进度管理

(1)修订进度计划。无论何种原因造成工程的实际进度与合同进度计划不符时,承包人可以在专用条款约定的期限内向监理人提交修订合同进度计划的申请报告,并附有关措施和相关资料,报监理人批准。

监理人也可以直接向承包人发出修订合同进度计划的指示,承包人应按该指示修订合同进度计划,报监理人批准。

(2)因发包人责任原因顺延合同工期的情况。

①变更;

②未能按照合同要求的期限对承包人文件进行审查;

③因发包人原因导致的暂停施工；
④未按合同约定及时支付预付款、进度款；
⑤发包人提供的基准资料错误；
⑥发包人采购的材料、工程设备延误到货或变更交货地点；
⑦发包人未及时按照"发包人要求"履行相关义务；
⑧发包人造成工期延误的其他原因；
⑨政府管理部门的原因：因国家有关部门审批迟延造成费用增加和（或）工期延误，由发包人承担。

5. 工程进度付款支付管理

(1) 支付分解表。
①承包人编制进度付款支付分解表：承包人应当在收到经监理人批复的合同进度计划后7天内，将支付分解报告以及形成支付分解报告的支持性资料报监理人审批。分类和分解原则如下：
a. 勘察设计费；
b. 材料和工程设备费；
c. 技术服务培训费；
d. 其他工程价款。
②监理人审批：监理人当在收到承包人报送的支付分解报告后7天内给予批复或提出修改意见，经监理人批准的支付分解报告为有合同约束力的支付分解表。
(2) 付款时间：除专用条款另有约定外，工程进度付款按月支付。
(3) 监理人审查：监理人在收到承包人进度付款申请单以及相应的支持性证明文件后的14天内完成审核。
(4) 发包人支付：发包人最迟应在监理人收到进度付款申请单后的28天内，将进度应付款支付给承包人。

6. 变更管理

(1) 监理人指示的变更。
①发出变更意向书；
②承包人同意变更：发包人同意承包人的变更实施方案后，由监理人发出变更指示；
③承包人不同意变更：监理人与承包人和发包人协商后，确定撤销、改变或不改变原变更意向书。
(2) 监理人发出文件的内容构成变更。承包人收到监理人按合同约定发给的文件，认为其中存在对"发包人要求"构成变更情形时，可向监理人提出书面变更建议。
监理人收到承包人书面建议与发包人共同研究后，确认存在变更时，应在收到承包人书面建议后的14天内作出变更指示；不同意作为变更的，应书面答复承包人。
(3) 承包人提出的合理化建议：监理人应与发包人协商是否采纳承包人的建议。

7. 竣工验收管理

承包人申请竣工试验：承包人应提前21天将申请竣工试验的通知送达监理人，并按照专用条款约定的份数，向监理人提交竣工记录、暂行操作和维修手册。监理人应在14天内，确定竣工试验的具体时间。

8. 缺陷责任期管理

(1) 竣工后试验。对于大型工程为了检验承包人的设计、设备选型和运行情况等的技术指标是否满足合同的约定，通常在缺陷责任期内工程稳定运行一段时间后，在专用条款约定的时间内进行竣工后试验。竣工后试验按专用条款的约定由发包人或承包人进行。

①发包人进行竣工试验:由于工程已投入正式运行,发包人应将竣工后试验的日期提前21天通知承包人。如果承包人未能在该日期出席竣工后试验,发包人可自行进行试验,承包人应对检验数据予以认可。

②承包人进行竣工试验:发包人应提前21天将竣工后试验的日期通知承包人。

(2)缺陷责任期终止。承包人完满完成缺陷责任期的义务后,其缺陷责任终止证书的签发、结清单和最终结清的管理规定,与标准施工合同通用条款相同。

8.8 建设工程材料设备采购合同管理

8.8.1 建设工程材料设备采购合同概述

1. 建设工程材料设备采购合同的特点

(1)建设工程材料设备采购合同的当事人:建设工程材料设备采购合同的买受人即采购人,可以是发包人,也可能是承包人,依据合同的承包方式来确定。永久工程的大型设备一般情况下由发包人采购。

(2)材料设备采购合同的标的:建设工程材料设备采购合同的标的品种繁多,供货条件差异较大。

(3)材料设备采购合同的内容:建设工程材料设备采购合同视标的特点、合同涉及的条款繁简程度差异较大。

(4)材料设备供应的时间:建设工程材料设备采购合同的履行与施工进度密切相关。

2. 建设工程材料设备采购合同的分类

(1)按照履行时间不同的分类。按照履行时间的不同,建设工程材料设备采购合同可以分为即时买卖合同和非即时买卖合同。即时买卖合同是指当事人双方在买卖合同成立的同时,就履行了全部义务,即移转了材料设备的所有权、价款的占有;非即时买卖合同的表现有很多种,建设工程材料设备采购合同比较常见的是货样买卖、试用买卖、分期交付买卖和分期付款买卖等。

①货样买卖,是指当事人双方按照货样或样本所显示的质量进行交易。凭样品买卖的当事人应当封存样品。

②试用买卖,是指出卖人允许买受人试验其标的物、买受人认可后再支付价款的交易。试用买卖的当事人可以约定标的物的试用期间,试用买卖的买受人在试用期内可以购买标的物,也可以拒绝购买。试用期间届满,买受人对是否购买标的物未作表示的视为购买。

③分期交付买卖,是指购买的标的物要分批交付。由于工程建设的工期较长,这种交付方式很常见。出卖人分批交付标的物的,出卖人对其中一批标的物不交付或者交付不符合约定,致使该批标的物不能实现合同目的的,买受人可以就该批标的物解除。

④分期付款买卖,是指买受人分期支付价款。

(2)按照合同订立方式不同的分类。按照合同订立方式的不同,建设工程材料设备采购合同可以分为竞争买卖合同和自由买卖合同。竞争买卖包括招标投标和拍卖。

8.8.2 材料采购合同的履行管理

1. 材料采购合同的主要内容

按照《中华人民共和国合同法》的分类,材料采购合同属于买卖合同,合同条款一般包括以下几个方面的内容：
(1)产品名称、商标、型号、生产厂家、订购数量、合同金额、供货时间及每次供应数量；
(2)质量要求的技术标准，供货方对质量负责的条件和期限；
(3)交(提)货地点、方式；
(4)运输方式及到站、港和费用的负担责任；
(5)合理损耗及计算方法；
(6)包装标准、包装物的供应与回收；
(7)验收标准、方法及提出异议的期限；
(8)随机备品、配件工具数量及供应办法；
(9)结算方式及期限；
(10)如需提供担保，另立合同担保书作为合同附件；
(11)违约责任；
(12)解决合同争议的方法；
(13)其他约定事项。

2. 订购产品的交付

(1)产品的交付方式。订购物资或产品的供应方式，可以分为采购方到合同约定地点自提货物和供货方负责将货物送达指定地点两大类，而供货方送货又可细分为将货物负责送抵现场或委托运输部门代运两种形式。

产品交付的法律意义是，一般情况下，交付导致采购材料的所有权发生转移。

(2)交货期限。

①合同交货期限的确定。材料采购合同当事人可以约定明确的交货期限，也可以约定交货的一段期间。当事人没有约定标的物的交付期限或者约定不明确的，可以协议补充；不能达成补充协议的，按照合同有关条款或者交易习惯确定。按照合同有关条款或者交易习惯仍不能确定的，债务人可以随时履行，债权人也可以随时要求履行，但应当给对方必要的准备时间。

②合同履行中交货期限的确定。供货方送货到现场的交货日期，以采购方接收货物时在货单上签收的日期为准；供货方负责代运货物，以发货时承运部门签发货单上的戳记日期为准；采购方自提产品，以供货方通知提货的日期为准。

③交货地点的确定。当事人没有约定交付地点或者约定不明确的，可以协议补充；不能达成补充协议的按照合同有关条款或者交易习惯确定。

3. 交货检验

(1)验收依据。按照合同的约定，供货方交付产品时，可以作为双方验收依据的资料包括以下几项：
①双方签订的采购合同。
②供货方提供的发货单、计量单、装箱单及其他有关凭证。
③合同内约定的质量标准。应写明执行的标准代号、标准名称。
④产品合格证、检验单。
⑤图纸、样品或其他技术证明文件。
⑥双方当事人共同封存的样品。

(2)交货数量检验。

①供货方代运货物的到货检验：由供货方代运的货物，采购方在站场提货地点应与运输部门共同验货，以便发现灭失、短少、损坏等情况时，能及时分清责任。采购方接收后，运输部门不再负责。属于交运前出现的问题，由供货方负责；运输过程中发生的问题，由运输部门负责。

②现场交货的到货检验：数量验收的方法有衡量法、理论换算法、查点法。
(3)交货质量检验。
①质量责任：某些必须安装运转后才能发现内在质量缺陷的设备，应于合同内规定缺陷责任期或保修期。在此期限内，凡检测不合格的物资或设备，均由供货方负责。
②质量要求和技术标准：产品质量应满足规定用途的特性指标，因此，合同内必须约定产品应达到的质量标准。约定质量标准的一般原则是：按颁布的国家标准执行；无国家标准而有部颁标准的，按部颁标准执行；没有国家标准和部颁标准作为依据时，可按企业标准执行。
③没有上述标准，或虽有上述某一标准但采购方有特殊要求时，按双方在合同中商定的技术条件、样品或补充的技术要求执行。
④质量验收的方法可以采用：经验鉴别法；物理试验法；化学分析法。

4. 支付结算管理

(1)支付货款的条件：合同内需明确是验货后付款，然后再约定结算方式和结算时间。验单付款是指委托供货方代运输的货物，供货方把货物交付承运部门并将运输单证寄给采购方。
(2)结算支付的方式：结算方式可以是现金支付、转账结算或异地托收承付。现金结算只适用于成交货物数量少，且金额小的购销合同；转账结算适用于同城市或同地区内的结算；托收承付适用于合同双方不在同一城市的结算。

5. 违约责任

(1)供货方的违约责任。
①逾期交货。无论合同内规定由供货方将货物送达指定地点交接，还是采购方去自提，均要按合同约定依据逾期交货部分货款总价计算违约金。
②提前交付货物。在代为保管期内实际支出的保管、保养等费用由供货方承担。代为保管期内，不是因采购方保管不善原因而导致的损失，仍由供货方负责。
③交货数量与合同不符。供货方多交标的物的，买受人可以接收或者拒绝接收多交的部分。买受人接收多交部分的，按照合同的价格支付价款；买受人拒绝接收多交部分的，应当及时通知出卖人。
④产品的质量缺陷：如果采购方同意使用，应当按质论价；当采购方不同意使用时，由供货方负责包换或包修。
⑤供货方的运输责任。合理的包装是安全运输的保障，供货方应按合同约定的标准对产品进行包装。凡因包装不符合规定而造成货物运输过程中的损坏或灭失，均由供货方负责赔偿。
供货方如果将货物错发到货地点或接货人时，除应负责运交合同规定的到货地点或接货人外，还应承担对方因此多支付的一切实际费用和逾期交货的违约金。供货方应按合同约定的路线和运输工具发运货物，如果未经对方同意私自变更运输工具或路线，要承担由此增加的费用。
(2)采购方的违约责任。
①不按合同约定接受货物。合同签订以后或履行过程中，若采购方要求中途退货，则应向供货方支付按退货部分货款总额计算的违约金。
②逾期付款。若采购方逾期付款，如果合同约定了逾期付款违约金或者该违约金的计算方法，应当按照合同约定执行。

8.8.3 设备采购合同的履行管理

1. 设备采购合同的主要内容

《机电产品采购国际竞争性招标文件》中关于合同的内容包括：第一册中的合同通用条款和

合同格式；第二册中的合同专用条款。

2. 设备采购合同的交付

（1）检验和测试：买方或其代表应有权检验和（或）测试货物，以确认货物是否符合合同约定的规格，并且不承担额外的费用。检验和测试可以在卖方或其分包人的驻地、交货地点和（或）货物的最终目的地任何地点进行。如果在卖方或其分包人的驻地进行，检测人员应能得到全部合理的设施和协助，买方不应为此承担费用。

（2）包装：卖方应提供将货物运至合同规定的最终目的地所需要的包装，以防止货物在转运中损坏或变质。卖方应承担由于其包装或其防护措施不妥而引起货物锈蚀、损坏和丢失的任何损失责任或费用。

（3）装运标记：卖方应在每一包装箱相邻的四面用不可擦除的油漆和明显的英语字样作出以下标记：

①收货人；
②合同号；
③发货标记；
④收货人编号；
⑤目的港；
⑥货物名称、品目号和箱号；
⑦毛重/净重（用 kg 表示）；
⑧尺寸（长×宽×高，用 cm 表示）。

（4）交货和单据：卖方应按照"货物需求一览表"规定的条件交货。卖方应在货物装完启运后以传真形式将全部装运细节，包括合同号、货物说明、数量、运输工具名称、提单号码及日期、装货口岸、启运日期、卸货口岸、预计到港日期等通知买方和保险公司。

3. 伴随服务

伴随服务，是指根据本合同规定卖方承担与供货有关的辅助服务。

4. 违约责任

（1）误期赔偿费。除合同条款规定的不可抗力外，如果卖方没有按照合同规定的时间交货和提供服务，买方应在不影响合同项下的其他补救措施的情况下，从合同价中扣除误期赔偿费。每延误一周的赔偿费按迟交货物交货价或未提供服务的服务费用的 0.5% 计收。误期赔偿费的最高限额为合同价格的 5%。

（2）违约终止合同。在买方对卖方违约而采取的任何补救措施不受影响的情况下，买方可向卖方发出书面违约通知书，提出终止部分或全部合同。

①卖方未能在合同规定的期限内或买方根据合同的约定同意延长的期限内提供部分或全部货物；
②卖方未能履行合同规定的其他任何义务；
③买方认为卖方在本合同的竞争和实施过程中有腐败和欺诈行为。

8.9　FIDIC 合同文本简介

8.9.1　FIDIC 发布的标准合同文本

目前得到广泛应用的 FIDIC 标准合同文本有以下几项：

(1)《施工合同条件》适用于各类大型或较复杂的工程项目,承包商按照雇主提供的设计进行施工或施工总承包的合同。

(2)《生产设备和设计——施工合同条件》适用于由承包商按照雇主要求进行设计、生产设备制造和安装的电力、机械、房屋建筑等工程的合同。

(3)《设计采购施工(EPC)/交钥匙工程合同条件》适用于承包商以交钥匙方式进行设计、采购和施工,完成一个配备完善的工程,雇主"转动钥匙"时即可运行的总承包项目建设合同。

(4)《简明合同格式》适用于投资金额相对较小、工期短、不需进行专业分包,相对简单或重复性的工程项目施工。

(5)《土木工程施工分包合同条件》适用于承包商与专业工程施工分包商订立的施工合同。

(6)《客户/咨询工程师(单位)服务协议书》适用于雇主委托工程咨询单位进行项目的前期投资研究、可行性研究、工程设计、招标评标、合同管理和投产准备等的咨询服务合同。

8.9.2 FIDIC施工合同条件部分条款

1. 工程师

(1)工程师的地位:工程师属于雇主人员,但不同于雇主雇用的一般人员,在施工合同履行期间独立工作。处理施工过程中有关问题时应保持公平的态度。

(2)工程师的权力:工程师可以行使施工合同中规定的或必然隐含的权力,雇主只是授予工程师独立作出决定的权限。通用条款明确规定,除非得到承包商同意,雇主承诺不对工程师的权力做进一步的限制。

(3)助手的指示:助手相当于我国项目监理机构中的专业监理工程师,工程师可以向助手指派任务和付托部分权力。助手在授权范围内向承包人发出的指示,具有与工程师指示同样的效力。

(4)口头指示:工程师或助手通常采用书面形式向承包商作出指示,但某些特殊情况可以在施工现场发出口头指示,承包商也应遵照执行,并在事后及时补发书面指示。

2. 不可预见的物质条件

"不可预见的物质条件"是针对签订合同时雇主和承包商都无法合理预见的不利于施工的外界条件影响,使承包商增加了施工成本和工期延误,应给承包商的损失相应补偿的条款。

3. 指定分包商

指定分包商是指由雇主或工程师选定与承包商签订合同的分包商,完成招标文件中规定承包商承包范围以外工程施工或工作的分包人。

指定分包商条款的合理性,以不得损害承包商的合法利益为前提。具体表现为:一是招标文件中已说明了指定分包商的工作内容;二是承包商有合法理由时,可以拒绝与雇主选定的具体分包单位签订指定分包合同;三是给指定分包商支付的工程款,从承包商投标报价中未摊入应回收的间接费、税金、风险费的暂定金额内支出;四是承包商对指定分包商的施工协调收取相应的管理费;五是承包商对指定分包商的违约不承担责任。

4. 竣工试验

我国标准施工合同针对竣工试验结果只作出"通过"或"拒收"两种规定,FIDIC《施工合同条件》增加了雇主可以折价接收工程的情况。如果竣工试验表明虽然承包商完成的部分工程未达到合同约定的质量标准,但该部分工程位于非主体或关键工程部位,对工程运行的功能影响不大,在雇主同意接收的前提下工程师可以颁发工程接收证书。

5. 工程量变化后的单价调整

FIDIC《施工合同条件》规定6类情况属于变更的范畴,在我国标准施工合同"变更"条款下规定了5种属于变更的情况,相差的一项为"合同中包括的任何工作内容数量的改变"。

FIDIC《施工合同条件》对工程量增减变化较大需要调整合同约定单价的原则是,必须同时满足以下4个条件:

(1)该部分工程在合同内约定属于按单价计量支付的部分;
(2)该部分工作通过计量超过工程量清单中估计工程量的数量变化超过10%;
(3)计量的工作数量与工程量清单中该项单价的乘积,超过中标合同金额(我国标准合同中的"签约合同价")的0.01%;
(4)数量的变化导致该项工作的施工单位成本超过1%。

6. 预付款的扣还

每次工程进度款支付时扣还的预付款额度:在预付款起扣点后的工程进度款支付时,按本期承包商应得的金额中减去后续支付的预付款和应扣保留金后款额的25%,作为本期应扣还的预付款。

7. 保留金的返还

我国标准施工合同中规定质量保证金在缺陷责任期满后返还给承包人。FIDIC《施工合同条件》规定保留金在工程师颁发工程接收证书和颁发履约证书后分两次返还。颁发工程接收证书后,将保留金的50%返还承包商。若为其颁发的是按合同约定的分部移交工程接收证书,则返还按分部工程价值比例计算保留金的40%。

8. 不可抗力事件后果的责任

FIDIC《施工合同条件》是以承包商投标时能否合理预见来划分风险责任的归属,即由于承包商的中标合同价内未包括不可抗力损害的风险费用,因此对不可抗力的损害后果不承担责任。

本章小结

本章简单而准确地阐述了合同的种类和特征,合同法律关系的构成,合同担保方式,建设工程施工、设计,设备采购招标,详细介绍了建设工程各阶段的合同管理。其中,重点是建设工程施工阶段的合同管理,难点是处理监理过程中合同管理的相关问题。通过本章的学习,应使学生明确合同管理的方法。

练习与思考

1. 简述建设工程合同的概念及作用。
2. 按计价方式不同建设工程合同分为哪几类?
3. 简述勘察合同中发包人与承包人的权利、义务和责任。
4. 简述设计合同中发包人和承包人的权利、义务和责任。
5. 简述监理合同中发包人和承包人的权利、义务和责任。
6. 简述《建设工程施工合同(示范文本)》对各方工作的规定。
7. 合同执行中争议的解决方法有哪些?
8. 什么是施工索赔?简述施工索赔的程序。
9. 《建设工程施工合同(示范文本)》对工程保险有何规定?
10. 发包人和承包人的违约行为有哪些?各承担什么责任?

第 9 章　建设工程信息管理

内容提要

本章主要内容包括：建设工程信息的分类、建设工程各阶段信息的收集、建设工程文件档案资料的管理、计算机辅助监理。

知识目标

1. 了解建设工程信息的分类。
2. 了解建设工程信息的收集。
3. 掌握建设工程文件档案资料管理的方法。
4. 掌握计算机辅助监理的应用。

能力目标

1. 能理解建设工程风险的种类及信息的收集。
2. 能明确建设工程文件档案资料管理的方法及计算机辅助监理的应用。

9.1　建设工程信息管理的相关知识

建设工程监理的主要工作是控制，控制的基础是信息，及时掌握准确、完整、有用的信息对监理工程师顺利完成监理任务具有重要的意义。

9.1.1　建设工程信息

1. 数据、信息的概念

(1) 数据。数据是客观实体属性的反映，是一组可以记录下来，表示数量、行为和目标的符号。

(2) 信息。信息是对数据的解释，它反映了事物的客观规律，为使用者作决策提供依据。

数据和信息是不可分割的一对矛盾体。信息来源于数据，又高于数据；信息是数据的灵魂，数据是信息的载体。

2. 建设工程信息的特点

建设工程信息是指在建设工程项目管理过程中发生的、反映工程建设状态和规律的信息，涉及多部门、多环节、多专业、多渠道。建设工程信息具有一般信息的特点，同时，也有其自身的显著特点，即来源广、信息量大和动态性强。

3. 建设工程信息的构成

(1) 文字、图形信息。包括勘察、测绘、设计图纸及说明书、计算书、合同、工作条例及规定、施工组织设计、情况报告、原始记录、统计图表与报表、信函等信息。

(2)语言信息。包括口头分配任务、指示、汇报、工作检查、介绍情况、谈判交涉、建议、批评、工作讨论研究、会议等信息。

(3)新技术信息。包括通过网络、电话、电报、电传、计算机、电视、录像、录音、广播等现代化手段收集及处理的那部分信息。

4. 建设工程监理信息的分类

为了有效地管理和应用建设工程监理信息，需将其进行分类。按照不同的分类标准，建设工程监理信息的分类见表 9-1。

表 9-1　建设工程监理信息的分类

分类标准	类别	内容
按照工程监理控制目标划分	投资控制信息	与投资控制直接有关的信息，如各种投资估算指标、类似工程造价、物价指数、概预算定额、建设项目投资估算、设计概预算、合同价、工程进度款支付单、竣工结算与决算、原材料价格、机械台班费、人工费、运杂费、投资控制的风险分析等
	质量控制信息	与质量控制直接有关的信息，如国家有关的质量政策、质量标准、项目建设标准、质量目标的分解结果、质量控制工作流程、质量控制工作制度、质量控制的风险分析，工程实体、材料、设备质量检验信息、质量抽样检查结果等
	进度控制信息	与进度控制直接有关的信息，如工期定额、项目总进度计划、进度目标分解结果、进度控制工作流程、进度控制工作制度、进度控制的风险分析、实际进度与计划进度的对比信息、进度统计分析等
按照工程监理信息来源划分	工程建设内部信息	内部信息取自建设项目本身，如工程概况、可行性研究报告、设计文件、施工组织设计、施工方案、合同文件、信息的编码系统、会议制度、监理组织机构、监理工作制度、监理委托合同、监理规划、项目的投资目标、项目的质量目标、项目的进度目标等
	工程建设外部信息	来自建设项目外部环境的信息，如国家有关的政策及法规、国内及国际市场上原材料及设备价格、物价指数、类似工程的造价、类似工程进度、投标单位的实力、投标单位的信誉、毗邻的有关情况等
按照工程监理稳定程度划分	固定信息	指那些具有相对稳定性的信息，或者在一段时间内可以在各项监理工作重复使用而不发生质的变化的信息，它是建设工程监理工作的重要依据。这类信息包括以下几个方面的内容： ①定额标准信息。这类信息内容很广，主要是指各类定额和标准，如概预算定额、施工定额、原材料消耗定额、投资估算指标、生产作业计划标准、监理工作制度等。 ②计划合同信息，指计划指标体系、合同文件等。 ③查询信息，指国家标准、行业标准、部门标准、设计规范、施工规范、监理工程师的人事卡片等
	流动信息	即作业统计信息，它是反映工程项目建设实际状态的信息，随着工程项目的进展而不断更新。这类信息时间性较强，如项目实施阶段的质量、投资及进度统计信息，项目实施阶段的原材料消耗量、机械台班数，人工日数等信息

续表

分类标准	类别	内容
按照工程监理活动层次划分	总监理工程师所需信息	如有关建设工程监理的程序和制度、监理目标和范围、监理组织机构的设置状况、承包商提交的工程设计和施工技术方案、委托监理合同、施工承包合同等
	各专业监理工程师所需信息	如工程建设的计划信息、实际信息(包括投资、质量、进度)、实际与计划的对比分析结果等
	监理员所需信息	主要是现场实际信息,如工程项目的日进展情况、试验数据、现场记录等
按照工程监理阶段划分	项目建设前期信息	包括可行性报告提供的信息、设计任务信息、勘察与测量的信息、初步设计文件的信息、招标投标方面的信息等,其中大量的信息与监理工作有关
	施工阶段的信息	如施工承包合同、施工组织设计、施工技术方案和施工计划、工程技术标准、工程建设实际进展情况报告、工程进度控制方法、施工图纸及技术资料、质量检查验收报告、建设工程监理合同、国家和地方的监理法规等
	竣工阶段的信息	在工程竣工阶段,需要大量的竣工验收资料,这些信息一部分是在整个施工过程中长期积累形成的,另一部分是在竣工验收期间根据积累的资料整理分析而形成的

以上是常见的几种分类形式。由于不同的监理范畴需要不同的信息,按照一定的标准将建设工程监理信息进行分类,对建设工程监理工作有着重要的意义。

9.1.2 建设工程信息管理的主要任务

建设工程信息管理是指在建设工程各个阶段,对所产生的建设工程管理信息进行收集、传输、整理加工、存储和维护、传递和使用等管理活动的总称。对于监理机构和监理工程师来说,其主要任务有以下三个方面:

(1)了解和掌握信息来源,对信息进行分类。

(2)收集来自项目内部和外部的各种信息,将其汇总、整理,按照目标控制的要求及时修改监理规划,并确保信息畅通。

(3)按照目标分解的原则,建立子目标信息流程,确保该系统正常运行。按照监理规范要求的格式汇总监理资料。

9.1.3 建设工程信息的收集

工程项目建设的每一个阶段都会产生大量的信息,但是要得到有价值的信息,只靠自发产生的信息是远远不够的,还必须根据需要进行有目的、有组织、有计划地收集,才能提高信息质量,充分发挥信息的作用。

收集信息是运用信息的前提。各种信息一经产生,就必然受到传输条件、人们的思想意识及各种利益关系的影响,所以,信息有真假、虚实、有用和无用之分。监理工程师要取得有用的信息,必须通过各种渠道,采取各种方法收集信息,然后经过加工、筛选,从中选择出对决策有用的信息。没有足够的信息作为依据,决策就会产生失误。

收集信息是进行信息处理的基础。信息处理是对已经取得的原始信息进行分类、筛选、分析、评定、编码、存储、检索、传递的过程。不收集信息就没有进行处理的对象。信息收集工作做得好坏,直接决定着信息加工处理质量的高低。一般情况下,如果收集到的信息时效性强、真实度高、价值大、全面、系统,则再经加工处理质量就高;反之则低。

因此，建立一套完善的信息采集制度，收集建设工程监理的各阶段、各类信息是监理工作所必需的。

1. 工程建设前期信息的收集

如果监理工程师未参加建设工程建设的前期工作，在受业主的委托对工程建设设计阶段实施监理时，应向业主和有关单位收集以下有关建设工程前期工作的信息作为设计阶段监理的主要依据：

(1)批准的项目建议书、可行性研究报告及设计任务书；

(2)批准的建设选址报告、城市规划部门的批文、土地使用要求、环保要求；

(3)工程地质和水文地质勘察报告、区域图、地形测量图、地质气象和地震烈度等自然条件资料；

(4)矿藏资源报告；

(5)设备条件；

(6)规定的设计标准；

(7)国家或地方的监理法规或规定；

(8)国家或地方有关的技术经济指标和定额等。

2. 工程建设设计阶段信息的收集

工程建设的设计阶段将产生一系列的设计文件，它们是监理工程师协助业主选择承包商，以及在施工阶段实施监理的重要依据。

建设项目的初步设计文件包含大量的信息，如建设项目的规模、总体规划布置，主要建筑物的位置、结构形式和设计尺寸，各种建筑的材料用量、主要设备清单、主要技术经济指标、建设工期、总概算等。还有业主与市政、公用、供电、电信、铁路、交通、消防等部门的协议文件和配合方案。

技术设计是根据初步设计和更详细的调查研究资料进行的，用以进一步解决初步设计中的重大技术问题，如工艺流程、建筑结构、设备选型及数量确定等。技术设计文件与初步设计文件相比，提供了更确切的数据资料，如对建筑物的结构形式和尺寸等进行修正，并编制了修正后的总概算。

施工图设计文件则完整地表现了建筑外形、内部空间分割、结构体系、构造状况，以及建筑群的组成和周围环境的配合情况，具有详细的构造尺寸。它通过图纸反映出大量的信息，如施工总平面图、建筑物的施工平面图和剖面图、设备安装详图、各种专门工程的施工图，以及各种设备和材料的明细表等。另外，还有根据施工图设计所做的施工图预算等。

3. 施工招标阶段信息的收集

在工程建设招标阶段，业主或其委托的监理单位要编制招标文件，而投标单位要编制投标文件，在招标投标过程中及在决标以后，招标、投标文件及其他一些文件将形成一套对工程建设起制约作用的合同文件。这些合同文件是建设工程监理的具有约束力的法律文件，是监理工程师必须要熟悉和掌握的。

这些文件主要包括：投标邀请书、投标须知、合同双方签署的合同协议书、履约保函、合同条款、投标书及其附件、标价的工程量清单及其附件、技术规范、招标图纸、发包单位在招标期内发出的所有补充通知、投标单位在投标期内补充的所有书面文件、投标单位在投标时随投标书一起递送的资料与附图、发包单位发出的中标通知书、合同双方在洽商合同时共同签字的补充文件等。除上述文件外，上级有关部门关于建设项目的批文和有关批示、有关征用土地、迁建赔偿等协议文件也是十分重要的监理信息。

4. 建设工程施工阶段信息的收集

在工程建设施工阶段每天都会产生大量的信息，需要及时收集和处理。可以说工程建设的施工阶段是大量信息产生、传递和处理的阶段，监理工程师的信息管理工作也主要集中在这一阶段。

(1)收集业主方的信息。业主作为工程建设的组织者，在施工过程中要按照合同文件规定提供相应的条件，并要发表对工程建设各方面的意见和看法，下达某些指令，因此，监理工程师应及时收集业主提供的信息。

当业主负责某些设备、材料的供应时，监理工程师需收集业主所提供材料的品种、数量、规格、价格、提货地点、提货方式等信息。例如，有一些项目合同约定业主负责供应钢材、木材、水泥、沙石等主要材料，业主就应及时将这些材料在各个阶段提供的数量、材质证明、检验(试验)资料、运输距离等情况告知有关方面，监理工程师也应及时收集这些信息资料。另外，业主对施工过程中有关进度、质量、投资、合同等方面的看法和意见，监理工程师也应及时收集，同时，还应及时收集业主和上级主管部门对工程建设的各种意见和看法。

(2)收集承包商提供的信息。在项目的施工过程中，随着工程的进展，承包商一方也会产生大量的信息，除承包商本身必须收集和掌握这些信息外，监理工程师在现场管理中也必须收集和掌握这些信息。这些信息主要包括开工报告、施工组织设计、各种计划、施工技术方案、材料报验单、月支付申请表、分包申请、工料价格调整申报表、索赔申报表、竣工报验单、复工申请、各种工程项目自检报告、质量问题报告、有关问题的意见等。承包商应向监理单位报送这些信息资料，监理工程师也应全面系统地收集和掌握这些信息资料。

(3)建设工程监理的现场记录。现场监理人员必须每天以日志的形式记录工地所发生的事情。所有记录应始终保存在工地办公室内，供监理工程师及其他监理人员查阅。这类记录每月由专业监理工程师整理成书面资料上报监理工程师办公室。如监理人员在施工现场遇到突发情况，不得不采取紧急措施而对承包商所发出的书面指令，应尽快通报上一级监理机构，以征得其确认或修改的指令。

现场记录通常记录以下内容：

①现场监理人员所监理工程范围内的机械、劳力的配备和使用情况。如承包人现场人员和设备的配备是否同计划所列的一致；工程质量和进度是否因人员或设备不足而受到影响，受到影响的程度如何；是否缺乏专业施工人员或专业施工设备，承包商有无替代方案；承包商施工完好率和使用率是否令人满意；维修车间及设施如何，是否存储有足够的备件等。

②气候及水文情况。每天的最高气温、最低气温、降雨量和降雪量、风力、河流水位；有预报的雨、雪、台风及洪水到来之前对永久性或临时性工程所采取的保护措施；气候、水文的变化对施工造成损失的细节，如停工时间、救灾的措施和财产的损失等。

③承包商每天的工作范围、完成工程量，以及开始工作的时间和完成工作的时间，是否出现了技术问题，采取了怎样的措施进行处理，效果如何，能否达到技术规范的要求等。

④工程施工中每步工序完成后的情况，如该工序是否已被认可，对缺陷的补救措施或变更情况等。还要记录现场隐蔽工程的情况。

⑤现场材料的供应和储备情况。每一批材料的到达时间、来源、数量、质量存储方式和材料的抽样检查情况等。

(4)工地会议记录。工地会议是监理工作的一种重要方法，会议中包含着大量的信息。监理工程师必须重视工地会议，并建立一套完善的会议制度，以便于会议信息的收集。会议制度包括会议的名称、主持人、参加人、举行会议的时间和地点等，每次会议都应有专人记录，会后应有正式的会议纪要，由与会者签字确认，这些纪要将成为今后解决问题的重要依据。会议纪要的内容应包括：会议时间和地点、出席者姓名职务及他们所代表的单位、会议中发言者的姓名及主要内容、形成的决议、决议由何人及何时执行、未解决的问题及其原因等。

(5)计量与支付记录。计量与支付记录包括所有计量及支付款资料。监理人员应清楚地记录哪些工程进行过计量，哪些工程没有进行计量，哪些工程已经进行了支付，已同意或确定的费率和价格变更等。

(6)试验记录。除正常的试验报告外，试验室应由专人每天以日记形式记录其工作情况，包括对承包商的试验监督和数据分析等。主要记录以下内容：

①工作内容的简单叙述，如进行了哪些试验、结果如何等。

②承包商试验人员配备情况，试验人员配备与承包商计划所列是否一致，数量和素质是否满足工作需要，增减或更换试验人员的建议。

③承包商试验仪器设备的配备、使用和调动情况，需增加新设备的建议等。

④监理试验室与承包商试验室所做的同一个试验的结果有无重大差异，差异在哪里。

(7)工程照片和录像。工程照片和录像是建设工程信息的重要组成部分，它们真实地反映了工程的实际状况，具有不可抵赖性，是文字信息无法比拟的。因此，监理人员也应注意收集此部分内容。

5. 工程建设竣工阶段信息的收集

该阶段主要收集以下几个方面的信息资料。

(1)工程准备阶段文件。如立项文件，建设用地、征地、拆迁文件，开工审批文件等。

(2)监理文件。如监理规划、监理实施细则、有关质量问题和质量事故的相关记录、监理工作总结以及监理过程中各种控制和审批文件等。

(3)施工资料。按建筑安装工程和市政基础设施工程两大类分别收集。

(4)竣工图。按建筑安装工程和市政基础设施工程两大类分别收集。

(5)竣工验收资料。如工程竣工总结、竣工验收备案表、电子档案等。

9.1.4 建设工程信息的加工整理与存储

1. 建设工程信息的加工整理

建设工程信息的加工整理主要是把从建设各方收集到的数据和信息进行筛选、鉴别、选择、核对、分析、合并、排序、更新、计算、汇总、转储，生成不同形式的数据和信息，提供给不同需求的各类管理人员使用。在信息加工时，往往要求按照不同的需求进行加工。不同的使用角度，加工方法是不同的。

在建设项目的施工过程中，监理工程师加工整理的监理信息主要有以下三个方面：

(1)现场监理日报表。现场监理日报表就是现场监理人员根据每天的现场记录加工整理成的报告。

(2)现场监理工程师周报。现场监理工程师周报是现场监理工程师根据监理日报加工整理成的报告，每周向项目总监理工程师汇报一周内发生的所有重大事项。

(3)监理工程师月报。监理工程师月报是集中反映工程师实况和监理工作的重要文件，一般由项目总监理工程师组织编写，每月一次上报业主。大型项目的监理月报往往由各合同段或子项目的总监理工程师代表组织编写，由总监理工程师审阅后报给业主。

2. 建设工程信息的存储

建设工程信息的存储一般需要建立统一的数据库，各类数据以文件的形式组织在一起，组织的方法一般由单位自定，但需要考虑规范化。根据建设工程实际，可以按照下列方式组织：

(1)按照工程进行组织,同一工程按投资、进度、质量、合同的角度组织,各类进一步按照具体情况细化。

(2)文件名规范化,以定长的字符串作为文件名。

(3)各建设方协调统一的存储方式,在国家技术标准中有统一的代码时尽量采用统一代码。

(4)有条件时可以通过网络数据库形式存储数据,达到建设各方数据共享,减少数据冗余,保证数据的唯一性。

9.2 工程监理文件档案资料管理

9.2.1 工程监理文件档案资料管理的概念

工程监理文件档案资料管理是指监理工程师受业主委托,在进行建设工程监理的工作期间,对建设工程实施过程中形成的与监理相关的文档进行收集积累、加工整理、立卷归档和检索利用等一系列工作。其对象是监理文件文档资料,它们是建设工程监理信息的主要载体。

9.2.2 工程监理文件档案资料管理的主要内容

建设工程监理文件档案资料管理的主要内容如下。

1. 监理文件档案资料收文与登记

所有的收文应在收文登记表上进行登记(按监理信息分类别登记)。登记时应记录文件名称、文件摘要信息、文件的发放单位(部门)、文件编号及收文日期,必要时应注明接收文件的具体时间,最后由项目经理部负责收文的人员签字。

2. 监理文件档案资料传阅与登记

由建设工程项目监理部总监理工程师或其授权的监理工程师确定文件、记录是否需传阅,如需传阅应确定传阅人员名单和范围,并注明在文件传阅纸上,随同文件和记录进行传阅。每位传阅人员在传阅后应在文件传阅纸上签字,并注明日期。文件和记录的传阅期限不应超过该文件的处理期限。传阅完毕后,文件原件应交还信息管理人员归档。

3. 监理文件档案资料发文与登记

发文由监理工程师或其授权的监理工程师签名,并加盖项目监理部图章,对盖章工作应进行专项登记。

所有发文按监理信息资料分类和编码要求进行分类编码,并在发文登记表上登记。收件人收到文件后应签名。

发包人应留有底稿,并附一份文件传阅纸。信息管理人员根据文件签发人的指示确定文件责任人和相关传阅人员。文件传阅的过程中,每位传阅人传阅后应签名并注明日期。发文的传阅期限不应超过其处理期限。重要文件的发文内容应在监理日记中予以记录。

项目监理部的信息管理人员应及时将发文原件归入相应的资料柜中,并在目录清单中予以记录。

4. 监理文件档案资料分类存放

监理文件档案经收文、发文、登记和传阅工作程序后,必须使用科学的分类方法进行存放,这样既可满足项目实施过程查阅、求证的需要,又方便项目竣工后文件和档案的归档和移交。项目监理部应备有存放监理信息的专用资料柜和用于监理信息分类归档存放的专用资料夹。在大中型项目中应采用计算机对监理信息进行辅助管理。

信息管理人员应根据项目规模规划各资料柜和资料夹的内容。

文件档案资料应保持清晰、不得随意涂改记录，保存过程中应保持记录介质的清洁和不破损。

文件档案的具体分类原则应根据工程特点制定，监理单位的技术管理部门可以明确本单位文件档案资料管理的框架性原则，以便统一管理并体现出企业的特色。

5. 监理文件档案资料归档

监理文件档案资料的归档内容、组卷方法以及验收、移交和管理工作，应根据现行《建设工程监理规范》(GB/T 50319—2013)和《建设工程文件归档规范》(GB/T 50328—2014)，并参考工程项目所在地区建设工程行政主管部门、建设监理行业主管部门、地方城市建设档案管理部门的规定执行。

《建设工程文件归档规范》
(GB/T 50328—2014)

对一些需连续产生的监理信息，在归档过程中应对该类信息建立相关的统计汇总表格以便进行核查和统计，并及时发现错漏之处，从而保证该类建立信息的完整性。对监理文件档案资料进行归档保存时，应严格遵守以原件为主、复印件为辅，并按一定顺序归档的原则。

如采用计算机进行辅助管理，当相关的文件和记录经相关责任人员签字确认、正式生效，并已存入项目部相关资料夹中时，计算机管理人员应将存储在计算机中的相关文件和记录的文件属性设置为"只读"，并将保存的目录记录在书面文件上以便进行查阅。在项目文件档案资料归档前不得将计算机中保存的有效文件和记录删除。

6. 监理文件档案资料借阅、更改与作废

借阅文件时应进行登记，注明借阅日期、借阅人姓名，借阅人应签字认可，到期应及时归还。借阅文件借出后，应在文件夹内的附录表中作出标记。

监理文件的更改应由原制定部门和相应责任人进行，涉及审批责任的，还需经相关原审批责任人签字认可。若指定其他责任人进行更改和审批时，新责任人必须获得所依据的背景资料。更改后的新文件要及时取代原文件，文件档案更换新版时，应由信息管理部门负责将原版本收回作废。

7. 施工阶段监理资料管理的重点内容

(1)监理规划。应在签订委托监理合同，收到施工合同、施工组织设计(技术方案)、设计图纸文件后一个月内组织完成该工程项目的监理规划编制工作，经监理单位技术负责人审核批准后，在监理交底会前报送建设单位。

(2)监理实施细则。对于技术复杂、专业性强的工程项目应编制监理实施细则。监理实施细则应符合监理规范的要求，并结合专业特点，做到详细、具体、具有可操作性，也要根据实际情况的变化进行修改、补充和完善。

(3)监理日记。监理日记有不同角度的记录，项目总监理工程师可以指定一个监理工程师对项目每天总的情况进行记录；专业监理工程师可以从专业的角度进行记录；监理员可以从负责的单位工程、分部工程、分项工程的具体部位施工情况进行记录。侧重点不同，记录的内容、范围也不同。

(4)监理例会会议纪要。监理例会是履约各方交流信息、协调处理、研究解决合同履约中存在的各方面问题的主要协调方式。会议纪要由项目监理部根据会议记录整理。

例会上对重大问题有不同意见时，应将各方的主要观点，特别是相互对立的意见记录在"其他事项"中。会议纪要内容应准确如实、简明扼要,经总监理工程师审阅、与会各方代表会签,发至合同有关各方,并应有签收手续。

(5)监理月报。监理月报一般在收到承包单位项目监理部报送来的工程进度,汇总了本月已完成工程量和本月计划完成工程量的工程量表、工程款支付申请表等相关资料后,在最短的时间内提交,为5~7天。

(6)监理总结。监理总结有工程竣工总结、专题总结、月报总结三类。

9.2.3 监理工作的基本表式

根据《建设工程监理规范》(GB/T 50319—2013),建设工程监理基本表式分为三大类,即:A类表——工程监理单位用表(共8个表);B类表——施工单位报审、报验用表(共14个表);C类表——通用表(共3个表)。

1. 工程监理单位用表(A类表)

(1)《总监理工程师任命书》(表 A.0.1)。建设工程监理合同签订后,工程监理单位法定代表人要通过《总监理工程师任命书》委派类似建设工程监理经验的注册监理工程师担任总监理工程师。《总监理工程师任命书》需要由工程监理单位法定代表人签字,并加盖单位公章。

(2)《工程开工令》(表 A.0.2)。建设单位代表在施工单位报送的《工程开工报审表》(表B.0.2)上签字同意开工后,总监理工程师可签发《工程开工令》,指令施工单位开工。《工程开工令》需要由总监理工程师签字,并加盖执业印章。

《工程开工令》中应明确具体开工日期,并作为施工单位计算工期的起始日期。

(3)《监理通知单》(表 A.0.3)。《监理通知单》是项目监理机构在日常监理工作中常用的指令性文件。项目监理机构在建设工程监理合同约定的权限范围内,针对施工单位出现的各种问题所发出的指令、提出的要求等,除另有规定外,均应采用《监理通知单》。监理工程师现场发出的口头指令及要求,也应采用《监理通知单》予以确认。

施工单位发生下列情况时,项目监理机构应发出监理通知:
①在施工过程中出现不符合设计要求、工程建设标准、合同约定;
②使用不合格的工程材料、构配件和设备;
③在工程质量、造价、进度等方面存在违规等行为。

《监理通知单》可由总监理工程师或专业监理工程师签发,对于一般问题可由专业监理工程师签发,对于重大问题应由总监理工程师或经其同意后签发。

(4)《监理报告》(表 A.0.4)。当项目监理机构对工程存在安全事故隐患发出《监理通知单》《工程暂停令》而施工单位拒不整改或不停止施工时,项目监理机构应及时向有关主管部门报送《监理报告》。项目监理机构报送《监理报告》时,应附相应《监理通知单》或《工程暂停令》等证明监理人员履行安全生产管理职责的相关文件资料。

(5)《工程暂停令》(表 A.0.5)。建设工程施工过程中出现《建设工程监理规范》(GB/T 50319—2013)规定的停工情形时,总监理工程师应签发《工程暂停令》。《工程暂停令》中应注明工程暂停的原因、部位和范围、停工期间应进行的工作等。《工程暂停令》需要由总监理工程师签字,并加盖执业印章。

(6)《旁站记录》(表 A.0.6)。项目监理机构监理人员对关键部位、关键工序的施工质量进行现场跟踪监督时,需要填写《旁站记录》。"关键部位、关键工序的施工情况"应记录所旁站部位(工序)的施工作业内容、主要施工机械、材料、人员和完成的工程数量等内容及监理人员检查旁站部位施工质量的情况;"发现的问题及处理情况"应说明旁站所发现的问题及其采取的处置措施。

(7)《工程复工令》(表 A.0.7)。当导致工程暂停施工的原因消失、具备复工条件时,建设单位代表在《工程复工报审表》(表 B.0.3)上签字同意复工后,总监理工程师应签发《工程复工令》指令施工单位复工;或者工程具备复工条件而施工单位未提出复工申请的,总监理工程师应根据工程实际情况直接签发《工程复工令》指令施工单位复工。《工程复工令》需要由总监理工程师签字,并加盖执业印章。

(8)《工程款支付证书》(表 A.0.8)。项目监理机构收到经建设单位签署审批意见的《工程款支付报审表》(表 B.0.11)后,总监理工程师应向施工单位签发《工程款支付证书》,同时抄报建设单位。《工程款支付证书》需要由总监理工程师签字,并加盖执业印章。

2. 施工单位报审、报验用表(B 类表)

(1)《施工组织设计或(专项)施工方案报审表》(表 B.0.1)。施工单位编制的施工组织设计、施工方案、专项施工方案经其技术负责人审查后,需要连同《施工组织设计或(专项)施工方案报审表》一起报送项目监理机构。先由专业监理工程师审查后,再由总监理工程师审核签署意见。《施工组织设计或(专项)施工方案报审表》需要由总监理工程师签字,并加盖执业印章。对于超过一定规模的危险性较大的分部分项工程专项施工方案,还需要报送建设单位审批。

(2)《工程开工报审表》(表 B.0.2)。单位工程具备开工条件时,施工单位需要向项目监理机构报送《工程开工报审表》。同时具备下列条件时,由总监理工程师签署审查意见,并报建设单位批准后,总监理工程师方可签发《工程开工令》:

①设计交底和图纸会审已完成;

②施工组织设计已由总监理工程师签认;

③施工单位现场质量、安全生产管理体系已建立,管理及施工人员已到位,施工机械具备使用条件,主要工程材料已落实;

④进场道路及水、电、通信等已满足开工要求。

《工程开工报审表》需要由总监理工程师签字,并加盖执业印章。

(3)《工程复工报审表》(表 B.0.3)。当导致工程暂停施工的原因消失、具备复工条件时,施工单位需要向项目监理机构报送《工程复工报审表》。总监理工程师签署审查意见,并报建设单位批准后,总监理工程师方可签发《工程复工令》。

(4)《分包单位资格报审表》(表 B.0.4)。施工单位按施工合同约定选择分包单位时,需要向项目监理机构报送《分包单位资格报审表》及相关证明材料。《分包单位资格报审表》由专业监理工程师提出审查意见后,由总监理工程师审核签认。

(5)《施工控制测量成果报验表》(表 B.0.5)。施工单位完成施工控制测量并自检合格后,需要向项目监理机构报送《施工控制测量成果报验表》及施工控制测量依据和成果表。专业监理工程师审查合格后予以签认。

(6)《工程材料、构配件、设备报审表》(表 B.0.6)。施工单位在对工程材料、构配件、设备自检合格后,应向项目监理机构报送《工程材料、构配件、设备报审表》及相关质量证明材料和自检报告。专业监理工程师审查合格后予以签认。

(7)《报验、报审表》(表 B.0.7)。该表主要用于隐蔽工程、检验批、分项工程的报验,也可用于为施工单位提供服务的试验室的报审。专业监理工程师审查合格后予以签认。

(8)《分部工程报验表》(表 B.0.8)。分部工程所包含的分项工程全部自检合格后,施工单位应向项目监理机构报送《分部工程报验表》及分部工程质量控制资料。在专业监理工程师验收的基础上,由总监理工程师签署验收意见。

(9)《监理通知回复单》(表 B.0.9)。施工单位在收到《监理通知单》(表 A.0.3),并按要求进行整改、自查合格后,应向项目监理机构报送《监理通知回复单》。项目监理机构收到施工单位报送的《监理通知回复单》后,一般可由原发出《监理通知单》的专业监理工程师进行核查,认可整改结果后予以签认。重大问题可由总监理工程师进行核查签认。

(10)《单位工程竣工验收报审表》(表 B.0.10)。单位(子单位)工程完成后,施工单位自检符合竣工验收条件后,应向项目监理机构报送《单位工程竣工验收报审表》及相关附件,申请竣工验收。总监理工程师在收到《单位工程竣工验收报审表》及相关附件后,应组织专业监理工程师进行审查并进行预验收,合格后签署预验收意见。《单位工程竣工验收报审表》需要由总监理工程师签字,并加盖执业印章。

(11)《工程款支付报审表》(表 B.0.11)。该表适用于施工单位工程预付款、工程进度款、竣工结算款等的支付申请。项目监理机构对施工单位的申请事项进行审核并签署意见,经建设单位批准后方可作为总监理工程师签发《工程款支付证书》(表 A.0.8)的依据。

(12)《施工进度计划报审表》(表 B.0.12)。该表适用于施工总进度计划、阶段性施工进度计划的报审。施工进度计划在专业监理工程师审查的基础上,由总监理工程师审核签认。

(13)《费用索赔报审表》(表 B.0.13)。施工单位索赔工程费用时,需要向项目监理机构报送《费用索赔报审表》。项目监理机构对施工单位的申请事项进行审核并签署意见,经建设单位批准后方可作为支付索赔费用的依据。《费用索赔报审表》需要由总监理工程师签字,并加盖执业印章。

(14)《工程临时或最终延期报审表》(表 B.0.14)。施工单位申请工程延期时,需要向项目监理机构报送《工程临时或最终延期报审表》。项目监理机构对施工单位的申请事项进行审核并签署意见,经建设单位批准后方可延长合同工期。《工程临时或最终延期报审表》需要由总监理工程师签字,并加盖执业印章。

3. 通用表(C 类表)

(1)《工作联系单》(表 C.0.1)。该表用于项目监理机构与工程建设有关方(包括建设、施工、监理、勘察、设计等单位和上级主管部门)之间的日常工作联系。有权签发《工作联系单》的负责人有:建设单位现场代表、施工单位项目经理、工程监理单位项目总监理工程师、设计单位本工程设计负责人及工程项目其他参建单位的相关负责人等。

(2)《工程变更单》(表 C.0.2)。施工单位、建设单位、工程监理单位提出工程变更时,应填写《工程变更单》,由建设单位、设计单位、监理单位和施工单位共同签认。

(3)《索赔意向通知书》(表 C.0.3)。施工过程中发生索赔事件后,受影响的单位依据法律法规和合同约定,向对方单位声明或告知索赔意向时,需要在合同约定的时间内报送《索赔意向通知书》。

9.2.4 基本表式应用说明

1. 由总监理工程师签字并加盖执业印章的表式

下列表式应由总监理工程师签字并加盖执业印章:

(1)A.0.2 工程开工令;
(2)A.0.5 工程暂停令;
(3)A.0.7 工程复工令;
(4)A.0.8 工程款支付证书;
(5)B.0.1 施工组织设计或(专项)施工方案报审表;
(6)B.0.2 工程开工报审表;
(7)B.0.10 单位工程竣工验收报审表;
(8)B.0.11 工程款支付报审表;

(9)B.0.13 费用索赔报审表；
(10)B.0.14 工程临时或最终延期报审表。

2. 需要建设单位审批同意的表式

下列表式需要建设单位审批同意：
(1)B.0.1 施工组织设计或(专项)施工方案报审表(仅对超过一定规模的危险性较大的分部分项工程专项施工方案)；
(2)B.0.2 工程开工报审表；
(3)B.0.3 工程复工报审表；
(4)B.0.12 施工进度计划报审表；
(5)B.0.13 费用索赔报审表；
(6)B.0.14 工程临时或最终延期报审表。

3. 需要工程监理单位法定代表人签字并加盖工程监理单位公章的表式

只有"A.0.1 总监理工程师任命书"需要由工程监理单位法定代表人签字，并加盖工程监理单位公章。

4. 需要由施工项目经理签字并加盖施工单位公章的表式

"B.0.2 工程开工报审表""B.0.10 单位工程竣工验收报审表"必须由项目经理签字并加盖施工单位公章。

5. 其他说明

对于涉及工程质量方面的基本表式，由于各行业、各部门的专业要求不同，各类工程的质量验收应按相关专业验收规范及相关表式要求办理。如没有相应表式，工程开工前，项目监理机构应根据工程特点、质量要求、竣工及归档组卷要求，与建设单位、施工单位进行协商，定制工程质量验收相应表式。项目监理机构应事前使施工单位、建设单位明确定制各类表式的使用要求。

9.3 计算机辅助监理

工程项目的投资、进度和质量控制是工程建设项目管理(或监理)的三大基本目标。要实现对工程建设项目三大目标的控制，以及进行有效的合同管理，对工程项目的信息管理提出了更高的要求，即要快速、准确、有效地处理众多的建设信息，以便为目标管理者制定科学决策提供及时的支持。因此，国内外已开发出由计算机辅助的各种软件，作为工程项目管理(或监理)人员从事工程建设项目管理(或监理)的重要工具。

9.3.1 计算机辅助监理的意义

(1)计算机辅助监理是项目管理的需要。项目的信息量大，数据处理繁杂，应用计算机可以迅速、正确、及时地为监理提供信息，为决策服务。
(2)计算机辅助监理是项目监理业务的需要。高质量、高水平的建设监理离不开电子计算机。
(3)计算机辅助监理是对外开放的需要。监理项目有三资项目、国外贷款项目，将来还会有国外项目，而用计算机辅助监理则是国际上监理工程师的基本手段。

9.3.2 监理工作中的计算机辅助作用

(1)信息存储。利用计算机存储量大的特点，集中存储与项目有关的信息，以利于建设工程信息的储存。

(2)信息处理快速、准确。利用计算机速度快的特点,可以高速准确地处理项目监理所需的信息。

(3)快速整理报告。利用计算机辅助监理软件,可以方便地形成各种需求的报告,快速整理出报告的内容。

9.3.3 计算机辅助监理的具体内容

计算机辅助监理的主要内容为发现问题、编制规划、帮助决策、跟踪检查,达到对工程控制的目的。

1. 计算机辅助监理确定控制目标

任何工程建设项目都应有明确的目标。监理工程师要想对建设工程项目实施有效的监理,首先必须确定监理的控制目标,投资、进度和质量是监理的主要三大控制目标。应用计算机辅助监理可以在建设项目实施前帮助监理工程师及时、准确地确定投资目标;全面、合理地确定进度目标;具体、系统地确定质量目标。应用计算机辅助监理确定控制目标的目的、现状和方法见表9-2。

表 9-2 计算机辅助监理确定控制目标

控制内容	目前情况	控制方法
及时、准确地确定投资目标	由设计单位根据定额来进行概预算,业主无自主权,带有笼统性	用计算机进行预决算,既快又准,避免了以往由设计单位进行预决算,最后造成预决算超预算,预算超概算的弊病
全面、合理地确定进度目标	(1)工期目标为任期目标 (2)定额工期只能是客观控制 (3)没有经过合理工序比较 (4)施工单位组织管理的非科学性 (5)草率上马,导致工期延长	迫切需要计算机科学、合理地确定工期,实施进度目标控制
具体、系统地确定质量目标	(1)质量目标脱离造价与工期 (2)笼统概括 (3)讲抽象概念	(1)不能脱离造价与工期 (2)应具体明确,每个项目目标都应进行详细定义和说明 (3)须进行分解,不能只讲抽象概念

2. 计算机辅助监理进行目标控制

(1)计算机辅助投资控制。计算机辅助投资控制的内容主要有以下三个部分:

①投资目标值的确定、分解和调整;

②实际投资费用支出的统计分析与动态比较;

③项目投资的查询及各种报表。

计算机辅助投资控制系统功能模块如图9-1所示。

(2)计算机辅助进度控制。计算机辅助进度控制的意义归纳起来有以下三个方面:

①通过计算机辅助进度控制可以确保总进度目标的完成,其具体内容包括:总进度目标的科学性取决于对目标计划值的合理确定;总进度目标实现的可能性在于对分析阶段目标的最佳实现;及时调整进度目标是进度控制的核心。

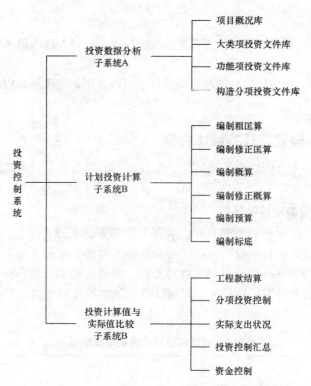

图 9-1 计算机辅助投资控制系统功能模块

②通过计算机辅助进度控制可以实现项目实施阶段的科学管理，其具体内容包括：科学的计划管理；完善的现场管理；必要的风险管理。

③对进度控制中突发事件能及时反映，能够迅速对进度进行调整，重新确定关键线路。

计算机辅助进度控制系统功能模块如图 9-2 所示。

(3) 计算机辅助质量控制。计算机辅助质量控制系统功能模块如图 9-3 所示。

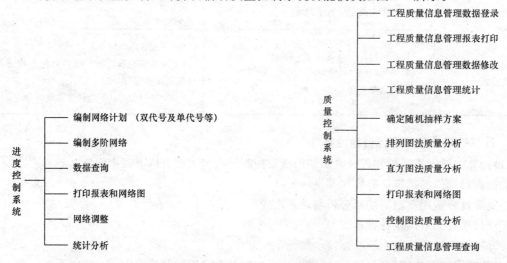

图 9-2 计算机辅助进度控制系统功能模块　　图 9-3 计算机辅助质量控制系统功能模块

(4) 计算机辅助合同管理。合同管理是监理工程师的一项重要工作内容。计算机辅助合同管理的功能见表 9-3。

表 9-3　计算机辅助合同管理的功能

功能	属性	具体内容
合同的分类登录与检索	主动控制（静态控制）	合同结构模型的提供与选用，合同文件、资料的登录、修改、删除等，合同文件的分类、查询和统计，合同文件的检索
合同的跟踪与控制	动态控制	合同执行情况跟踪和处理过程的记录，合同执行情况的打印报表等，涉外合同的外汇折算，建立经济法规库（国内经济法、国外经济法）

(5) 计算机辅助现场组织管理。计算机辅助现场组织管理如图 9-4 所示。

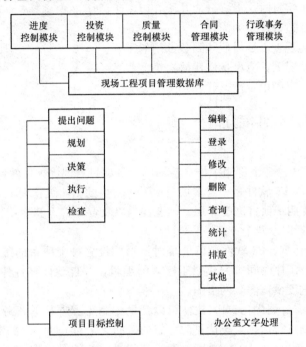

图 9-4　计算机辅助现场组织管理

9.3.4　计算机辅助监理的编码系统

在建设监理过程中，监理工程师采用计算机辅助监理的编码系统，给查询文件档案和管理决策带来了方便。

1. 计算机辅助监理编码系统的意义

编码是指设计代码，而代码指的是代表事物名称、属性和状态的符号与数字，它可以大大节省存储空间，查找、运算、排序等也都十分方便。通过编码可以为事物提供一个精炼而不含混的记号，并且可以提高数据处理的效率。

2. 计算机辅助监理编码系统的方法与注意事项

(1) 编码的方法主要包括以下五种：

①顺序编码：从 001 开始依次排下去，直至最后。

②成批编码：从头开始，依次为数据编码，但在每批同类型数据之后留有一定余量，以备添加新的数据。

③多面码：一个事物可能有多个属性，如果在码的结构中能为这些属性各规定一个位置，

就形成了多面码。

④十进制码：先将对象分成十大类，编以 0~9 的号码，每类中再分成十个小类，给以第二个 0~9 的号码，依次编下去。

⑤文字数字码：用文字表明对象的属性，而文字一般用英语缩写或汉语拼音的字头。

(2) 编码系统的注意事项主要包括以下几个方面：

①每一代码必须保证其所描述的实体是唯一的。

②代码设计要留出足够的可扩充的位置，以适应新情况的变化。

③代码应尽量标准化，以便与全国的编码保持一致，便于系统的开拓。

④代码设计应该等长，便于计算机处理。

⑤当代码长于五个字符时，最好分成几段，以便于记忆。

⑥代码应在逻辑上适合使用的需要。

⑦编码要有系统的观点，尽量照顾到各部门的需要。

⑧在条件允许的情况下，应尽量使代码短小。

⑨代码系统要有一定的稳定性。

9.3.5 监理常用软件简介

1. P3/P6 软件

P3 软件是 1995 年由原建设部组织推广应用的一种项目管理优秀软件，P3 软件是单项目（单子项目）的管理工具，而 P6 软件是一个多项目（多子项目）的企业级管理工具，是 P3 软件的换代产品。P3/P6 软件主要用于项目进度计划、动态控制以及资源管理和费用控制的项目管理软件。P3 软件的主要内容包括以下几个方面：

(1) 建立项目进度计划。P3 软件是以屏幕对话形式设立一个项目的工序表，通过直接输入工序代码、工序名称、工序时间等完成对工序表的编辑，并自动计算各种进度参数，计算项目进度计划，生成项目进度横道图和网络图。

(2) 项目资源管理、计划优化。P3 软件可以帮助编制工程项目的资源使用计划，并应用资源平衡方法对项目计划进行优化，包括资源一定的工期优化和工期一定的资源优化。

(3) 项目进度的跟踪比较。P3 软件可以跟踪工程进度，随时比较计划进度和实际进度的关系，进行目标计划的优化。

(4) 项目费用管理。P3 软件可以在任意一级科目上建立预算并跟踪本期实际费用、累计实际费用，给出完成的百分比、盈利率等，实现对项目费用的控制。

(5) 项目进展报告。P3 软件提供了 150 多个可自定义的报告和图形，用于分析反映工程项目的计划及其进展效果。

P3 软件还具有友好的用户界面，屏幕直观，操作方便；能同时管理多个在建项目；能处理工序多达 10 万个以上的大型复杂项目；具有与其他软件匹配的良好接口等优点。因此，P3 软件现已广泛应用于对大型项目或施工企业的项目管理。

2. SureTrak 软件

SureTrak 软件又称为小 P3 软件，是 P3 系列软件之一。小 P3 软件是 Primavera 公司为了适用于中小型工程项目管理而对 P3 软件简化而成。SureTrak 软件具有 P3 软件 80% 的功能，但价格相对较低。项目施工现场若使用 SureTrak 软件，通过 E-mail 电子邮件，能成功地实现工地与总部之间的数据交换，使总部 P3 软件能自动识别并接收 SureTrak 的数据。

3. Expedition 软件

Expedition 软件也是 P3 系列软件中用于工程项目合同事务管理的软件，它有助于执行 FIDIC

合同条款。该软件的功能主要分为五大模块，即合同信息、通信、记事、请示与变更以及项目概况。

(1)合同信息模块：可以记录与项目有关的合同、采购单、发票等，并能将上述文件中的费用分摊到费用计算表中。通过费用计算表，可以对项目的预算费用、合同费用和实际费用进行跟踪处理。

(2)通信模块：可以对通信录、信函、收发文件、会议记录、电话记录等内容进行记录、归类、事件关联等处理。

(3)记事模块：可以对送审件、材料到货、日报登记、归类、检索等信息进行处理。

(4)请示与变更功能模块：主要对整个变更过程中的往返函件进行自动关联与跟踪等。

(5)项目概况模块：主要用于反映项目各方执行合同状态及项目的简要说明等。

4. 监理通软件

监理通软件由监理通软件开发中心开发。监理通软件开发中心是由中国建设监理协会和京兴国际工程管理公司等单位共同组建的，于1996年成立。该软件目前包括七个版本，即网络版、管理版、单机版、企业版、经理版、文档版和电力版。其中，网络版在每个工作站上具有单机版的全部功能，同时数据库放在服务器上，实现各工作站上数据共享。服务器也可由一台档次较高的计算机代替。工作站与服务器连接方式有两种：工作站1~3与服务器的局域网连接方式(通过网络线)，工作站4与服务器的广域网连接方式(通过电话线)。网络版适用于在较大工程上，多个专业的监理工程师共同输入数据或在多个工地上输入数据，最终由该软件自动进行数据汇总分析。

管理版可以实现浏览工程信息(基本信息、工程照片、工程月报)，上传工程信息(基本信息、工程照片、工程月报)，工程信息删除(基本信息、工程照片、工程月报)，公司人员考勤管理，人员所在工程统计、工程人员分布统计，公司内部信息发布(可发布多媒体信息，如公司培训课程等)，合同信息(存档、查看)，公司人员信息管理统计(如公司人员学历、部门人数统计等，统计信息以图表形式动态显示)，甲方用户信息查看(甲方可以使用为他建立的账号查看工程信息，仅限于自身工程)，系统远程管理。

单机版涵盖了监理工作事前、事中、事后的"三控两管"全部内容，可以跨行业、跨地区使用。其适用于现场只有一台计算机的情况。

5. 斯维尔工程监理软件

斯维尔工程监理软件由深圳市清华斯维尔软件科技有限公司开发。软件功能如下：

(1)工程项目。管理主要包括项目概况、项目组织情况、人员查询、项目地理信息、项目设计图纸浏览。

(2)文档管理。主要包括文件收发、文件档案管理的全过程，并对工程监理中的建设函件(建筑施工函件、建筑监理函件、市政施工函件、市政监理函件)、监理相关文件及用户自定义报表。

(3)合同管理。完成对合同基本索引情况的登记、合同全文录入(导入或扫描)、合同审查意见、执行情况、纠纷与索赔处理、修改与终止等。

(4)组织协调。包括会议纪要、争议与分歧和监理程序流程查询。

(5)质量控制。对设计、准备、施工、竣工、保养各个阶段的工程管理和分项工程工序质量进行控制。

(6)投资控制。对各合同的合同价清单、费用计算、结算汇总、分项累计比较及月度费用偏差进行比较。

(7)进度控制。对施工计划和实际施工进度信息进行编辑，用横道图、单代号网络图、双代号网络图来显示工程进度并进行进度调整。

(8)系统设置。模板定制、维护，对整个系统中工程、代码、定额等基本信息进行预处理。

(9)数据通信。提供数据交换的方法，包括报盘、远程网络、Internet，交换的信息可由用户选择。

(10)辅助功能。用户管理、密码修改、系统日志、帮助、各种相关法律法规检索等功能。

6. PKPM 监理软件

PKPM 监理软件由中国建筑科学研究院建筑工程软件研究所开发，主要功能如下：

(1)质量控制：提供质量预控库，辅助监理工程师完成质量控制，审批报表。

(2)进度控制：成熟的 PKPM 项目管理系统，可实现进度智能控制。

(3)造价控制：PKPM 监理软件可提供工程款项支出明细表，并能通过实际与计划支付情况形成图形直观反映偏差；提供造价审核功能，帮助完成预算审计工作，并能根据所报表格自动形成月支付统计表；能够对施工单位的月工程进度款、工程变更费用、索赔费用和工程款支付进行审批。

(4)合同管理：PKPM 监理管理软件可提供合同备案管理功能。PKPM 监理管理软件可提供各种监理相关法律、法规，方便参阅；提供合同预警设置，便于查阅合同到期及履行情况。

(5)资料管理：PKPM 监理管理软件结合现行的施工资料管理软件，可快速简单地完成资料的归档管理工作。PKPM 监理管理软件可自动、智能生成监理月报；提供监理工作程序图，规范监理工作；提供监理日常工作所需功能，简化工作。

9.3.6　建筑信息建模(BIM)

BIM 是利用数字模型对工程进行设计、施工和运营的过程。BIM 以多种数字技术为依托，可以实现建设工程全寿命期集成管理。在建设工程实施阶段，借助于 BIM 技术，可以进行设计方案比选，实际施工模拟，在施工之前就能发现施工阶段会出现的各种问题，以便能提前处理，从而可提供合理的施工方案，合理配置人员、材料和设备，在最大范围内实现资源的合理运用。

1. BIM 的特点

BIM 具有可视化、协调性、模拟性、优化性、可出图性等特点。

(1)可视化。可视化即"所见即所得"。对于建筑业而言，可视化的作用非常大。目前，在工程建设中所用的施工图纸只是将各个构件信息用线条来表达，其真正的构造形式需要工程建设参与人员去自行想象。但对于现代建筑而言，形式各异、造型复杂，光凭人脑去想象，不太现实。BIM 技术可将以往的线条式构件形成一种三维的立体实物图形展示在人们面前。应用 BIM 技术，不仅可以用来展示效果，还可以生成所需要的各种报表。更重要的是在工程设计、建造、运营过程中的沟通、讨论、决策都能在可视化状态下进行。

(2)协调性。协调是工程建设实施过程中的重要工作。在通常情况下，工程实施过程中一旦遇到问题，就需将各有关人员组织起来召开协调会，找出问题发生的原因及解决办法，然后采取相应补救措施。应用 BIM 技术，可以将事后协调转变为事先协调。如在工程设计阶段，可应用 BIM 技术协调解决施工过程中建筑物内设施的碰撞问题。在工程施工阶段，可以通过模拟施工，事先发现施工过程中存在的问题。另外，还可以对空间布置、防火分区、管道布置等问题进行协调处理。

(3)模拟性。应用 BIM 技术，在工程设计阶段可对节能、紧急疏散、日照、热能传导等进行模拟；在工程施工阶段可根据施工组织设计将 3D 模型加施工进度(4D)模拟实际施工，从而通过确定合理的施工方案指导实际施工，还可进行 5D 模拟(基于 3D 模型的造价控制)，实现造价控制(通常被称为"虚拟施工")；在运营阶段，可对日常紧急情况的处理进行模拟，如地震人员逃生模拟及消防人员疏散模拟等。

(4)优化性。应用BIM技术,可提供建筑物实际存在的信息,包括几何信息、物理信息、规则信息等,并能在建筑物变化后自动修改和调整这些信息。现代建筑物越来越复杂,在优化过程中需处理的信息量已远远超出人脑的能力极限,需借助其他手段和工具来完成,BIM技术与其配套的各种优化工具为复杂工程项目进行优化提供了可能。目前,基于BIM技术的优化可完成以下工作:

①设计方案优化。将工程设计与投资回报分析结合起来,可以实时计算设计变化对投资回报的影响。这样,建设单位对设计方案的选择就不会仅仅停留在对形状的评价上,可以知道哪种设计方案更适合自身需求。

②特殊项目的设计优化。有些工程部位往往存在不规则设计,如裙楼、幕墙、屋顶、大空间等处。这些工程部位通常也是施工难度较大、施工问题比较多的地方,对这些部位的设计和施工方案进行优化,可以缩短施工工期、降低工程造价。

(5)可出图性。应用BIM技术对建筑物进行可视化展示、协调、模拟、优化后,还可输出有关图纸或报告:

①综合管线图(经过碰撞检查和设计修改,消除了相应错误)。

②综合结构留洞图(预埋套管图)。

③碰撞检查侦错报告和建议改进方案。

2. BIM在工程项目管理中的应用

(1)应用目标。工程监理单位应用BIM的主要任务是通过借助BIM理念及其相关技术搭建统一的数字化工程信息平台,实现工程建设过程中各阶段数据信息的整合及其应用,进而更好地为建设单位创造价值,提高工程建设效率和质量。目前,建设工程监理过程中应用BIM技术期望实现如下目标:

①可视化展示。应用BIM技术可实现建设工程完工前的可视化展示,与传统单一的设计效果图等表现方式相比,由于数字化工程信息平台包含了工程建设各阶段所有的数据信息,基于这些数据信息制作的各种可视化展示将更准确、更灵活地表现工程项目,并辅助各专业、各行业之间的沟通交流。

②提高工程设计和项目管理质量。BIM技术可帮助工程项目各参建方在工程建设全过程中更好地沟通协调,为做好设计管理工作,进行工程项目技术、经济可行性论证,提供了更为先进的手段和方法,从而可提升工程项目管理的质量和效率。

③控制工程造价。通过数字化工程信息模型,确保工程项目各阶段数据信息的准确性和唯一性,进而在工程建设早期发现问题并予以解决,减少施工过程中的工程变更,大大提高对工程造价的控制力。

④缩短工程施工周期。借助BIM技术,实现对各重要施工工序的可视化整合,协助建设单位、设计单位、施工单位更好地沟通协调与论证,合理优化施工工序。

(2)应用范围。现阶段,工程监理单位运用BIM技术提升服务价值,仍处于初级阶段,其应用范围主要包括以下几个方面:

①可视化模型建立。可视化模型的建立是应用BIM的基础,包括建筑、结构、设备等各专业工种。BIM模型在工程建设中的衍生路线就像一棵大树,其源头是设计单位在设计阶段培育的种子模型;其生长过程伴随着工程进展,由施工单位进行二次设计和重塑,以及建设单位、工程监理单位等多方审核。后端衍生的各层级应用如同果实一样。它们之间相互维系,而维系的血脉就是带有种子模型基因的数据信息,数据信息如同新陈代谢随着工程进展不断进行更新维护。

②管线综合。随着建筑业的快速发展,对协同设计与管线综合的要求愈加强烈。但是,由于缺乏有效的技术手段,不少设计单位都没有能够很好地解决管线综合问题,各专业设计之间

的冲突严重地影响了工程质量、造价、进度等。BIM技术的出现,可以很好地实现碰撞检查,尤其对于建筑形体复杂或管线约束多的情况是一种很好的解决方案。此类服务可使建设工程监理服务价值得到进一步提升。

③4D虚拟施工。当前,绝大部分工程项目仍采用横道图进度计划,用直方图表示资源计划,无法清晰描述施工进度以及各种复杂关系,难以准确表达工程施工的动态变化过程,更不能动态地优化分配所需要的各种资源和施工场地。将BIM技术与进度计划软件(如MS Project, P6等)数据进行集成,可以按月、按周、按天看到工程施工进度并根据现场情况进行实时调整,分析不同施工方案的优劣,从而得到最佳施工方案。另外,还可对工程项目的重点或难点部分进行可施工性模拟。通过对施工进度和资源的动态管理及优化控制,以及施工过程的模拟,可以更好地提高工程项目的资源利用率。

④成本核算。对于工程项目而言,预算超支现象是极其普遍的。而缺乏可靠的成本数据是造成工程造价超支的重要原因。BIM是一个包含丰富数据、面向对象、具有智能和参数特点的建筑数字化标识。借助这些信息,计算机可以快速对各种构件进行统计分析,完成成本核算。通过将工程设计和投资回报分析相结合,实时计算设计变更对投资回报的影响,合理控制工程总造价。

由于工程项目本身的特殊性,工程建设过程中随时都可能出现无法预计的各类问题,而BIM技术的数字化手段本身也是一项全新技术。因此,在建设工程监理与项目管理服务过程中,使用BIM技术具有开拓性意义,同时,也对建设工程监理与项目管理团队带来极大的挑战,不仅要求建设工程监理与项目管理团队具备优秀的技术和服务能力,还需要强大的资源整合能力。

案例:信息管理制度

本章小结

本章简单而准确地阐述了建设工程信息的分类和收集。其中,重点是建设工程文件档案管理信息的收集,难点是建设工程文件档案的管理。通过本章的学习,应使学生明确建设工程文件档案管理的要求及计算机辅助监理的应用。

练习与思考

1. 信息的特点有哪些?
2. 信息管理的作用有哪些?
3. 简述信息管理系统的功能。
4. 信息管理的方法有哪些?
5. 信息管理的手段有哪些?
6. 计算机辅助监理的内容有哪些?
7. 常见的计算机辅助监理软件有哪些?各自的优点有哪些?

第 10 章　建设工程监理工作文件管理

内容提要

本章主要内容包括：监理大纲、监理规划、监理实施细则的编写依据及内容。

知识目标

1. 了解建设工程监理文件的组成。
2. 了解监理大纲的作用、编写依据。
3. 掌握监理规划的编写要求。
4. 掌握监理实施细则的编写依据及内容。

能力目标

1. 能理解监理大纲、监理规划、监理实施细则的编写依据及内容。
2. 能明确监理大纲、监理规划、监理实施细则的作用。

建设工程监理规划是在总监理工程师组织下编制，经监理企业技术负责人批准，用来指导项目监理机构全面开展监理工作的指导性文件。监理规划的编制应针对项目的实际情况，明确项目监理机构的工作目标，确定具体的监理工作制度、程序、方法和措施，并应具有可操作性。建设工程监理大纲和监理实施细则是与监理规划相互关联的两个重要文件，它们与监理规划共同构成监理规划系列性文件。

10.1　监理大纲

监理大纲又称监理方案，是监理单位在业主委托监理的过程中为承揽监理业务而编写的监理方案性文件。项目监理大纲是项目监理规划编写的直接依据。

10.1.1　监理大纲的作用

监理大纲是为了使业主认可监理企业所提供的监理服务，从而承揽到监理业务。尤其通过公开招标竞争的方式获取监理业务时，监理大纲是监理单位能否中标最主要的文件资料。监理大纲是为中标后监理单位开展监理工作制订的工作方案，是中标监理项目委托监理合同的重要组成部分，是监理工作总的要求。

10.1.2　监理大纲的编制要求

（1）监理大纲是体现为业主提供监理服务总的方案性文件，要求企业在编制监理大纲时，应在总经理或主管负责人的主持下，在企业技术负责人、经营部门、技术质量部门等密切配合下编制。

(2) 监理大纲的编制应依据监理招标文件、设计文件及业主的要求编制。

(3) 监理大纲的编制要体现企业自身的管理水平、技术装备等实际情况，编制的监理方案既要满足最大可能地中标，又要建立在合理、可行的基础上。因为监理单位一旦中标，投标文件将作为监理合同文件的组成部分，对监理单位履行合同具有约束效力。

10.1.3 监理大纲的编制内容

为使业主认可监理单位，充分表达监理工作总的方案，使监理单位中标，监理大纲的内容一般应包括以下内容：

(1) 人员及资质。监理单位拟派往工程项目上的主要监理人员及其资质等情况介绍，如监理工程师资格证书、专业学历证书、职称证书等，可附复印件说明。作为投标书的监理大纲还需要有监理单位基本情况介绍、公司资质证明文件，如企业营业执照、资质证书、质量体系认证证书、各类获奖证书等的复印件，加盖单位公章以证明其真实有效。

(2) 监理单位工作业绩。监理单位工作经验及以往承担的主要工程项目，尤其是与招标项目同类型项目一览表，必要时可附上以往承担监理项目的工作成果；获优质工程奖、业主对监理单位好评等的复印件。

(3) 拟采用的监理方案。根据业主招标文件要求以及监理单位所掌握了解的工程信息，制定拟采用的监理方案，包括监理组织方案、项目目标控制方案、合同管理方案、组织协调方案等，这一部分内容是监理大纲的核心内容。

(4) 拟投入的监理设施。其为实现监理工作目标，实施监理方案，必须投入监理项目工作所需要的监理设施。其包括开展监理工作所需要的检测、检验设备，工具、器具，办公设施，如计算机、打印机、管理软件等；为开展组织协调工作提供监理工作后勤保障所需的交通、通信设施以及生活设施等。

(5) 监理酬金报价。写明监理酬金总报价，有时还应列出具体标段的监理酬金报价，必要时应有依据地列出详细的计算过程。另外，监理大纲中还应明确说明监理工作中向业主提交的反映监理阶段性成果的文件。

10.2 监理规划

监理规划是在总监理工程师组织下编制，经监理单位技术负责人批准，用来指导项目监理机构全面开展监理工作的指导性文件。监理规划是针对一个具体的工程项目编制的，主要是说明在特定项目中监理工作做什么，谁来做，什么时候做，怎样做，即具体的监理工作制度、程序、方法和措施的问题，从而把监理工作纳入规范化、标准化的轨道，避免监理工作中的随意性。它的基本作用是：指导监理单位的工程项目监理机构全面开展监理工作，为实现工程项目建设目标规划安排好"三控制""两管理"和"一协调"，是监理公司派驻现场的监理机构对工程项目实施监督管理的重要依据，也是业主确认监理机构是否全面履行工程建设监理合同的主要依据。

一个工程建设监理规划编制水平的高低，直接影响到该工程项目监理的深度和广度，也直接影响到该工程项目的总体质量。它是一个监理单位综合能力的具体体现，对开展监理业务有举足轻重的作用。所以要圆满完成一项工程建设监理任务，编制好工程建设监理规划就显得非常必要。

10.2.1 监理规划编制的依据

监理规划涉及全局,其编制既要考虑工程的实际特点,考虑国家的法律、法规、规范,又要体现监理合同对监理的要求、施工承包合同对承包商的要求。《建设工程监理规范》(GB/T 50319—2013)认为编制监理规划应依据:建设工程的相关法律、法规及项目审批文件;与建设工程项目有关的标准、设计文件、技术资料;监理大纲、委托监理合同文件以及与建设工程项目相关的合同文件。具体分解后,主要有以下几个方面:

(1)工程项目外部环境资料。

①自然条件,如工程地质、工程水文、历年气象、地域地形、自然灾害等。这些情况不但关系到工程的复杂程度,而且也会影响施工的质量、进度和投资。如在夏季多雨的地区进行施工,监理就必须考虑雨期施工进行监理的方法、措施。在监理规划中要深入研究分析自然条件对监理工作的影响,给予充分重视。

②社会和经济条件,如政治局势稳定性、社会治安状况、建筑市场状况、材料和设备厂家的供货能力、勘察设计单位、施工单位、交通、通信、公用设施、能源和后勤供应等。同样社会问题对工程施工的三大目标也有着重要的影响。社会政治局势的稳定情况直接关系到工程项目能否顺利展开。如果工程中的大型构件、设备要通过运输进场,则要考虑公路、铁路及桥梁的承受力。而勘察设计单位的勘察设计能力、施工单位的施工能力,他们的易合作性,对进行监理的工作发挥了很大的制约作用。设想,如果工程的承包单位能力很差,再强的监理单位也难以完成项目监理的目标。毕竟监理单位不能代替承包单位进行施工。在监理单位撤换承包单位的建议被建设单位采纳后,势必又引发进场费与出场费的问题,对投资产生影响。

(2)工程建设方面的法律、法规。主要是指中央、地方和部门及工程所在地的政策、法律、法规和规定,工程建设的各种规范和标准。监理规划必须依法编制,要具有合法性。监理单位跨地区、跨部门进行监理时,监理规划尤其要充分反映工程所在地区或部门的政策、法律、法规和规定的要求。

(3)政府批准的工程建设文件。工程项目可行性研究报告、立项批文,规划部门确定的规划条件、土地使用条件、环境保护要求、市政管理规定等。

(4)工程项目相邻建筑、公用设施的情况。施工场地周围的建筑、公用设施对施工的开展有极其重要的影响。如在临近铁路的地方开挖基坑,对于维护结构的位移控制有严格要求,那么监理工作中位移监测的工作量就比较大,对监测设备的精度要求也很高。

(5)工程项目监理合同。监理单位与建设单位签订的工程项目监理合同明确了监理单位和监理工程师的权利和义务、监理工作的范围和内容、有关监理规划方面的要求等。

(6)与工程有关的设计合同、施工承包合同、设备采购合同等文件。工程项目建设的设计、施工、材料、设备等合同中明确了建设单位和承包单位的权利和义务。监理工作应该在合同规定的范围内,要求有关单位按照工程项目的目标开展工作。监理同时应该按照有关合同的规定,协调建设单位和设计、承包等单位的关系,维护各方的权益。

(7)工程设计文件、图纸等有关工程资料。主要有工程建设方案、初步设计、施工图设计等文件,工程实施状况、工程招标投标情况、重大工程变更、外部环境变化等资料。

(8)工程项目监理大纲。监理大纲是监理单位在建设单位委托监理的过程中为承揽监理业务而编制的监理方案性文件。监理大纲是编写项目监理规划的直接依据。监理规划要在监理大纲的基础上,进一步深化和细化。

10.2.2 监理规划编制的原则

监理规划是指导项目监理机构全面开展监理工作的指导性文件。监理规划的编制一定要坚持一切从实际出发，根据工程的具体情况、合同的具体要求、各种规范的要求等进行编制。

(1)可操作性原则。作为指导项目监理机构全面开展监理工作的指导性文件，监理规划要实事求是地反映监理单位的监理能力，体现监理合同对监理工作的要求，充分考虑所监理工程的特点，它的具体内容要适用于被监理的工程。绝不能照抄照搬其他项目的监理规划，使监理规划失去针对性和可操作性。

(2)全局性原则。从监理规划的内容范围来讲，它是围绕整个项目监理组织机构所开展的监理工作来编写的。因此，监理规划应该综合考虑监理过程中的各种因素、各项工作。尤其在监理规划中对监理工作的基本制度、程序、方法和措施要作出具体明确的规定。但监理规划也不可能面面俱到。监理规划中也要抓住重点，突出关键问题。监理规划要与监理实施细则紧密结合。通过监理实施细则，具体贯彻落实监理规划的要求和精神。

(3)预见性原则。由于工程项目的"一次性""单件性"等特点，施工过程中存在很多不确定因素，这些因素既可能对项目管理产生积极影响，也可能产生消极影响，使工程项目在建设过程中存在很多风险。

在编制监理规划时，监理机构要详细研究工程项目的特点，承包单位的施工技术、管理能力，以及社会经济条件等因素，对工程项目质量控制、进度控制和投资控制中可能发生的失控问题要有预见性和超前的考虑，从而在控制的方法和措施中采取相应的对策加以防范。

(4)动态性原则。监理规划编制好以后，并不是一成不变。因为监理规划是针对一个具体工程项目来编写的，结合了编制者的经验和思想，而不同的监理项目的特点不同，项目的建设单位、设计单位和承包单位也各不相同，它们对项目的理解也各不相同。工程的动态性很强，项目动态性决定了监理规划具有可变性。所以，要把握好工程项目运行规律，随着工程建设进展不断补充、修改和完善，不断调整规划内容，使工程项目能够运行在规划的有效控制之下，最终实现项目建设的目标。

在监理工作实施过程中，如实际情况或条件发生重大变化，应由总监理工程师组织专业监理工程师评估这种变化对监理工作的影响程度，判断是否需要调整监理规划。在需要对监理规划进行调整时，要充分反映变化后的情况和条件的要求。新的监理规划编制好后，要按照原报审的程序经过批准后报告给建设单位。

(5)针对性原则。监理规划基本构成内容应当统一，但监理规划的具体内容应具有针对性。现实中没有完全相同的工程项目，它们各具特色、特性和不同的目标要求。而且每一个监理单位和每一个总监理工程师对一个具体项目的理解不同，在监理的思想、方法、手段上都有独到之处。因此，在编制项目监理规划时，要结合实际工程项目的具体情况及业主的要求，有针对性地编写，以真正起到指导监理工作的作用。

也就是说，每一个具体的工程项目，不但有它自己的质量、进度、投资目标，而且在实现这些目标时所运用的组织形式、基本制度、方法、措施和手段都独具一格。

(6)格式化与标准化。监理规划要充分反映《建设工程监理规范》(GB/T 50319—2013)的要求，在总体内容组成上要求与《建设工程监理规范》(GB/T 50319—2013)的要求保持统一。这是监理规范统一的要求，是监理制度化的要求。在监理规划的内容表达上，要尽可能采用表格、图表的形式，以做到明确、简洁、直观，一目了然。

(7)分阶段编写。工程项目建设是有阶段性的，不同阶段的监理工作内容也不尽相同。监理规划应分阶段编写，项目实施前一阶段所输出的工程信息应成为下一阶段的规划信息，从而使监理规划编写能够遵循管理规律，做到有的放矢。

10.2.3 监理规划的内容

建设工程监理规划是在建设工程监理合同签订后制订的指导监理工作开展的纲领性文件，它起着对建设工程监理工作全面规划和进行监督指导的重要作用。由于它是在明确监理委托关系以及确定项目总监理工程师以后，在更详细掌握有关资料的基础上编制的。所以，其包括的内容与深度比建设工程监理大纲更为详细和具体。

建设工程监理规划应在项目总监理工程师的主持下，根据工程项目建设监理合同和建设单位的要求，在充分收集和详细分析研究建设工程监理项目有关资料的基础上，结合监理单位的具体条件进行编制。

建设工程监理单位在与业主进行工程项目建设监理委托谈判期间，就应确定项目建设监理的总监理工程师人选，并应参与项目建设监理合同的谈判工作，在工程项目建设监理合同签订以后，项目总监理工程师应组织监理机构人员详细研究建设监理合同内容和工程项目建设条件，主持编制项目的监理规划。建设工程监理规划应将监理合同中规定的监理单位承担的责任及监理任务具体化，并在此基础上制订实施监理的具体措施。编制的工程建设监理规划，是编制建设监理实施细则的依据，是科学、有序地开展工程项目建设监理工作的基础。

建设工程监理是一项系统工程。既然是一项"工程"，就要进行事前的系统规划和设计。监理规划就是进行此项工程的"初步设计"。各专业监理的实施细则则是此项工程的"施工图设计"。

《建设工程监理规范》(GB/T 50319—2013)规定的监理规划内容包括以下十二个方面：

(1)工程项目概况。工程项目概况应包括以下几项：

①工程项目简况，即项目的基本数据。如建设单位的名称、建设的目的、项目名称、工程项目的地点、相邻情况、总建筑面积、基础与围护的形式、主体结构的形式等。

②项目结构图。即以图表的形式表达出工程项目中建设单位、监理单位和承包单位的相互关系，以保证信息流通畅。

③项目组成目录表。项目组成目录表要反映出工程项目组成及建筑规模、主要建筑结构类型等信息。

④预计工程投资总额。包括工程项目投资总额、工程项目投资组成简表(列表表示)。

⑤工程项目计划工期。工程项目计划工期可以以计划持续时间或以具体日历时间两种方法表示。如以持续时间表示，则为：工程项目计划工期为"××个月"或"××天"。如以具体日历时间表示，则为：工程项目计划工期由××××年××月××日到××××年××月××日。

⑥工程项目计划单位和施工承包单位、分包单位情况(列表表示)。

⑦其他工程特点的简要描述。

(2)监理工作范围。工程项目监理有其阶段性，应根据监理合同中给定的监理阶段、所承担的监理任务，确定监理范围和目标。一般工程项目可分为立项、设计、招标、施工、保修五个阶段。建设单位委托监理单位进行监理工作的时段范畴、某个时段的内容范畴不尽相同。监理合同确定由监理单位承担的工程项目建设监理的任务。这个任务决定了监理工作在时间上是从项目立项到维修保养期的全过程监理，还是仅仅是施工阶段的监理。如果是承担全部工程项目的工程建设监理任务，监理的空间范围为全部工程项目，否则应按监理合同的要求，承担工程项目的建设标段或子项目划分确定的工程项目建设监理范围。

(3)监理工作内容。对不同的监理项目、在项目的不同阶段，监理工作的内容也完全不同。一般来说，在项目实施的五个阶段中，通常分别包括下述内容：

①工程项目立项阶段。

a. 协助业主准备项目报建手续。
　　b. 项目可行性研究。
　　c. 进行技术经济论证。
　　d. 编制工程建设匡算。
　　e. 组织编写设计任务书。
②设计阶段。
　　a. 结合工程项目特点，收集设计所需的技术经济资料。
　　b. 编写设计要求文件。
　　c. 组织设计方案竞赛或设计招标，协助业主选择勘测设计单位。
　　d. 拟订和商谈委托合同内容。
　　e. 向设计单位提供所需基础资料。
　　f. 配合设计单位开展技术经济分析，搞好方案比选，优化设计。
　　g. 配合设计进度，组织设计与有关部门的协调工作，组织好设计单位之间的协调工作。
　　h. 参与主要设备、材料的选型。
　　i. 审核工程项目设计图纸、工程估算和概算、主要设备和材料清单。
　　j. 检查和控制设计进度及组织设计文件的报批。
③施工招标阶段。
　　a. 选择分析工程项目施工招标方案，根据工程的实际情况确定招标方式。
　　b. 准备施工招标文件，向主管部门办理招标申请。
　　c. 参与编写施工招标文件，主要内容有：工程综合说明；设计图纸及技术说明；工程量清单或单价表；投标须知；拟定承包合同的主要条款。
　　d. 编制标底，经业主认可后，报送所在地方建设主管部门审核。
　　e. 发放招标文件，进行施工招标，组织现场勘察与答疑会，回答投标者提出的问题。
　　f. 协助建设单位组织开标、评标和决标工作。
　　g. 协助建设单位与中标单位签订承包合同。承包单位的中标价格不是最后的合同价格，在承包单位中标后，监理单位要同建设单位一道与承包单位进行谈判，以确定合同价格。
　　h. 审查承包单位编写的施工组织设计、施工技术方案和施工进度计划，提出改进意见。
　　i. 审查和确认承包单位选择的分包单位。
　　j. 协助建设单位与承包单位编写开工报告，进行开工准备。
④材料物资供应的监理。对业主负责采购供应的材料、设备等物资，监理的主要工作内容如下：
　　a. 制订材料物资供应计划和相应的资金需求计划。
　　b. 通过质量、价格、供货期限、售后服务等条件的分析和比选，确定供应厂家。重要设备应访问现有用户，考察厂家质量保证体系。
　　c. 拟订并商签材料、设备的订货合同。
　　d. 监督合同的实施，确保材料设备的及时供应。
⑤施工阶段监理。进行施工阶段的质量控制、进度控制、投资控制。具体地说，大致包括以下几个方面：
　　a. 督促检查承包单位严格依照工程承包合同和工程技术标准的要求进行施工。
　　b. 检查进场的材料、构件和设备的质量，验看有关质量证明和质量保证书等文件。
　　c. 检查工程进度和施工质量，验收分部分项工程，并根据工程进展情况签署工程付款凭证。
　　d. 确认工程延期的客观事实，作出延期批准。

e. 调解建设单位和承包单位间的合同争议，对有关的费用索赔进行取证和督促整理合同文件和技术资料档案。

f. 组织设计与承包单位进行工程竣工初步验收，提出竣工验收报告。

g. 审查工程决算。

⑥合同管理。工程项目建设监理的关键工作是合同管理，合同管理的好坏决定着监理工作的成败。在合同管理工作中有以下主要内容：

a. 拟订监理工程项目的合同体系及管理制度，包括合同的拟订、会签、协商、修改、审批、签署、保管等工作制度及流程。

b. 协助业主拟订项目的各类合同条款，并参与各类合同的商谈。

c. 合同执行情况的跟踪管理。

d. 协助业主处理与项目有关的索赔事宜及合同纠纷事宜。

⑦监理工程师受业主委托，承担的其他管理和技术服务方面的工作。如为建设单位培训技术人员、水电配套的申请等。

(4)监理工作目标。监理工作目标包括总投资额、总进度目标、工程质量要求等方面。

①投资目标：以年预算为基价，静态投资为万元（合同承包价为万元）。

②工期目标：××个月或自××××年××月××日至××××年××月××日。

③质量目标：工程项目质量等级要求（优良或合格），主要单项工程质量等级要求（优良或合格），重要单位工程质量等级要求（优良或合格）。

(5)监理工作依据。通常，监理工作依据下列文件进行：

①建设工程监理合同；

②建筑工程施工监理合同；

③相关法律、法规、规范；

④设计文件；

⑤政府批准的工程建设文件等。

(6)项目监理机构的组织形式。项目监理机构的组织结构，是直线模式，还是职能制模式，或是矩阵制模式。总监理工程师的姓名、地址、电话及任务与责任，专业监理工程师的相关情况。

(7)项目监理机构的人员配备计划。项目监理机构的人员配备计划应在项目监理机构的组织结构图中一道表示。对于关键人员，应说明它们的工作经历，从事监理工作的情况等。

(8)项目监理机构的人员岗位职责。根据监理合同的要求，结合《建设工程监理规范》(GB/T 50319—2013)的规定确定总监理工程师、专业监理工程师的岗位职责。

(9)监理工作程序。监理规划中应明确"三控制、两管理、一协调"工作的程序。

①质量控制的程序。

②进度控制的程序。

③投资控制的程序。

④合同管理的程序。

⑤信息管理的程序。

⑥组织协调的程序。

(10)监理工作方法及措施。监理工作方法及措施包括以下几项：

①质量控制具体内容：

a. 依据工程项目建设质量的总目标，制订工程建设分阶段和按项目、单位工程及关键工程的质量目标规划，并监督实施。

b. 质量控制措施。其中组织措施包括落实监理组织中负责质量控制的专业监理人员，完善职责分工及质量监督制度，落实质量控制的责任。技术措施：设计阶段，协助设计单位开展优化设计和完善设计质量保证体系的工作；材料设备供应阶段，通过质量价格比选，正确选择生产供应厂家，并协助其完善质量保证体系；施工阶段，严格事前、事中和事后的质量控制措施。经济及合同措施：严格实施过程中的质量检查制度和中间验收签证制度，不符合合同规定质量要求的拒付工程款，达到优良的，支付质量补偿金和奖金等。质量信息管理：及时收集有关工程建设质量资料，进行动态分析，纠正偏差，以实现工程项目建设质量总目标。操作中多采用表格形式。

②投资控制具体内容：

a. 依据投资总额制订投资目标分解计划和控制流程图，并严格监督实施。

b. 投资控制措施。

ⓐ组织措施：落实监理组织专门负责投资控制的专业监理工程师，完善职责分工及有关制度，落实投资控制责任。

ⓑ技术措施：分阶段的投资控制技术措施。设计阶段，推行限额设计和优化设计；招标阶段，要合理确定标底及标价；材料设备供应阶段，通过审核施工组织设计，避免不必要的赶工费。

ⓒ经济措施：及时进行计划费用与实际开支费用的分析、比较，保证投资计划的正常运行，制定投资控制奖惩办法，力争节约投资。

ⓓ合同措施：按合同条款支付工程款，防止过早、过量的现金支付；全面履约减少索赔和正确处理索赔。

③进度控制具体内容：

a. 依据工程项目的进度总目标，详细地制订总进度目标分解计划和控制工作流程并监督实施。

b. 进度控制措施。

ⓐ技术措施：建立多级网络计划和施工作业体系；增加平行作业的工作面；力争多采用机械化施工；利用新技术、新工艺，缩短工艺过程间的技术间歇时间等。

ⓑ组织措施：落实进度控制责任制，建立进度控制协调制度。

ⓒ经济措施：对工期提前者实行奖励；对应急工程实行较高的计件价；确保资金及时到位等。

ⓓ合同措施：按合同要求及时协调有关各方进度，确保项目进度。

④合同管理具体内容：

a. 合同目录一览表（可列表表示）。

b. 合同管理流程图。

c. 合同管理具体措施。制定合同管理制度，加强合同保管；加强合同执行情况的分析和跟踪管理；协助业主处理与项目有关的索赔事宜及合同纠纷事宜。

⑤信息管理具体内容：

a. 制订信息流程图和信息流通系统，辅助计算机管理。

b. 统一信息管理格式，各层次设立信息管理人员，及时收集信息资料，供各级领导决策之用。

(11) 监理工作制度。项目监理机构应根据合同的要求、监理机构组织的状况以及工程的实际情况制定有关制度。这些制度应体现有利于控制和信息沟通的特点。既包括对项目监理机构本身的管理制度，也包括对"三控制、三管理、一协调"方面的程序要求。项目监理机构应根据工程进展的不同阶段制定相应的工作制度。

①立项阶段包括可行性研究报告评议制度、咨询制度、工程估算及审核制度。

②设计阶段包括设计大纲、设计要求编写及审核制度、设计委托合同制度、设计咨询制度、设计方案评审制度、工程概预算及其审核制度、施工图纸审核制度、设计费用支付签署制度、设计协调会及会议纪要制度、设计备忘录签发制度。

③施工招标阶段包括招标准备阶段的工作制度、编制招标文件有关制度、标底编制及审核制度、合同拟订及审核制度和组织招标工作的有关制度。

④施工阶段包括施工图纸会审及设计交底制度，设计变更审核处理制度，施工组织设计审核制度，工程开工申请审批制度，工程材料、半成品质量检验制度，隐蔽工程分项（部）工程质量验收制度，施工技术复核制度，单位工程、单项工程中间验收制度，技术经济签证制度，工地例会制度，施工备忘录签发制度，施工现场紧急情况处理制度，工程质量事故处理制度，工程款支付证书签审制度，工程索赔签审制度，施工进度监督及报告制度，工程质量检验制度，投资控制制度，以及工程竣工验收制度。

⑤项目监理机构内部工作制度包括项目监理机构工作会议制度，对外行文审批制度，监理工作日记制度，监理周报、月报制度，技术、经济资料及档案管理制度，项目监理机构监理费用预算制度，保密制度和廉政制度。

（12）监理设施。监理单位的技术设施也是其资质要素之一。尽管工程建设监理是一门管理性的专业，但是，也少不了有一定的技术设施，作为进行科学管理的辅助手段。在科学发达的今天，如果没有较先进的技术设施辅助管理，就不称其为科学管理，甚至就谈不上管理。何况，建设工程监理还不单是一种管理专业，还有必要的验证性的、具体的工程建设实施行为。如运用计算机对某些关键部位结构设计或工艺设计的复核验算，运用高精度的测量仪器对建（构）筑方位的复核测定，使用先进的无损探伤设备对焊接质量的复核检验等，借此作出科学的判断，如对工程建设的监督管理。所以，对于监理单位来说，技术装备是必不可少的。综合国内外监理单位的技术设施内容，大体上有以下几项：

①计算机。主要用于电算、各种信息和资料的收集整理及分析，用于各种报表、文件、资料的打印等办公自动化管理，更重要的是要开发计算机软件辅助监理。

②工程测量仪器和设备。主要用于对建筑物（构筑物）的平面位置、空间位置和几何尺寸以及有关工程实物的测量。

③检测仪器设备。主要用于确定建筑材料、建筑机械设备、工程实体等方面的质量状况。如混凝土强度回弹仪、焊接部件无损探伤仪、混凝土灌注桩质量测定仪以及相关的化验、试验设备等。

④交通、通信设备。主要包括常规的交通工具，如汽车、摩托车等；电话、电传、传呼机、步话机等。装备这类设备主要是为了适应高效、快速现代化工程建设的需要。

⑤照相、录像设备。工程建设活动是不可逆转的，而且其中的产品（或称过程产品）随着工程建设活动的进展，绝大部分被隐蔽起来。为了相对真实地记载工程建设过程中重要活动及产品的情况，为事后分析、查证有关问题，以及为以后的工程建设活动提供借鉴等，有必要进行照相或录像加以记载。

10.2.4 监理规划报审

1. 监理规划报审程序

依据《建设工程监理规范》（GB/T 50319—2013），监理规划应在签订建设工程监理合同及收到工程设计文件后编制，在召开第一次工地会议前报送建设单位。监理规划报审程序的时间节点安排、各节点工作内容及负责人见表10-1。

表 10-1 监理规划报审程序

序号	时间节点安排	工作内容	负责人
1	签订监理合同及收到工程设计文件后	编制监理规划	总监理工程师组织 专业监理工程师参与
2	编制完成、总监签字后	监理规划审批	监理单位技术负责人审批
3	第一次工地会议前	报送建设单位	总监理工程师报送
4	设计文件、施工组织计划和施工方案等发生重大变化时	调整监理规划	总监理工程师组织 专业监理工程师参与 监理单位技术负责人审批
		重新审批监理规划	监理单位技术负责人重新审批

2. 监理规划的审核内容

监理规划编写完成后，需要进行审核并经批准。监理单位技术管理部门是内部审核单位，其技术负责人应当签认。监理规划审核的内容主要包括以下几个方面：

(1)监理范围、工作内容及监理目标的审核。依据监理招标文件和建设工程监理合同，审核是否理解建设单位的工程建设意图，监理范围、监理工作内容是否已包括全部委托的工作任务，监理目标是否与建设工程监理合同要求和建设意图相一致。

(2)项目监理机构的审核。

①组织机构方面。组织形式、管理模式等是否合理，是否已结合工程实施特点，是否能够与建设单位的组织关系和施工单位的组织关系相协调等。

②人员配备方面。人员配备方案应从以下几个方面审查：

a. 派驻监理人员的专业满足程度。根据工程特点和建设工程监理任务的工作范围，不仅应考虑专业监理工程师如土建监理工程师、安装监理工程师等能够满足开展监理工作的需要，而且还要看其专业监理人员是否覆盖了工程实施过程中的各种专业要求，以及高级、中级职称和年龄结构的组成。

b. 人员数量的满足程度。主要审核从事监理工作人员在数量和结构上的合理性。按照我国已完成监理工作的工程资料统计测算，在施工阶段，大中型建设工程每年完成100万元的工程量所需监理人员为0.6～1人，专业监理工程师、一般监理人员和行政文秘人员的结构比例为0.2：0.6：0.2。专业类别较多的工程的监理人员数量应适当增加。

c. 专业人员不足时采取的措施是否恰当。大中型建设工程由于技术复杂、涉及的专业面宽，当工程监理单位的技术人员不足以满足全部监理工作要求时，对拟临时聘用的监理人员的综合素质应认真审核。

d. 派驻现场人员计划表。对于大中型建设工程，不同阶段对所需要的监理人员在人数和专业等方面的要求不同，应对各阶段所派驻现场监理人员的专业、数量计划是否与建设工程进度计划相适应进行审核。还应平衡正在其他工程上执行监理业务的人员，是否能按照预定计划进入本工程参加监理工作。

(3)工作计划的审核。审核在工程进展中各个阶段的工作实施计划是否合理、可行，可审查其在每个阶段中如何控制建设工程目标以及组织协调方法。

(4)工程质量、造价、进度控制方法的审核。对三大目标控制方法和措施应重点审查，看其如何应用组织、技术、经济、合同措施保证目标的实现，方法是否科学、合理、有效。

(5)对安全生产管理监理工作内容的审核。主要是审核安全生产管理的监理工作内容是否明确;是否制定了相应的安全生产管理实施细则;是否建立了对施工组织设计、专项施工方案的审查制度;是否建立了对现场安全隐患的巡视检查制度;是否建立了安全生产管理状况的监理报告制度;是否制定了安全生产事故的应急预案等。

(6)监理工作制度的审核。主要审查项目监理机构内、外工作制度是否健全、有效。

10.3 监理实施细则

10.3.1 监理实施细则编写依据和要求

监理实施细则是在监理规划的基础上,当落实了各专业监理责任和工作内容后,由专业监理工程师针对工程具体情况制定出更具实施性和操作性的业务文件,其作用是具体指导监理业务的实施。

监理实施细则(范本)

1. 监理实施细则编写依据

《建设工程监理规范》(GB/T 50319—2013)规定了监理实施细则编写的依据如下:

(1)已批准的建设工程监理规划;
(2)与专业工程相关的标准、设计文件和技术资料;
(3)施工组织设计、(专项)施工方案。

除《建设工程监理规范》(GB/T 50319—2013)中规定的相关依据外,监理实施细则在编制过程中,还可以融入工程监理单位的规章制度和经认证发布的质量体系,以达到监理内容的全面、完整,有效提高建设工程监理自身的工作质量。

《建设工程监理规范》

2. 监理实施细则编写要求

《建设工程监理规范》(GB/T 50319—2013)规定,采用新材料、新工艺、新技术、新设备的工程,以及专业性较强、危险性较大的分部分项工程,应编制监理实施细则。对于工程规模较小、技术较为简单且有成熟监理经验和施工技术措施落实的情况下,可以不必编制监理实施细则。

监理实施细则应符合监理规划的要求,并应结合工程专业特点,做到详细、具体、具有可操作性。监理实施细则可随工程进展编制,但应在相应工程开始前由专业监理工程师编制完成,并经总监理工程师审批后实施。可根据建设工程实际情况及项目监理机构工作需要增加其他内容。当工程发生变化导致监理实施细则所确定的工作流程、方法和措施需要调整时,专业监理工程师应对监理实施细则进行补充、修改。

从监理实施细则目的角度,监理实施细则应满足以下三个方面的要求:

(1)内容全面。监理工作包括"三控两管一协调"与安全生产管理的监理工作,监理实施细则作为指导监理工作的操作性文件应涵盖这些内容。在编制监理实施细则前,专业监理工程师应依据建设工程监理合同和监理规划确定的监理范围和内容,结合需要编制监理实施细则的专业工程特点,对工程质量、造价、进度主要影响因素,以及安全生产管理的监理工作的要求,制定内容细致、翔实的监理实施细则,确保监理目标的实现。

(2)针对性强。独特性是工程项目的本质特征之一,没有两个完全一样的项目。因此,监理实施细则应在相关依据的基础上,结合工程项目实际建设条件、环境、技术、设计、功能等进行编制,确保监理实施细则的针对性。为此,在编制监理实施细则前,各专业监理工程师应组织本专业监理人员熟悉本专业的设计文件、施工图纸和施工方案,应结合工程特点,分析本专业监理工作的难点、重点及其主要影响因素,制定有针对性的组织、技术、经济和合同措施。同时,在监理工作实施过程中,监理实施细则要根据实际情况进行补充、修改和完善。

(3)可操作性强。监理实施细则应有可行的操作方法、措施,详细、明确的控制目标值和全面的监理工作计划。

10.3.2 监理实施细则主要内容

《建设工程监理规范》(GB/T 50319—2013)明确规定了监理实施细则应包含的内容,即专业工程特点、监理工作流程、监理工作控制要点,以及监理工作方法与措施。

1. 专业工程特点

专业工程特点是指需要编制监理实施细则的工程专业特点,而不是简单的工程概述。专业工程特点应从专业工程施工的重点和难点、施工范围和施工顺序、施工工艺、施工工序等内容进行有针对性的阐述,体现为工程施工的特殊性、技术的复杂性,与其他专业的交叉和衔接以及各种环境约束条件。

除专业工程外,新材料、新工艺、新技术以及对工程质量、造价、进度应加以重点控制等特殊要求,也需要在监理实施细则中体现。

2. 监理工作流程

监理工作流程是结合工程相应专业制定的具有可操作性和可实施性的流程图。不仅涉及最终产品的检查验收,更多地涉及施工中各个环节及中间产品的监督检查与验收。

监理工作涉及的流程包括:开工审核工作流程、施工质量控制流程、进度控制流程、造价(工程量计量)控制流程、安全生产和文明施工监理流程、测量监理流程、施工组织设计审核工作流程、分包单位资格审核流程、建筑材料审核流程、技术审核流程、工程质量问题处理审核流程、旁站检查工作流程、隐蔽工程验收流程、工程变更处理流程、信息资料管理流程等。

某建筑工程预制混凝土空心管桩分项工程监理工作流程如图10-1所示。

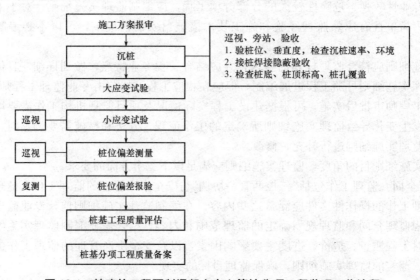

图 10-1 某建筑工程预制混凝土空心管桩分项工程监理工作流程

3. 监理工作控制要点

监理工作控制要点及目标值是对监理工作流程中工作内容的增加和补充，应将流程图设置的相关监理控制点和判断点进行详细而全面的描述。将监理工作目标和检查点的控制指标、数据和频率等阐明清楚。例如，某建筑工程预制混凝土空心管桩分项工程监理工作要点如下：

(1)预制桩进场检验：保证资料、外观检查(管桩壁厚，内外平整)。

(2)压桩顺序：压桩宜按中间向四周，中间向两端，先长后短，先高后低的原则确定压桩顺序。

(3)桩机就位：桩架龙口必须垂直。确保桩机桩架、桩身在同一轴线上，桩架要坚固、稳定，并有足够刚度。

(4)桩位：放样后认真复核，控制吊桩就位准确。

(5)桩垂直度：第一节管桩起吊就位插入地面时的垂直度用长条水准尺或两台经纬仪随时校正，垂直度偏差不得大于桩长的 0.5%，必要时拔出重插，每次接桩应用长条水准尺测垂直度，偏差控制在 0.5%内。在静压过程中，桩机桩架、桩身的中心线应重合。当桩身倾斜超过 0.8%时，应找出原因并设法校正。当桩尖进入硬土层后，严禁用移动桩架等强行回扳的方法纠偏。

(6)沉桩前，施工单位应提交沉桩先后顺序和每日班沉桩数量。

(7)管桩接头焊接：管桩入土部分桩头高出地面 0.5～1.0 m 时接桩。接桩时，上节桩应对直，轴向错位不得大于 2 mm。采用焊接接桩时，上下节桩之间的空隙用铁片填实焊牢，结合面的间隙不得大于 2 mm。焊接坡口表面用铁刷子刷干净，露出金属光泽。焊接时宜先在坡口圆周上对称点焊 6 点，待上下桩节固定后拆除导向箍再分层施焊。施焊宜由 2～3 名焊工对称进行，焊缝应连续饱满，焊接层数不少于三层，内层焊渣必须清理干净以后方能施焊外一层，焊好后的桩必须自然冷却 8 min 方可施打，严禁用水冷却后立即施压。

(8)送桩：当桩顶打至地面需要送桩时，应测出桩垂直度并检查桩顶质量，合格后立即送桩，用送桩器将桩送入设计桩顶位置。送桩时，送桩器应保证与压入的桩垂直一致，送桩器下端与桩顶断面应平整接触，以免桩顶面受力不均匀而发生偏位或桩顶破碎。

(9)截桩头：桩头截除应采用锯桩器截割，严禁用大锤横向敲击或强行扳拉截桩，截桩后桩顶标高偏差不得大于 10 cm。

4. 监理工作方法及措施

监理规划中的方法是针对工程总体概括要求的方法和措施，监理实施细则中的监理工作方法和措施是针对专业工程而言，应更具体、更具有可操作性和可实施性。

(1)监理工作方法。监理工程师通过旁站、巡视、见证取样、平行检测等监理方法，对专业工程作全面监控，对每一个专业工程的监理实施细则而言，其工作方法必须加以详尽阐明。除上述四种常规方法外，监理工程师还可采用指令文件、监理通知、支付控制手段等方法实施监理。

(2)监理工作措施。各专业工程的控制目标要有相应的监理措施以保证控制目标的实现。

根据措施实施内容不同，可将监理工作措施分为技术措施、经济措施、组织措施和合同措施。

例如，某建筑工程钻孔灌注桩分项工程监理工作组织措施和技术措施如下：

①组织措施：根据钻孔桩工艺和施工特点，对项目监理机构人员进行合理分工，现场专业监理人员分 2 班(8：00—20：00 和 20：00—次日 8：00，每班 1 人)，进行全程巡视、旁站、检查和验收。

②技术措施：

a.组织所有监理人员全面阅读图纸等技术文件，提出书面意见，参加设计交底，制定详细的监理实施细则。

b. 详细审核施工单位提交的施工组织设计；严格审查施工单位现场质量管理体系的建立和实施。

c. 研究分析钻孔桩施工质量风险点，合理确定质量控制关键点，包括桩位控制、桩长控制、桩径控制、桩身质量控制和桩端施工质量控制。

（3）根据措施实施时间不同，可将监理工作措施分为事前控制措施、事中控制措施及事后控制措施。事前控制措施是指为预防发生差错或问题而提前采取的措施；事中控制措施是指监理工作过程中，及时获取工程实际状况信息，以供及时发现问题、解决问题而采取的措施；事后控制措施是指发现工程相关指标与控制目标或标准之间出现差异后而采取的纠偏措施。

例如，某建筑工程预制混凝土空心管桩分项工程监理工作措施包括：

①工程质量事前控制。

a. 认真学习和审查工程地质勘察报告，掌握工程地质情况。

b. 认真学习和审查桩基设计施工图纸，并进行图纸会审，组织或协助建设单位组织技术交底（技术交底主要内容为：地质情况，设计要求，操作规程，安全措施和监理工作程序及要求等）。

c. 审查施工单位的施工组织设计、技术保障措施、施工机械配置的合理性及完好率、施工人员到位情况、施工前期情况、材料供应情况并提出整改意见。

d. 审查预制桩生产厂家的资质情况、生产工艺、质量保证体系、生产能力产品合格证、各种原材料的试验报告、企业信誉，并提出审查意见(若条件许可，监理人员应到生产厂家进行实地考察)。

e. 审查桩机备案情况，检查桩机的显著位置是否标注单位名称、机械备案编号。进入施工现场时机长及操作人员必须备齐基础施工机械备案卡及上岗证，供项目监理机构、安全监管机构、质量监督机构检查。未经备案的桩机不得进入施工现场施工。

f. 要求施工单位在桩基平面布置图上对每根桩进行编号。

g. 要求施工单位设专职测量人员，按桩基平面布置图测放轴线及桩位，其尺寸允许偏差应符合《建筑地基基础工程施工质量验收标准》(GB 50202—2018)要求。

h. 建筑物四大角轴线必须引测到建筑物外并设置龙门桩或采用其他固定措施，压桩前应复核测量轴线、桩位及水准点，确保无误且须经签认验收后方可压桩。

i. 要求施工单位提出书面技术交底资料，出具预制桩的配合比、钢筋、水泥出厂合格证及试验报告，提供现场相关人员操作上岗证资料供监理审查，并留复印件备案，各种操作人员均须持证上岗。

j. 检查预制桩的标志、产品合格证书等。

k. 施工现场准备情况的检查；施工场地的平整情况；场区测量检查；检查压桩设备及起重工具；铺设水电管网，进行设备架立组装、调试和试压；在桩架上设置标尺，以便观测桩身入土深度；检查桩质量。

②工程质量事中控制。

a. 确定合理的压桩程序。按尽量避免各工程桩相互挤压而造成桩位偏差的原则，根据地基土质情况、桩基平面布置、桩的尺寸、密集程度、深度、桩机移动方向以及施工现场情况等因素确定合理的压桩程序。定期复查轴线控制桩、水准点是否有变化，应使其不受压桩及运输的影响。复查周期每10天不少于1次。

b. 管桩数量及位置应严格按照设计图纸要求确定，施工单位应详细记录试桩施工过程中沉降速度及最后压桩力等重要数据，作为工程桩施工过程中的重要数据，并借此校验压桩设备、施工工艺以及技术措施是否适宜。

c. 经常检查各工程桩定位是否准确。

d. 开始沉桩时应注意观察桩身、桩架等是否垂直一致,确认垂直后,方可转入正常压桩。桩插入时的垂直度偏差不得超过0.5%。在施工过程中,应密切注意桩身的垂直度,如发现桩身不垂直时要督促施工方设法纠正,但不得采用移动桩架的方法纠正(因为这样做会造成桩身弯曲,继续施压会发生桩身断裂)。

e. 按设计图纸要求,进行工程桩标高和压力桩的控制。

f. 在沉桩过程中,若遇桩身突然下沉且速度较快及桩身回弹时,应立即通知设计人员及有关各方人员到场,确定处理方案。

g. 当桩顶标高较低,须送桩入土时应用钢制送桩器放于桩头上,将桩送入土中。

h. 若需接桩时,常用接头方式有焊接、法兰盘连接及硫黄胶泥锚接。前两种可用于各类土层,硫黄胶泥锚接适用于软土层。

i. 接桩用焊条或半成品硫黄胶泥应有产品质量合格证书,或送有关部门检验,半成品硫黄胶泥应每100 kg做一组试件(3件);重要工程应对焊接接头做10%的探伤检查。

j. 应经常检查压力、桩垂直度、接桩间歇时间、桩的连接质量及压入深度;检查已施压的工程桩有无异常情况,如桩顶水平位移或桩身上升等,如有异常情况应通知有关各方人员到现场确定处理意见。

k. 工程桩应按设计要求和《建筑地基基础工程施工质量验收标准》(GB 50202—2018)进行承载力和桩身质量检验,检验标准应按《建筑基桩检测技术规范》(JGJ 106—2014)的规定执行。

l. 预制桩的质量检验标准应符合《建筑地基基础工程施工质量验收标准》(GB 50202—2018)要求。

m. 认真做好压桩记录。

③工程质量事后控制(验收)。工程质量验收,均应在施工单位自检合格的基础上进行。施工单位确认自检合格后提出工程验收申请,由项目监理机构进行验收。

10.3.3 监理实施细则报审

1. 监理实施细则报审程序

《建设工程监理规范》(GB/T 50319—2013)规定,监理实施细则可随工程进展编制,但必须在相应工程施工前完成,并经总监理工程师审批后实施。监理实施细则报审程序见表10-2。

表10-2 监理实施细则报审程序

序号	节点	工作内容	负责人
1	相应工程施工前	编制监理实施细则	专业监理工程师编制
2	相应工程施工前	监理实施细则审批、批准	专业监理工程师送审,总监理工程师批准
3	工程施工过程中	发生变化时,监理实施细则中工作流程与方法措施的调整	专业监理工程师调整,总监理工程师批准

2. 监理实施细则的审核内容

监理实施细则由专业监理工程师编制完成后,需要报总监理工程师批准后方能实施。

监理实施细则审核的内容主要包括以下几个方面:

(1)编制依据、内容的审核。监理实施细则的编制是否符合监理规划的要求,是否符合专业工程相关的标准,是否符合设计文件的内容,与提供的技术资料是否相符合,是否与施工组织设计、(专项)施工方案使用的规范、标准、技术要求相一致。监理的目标、范围和内容是否与监理合同和监理规划相一致，编制的内容是否涵盖专业工程的特点、重点和难点，内容是否全面、翔实、可行，是否能确保监理工作质量等。

(2)项目监理人员的审核。

①组织方面。组织方式、管理模式是否合理，是否结合了专业工程的具体特点，是否便于监理工作的实施，制度、流程上是否能保证监理工作，是否与建设单位和施工单位相协调等。

②人员配备方面。人员配备的专业满足程度、数量等是否满足监理工作的需要，专业人员不足时采取的措施是否恰当，是否有可操作性较强的现场人员计划安排表等。

(3)监理工作流程、监理工作要点的审核。监理工作流程是否完整、翔实，节点检查验收的内容和要求是否明确，监理工作流程是否与施工流程相衔接，监理工作要点是否明确、清晰，目标值控制点设置是否合理、可控等。

(4)监理工作方法和措施的审核。监理工作方法是否科学、合理、有效，监理工作措施是否具有针对性、可操作性、安全可靠，是否能确保监理目标的实现等。

(5)监理工作制度的审核。针对专业建设工程监理，其内、外监理工作制度是否能有效保证监理工作的实施，监理记录、检查表格是否完备等。

10.3.4 监理大纲、监理规划、监理实施细则之间的关系

项目监理大纲、监理规划、监理实施细则是相互关联的，它们都是构成项目监理规划系列文件的组成部分，它们之间存在着明显的依据性关系：在编写项目监理规划时，一定要严格根据监理大纲的有关内容来编写；在制定项目监理实施细则时，一定要在监理规划的指导下进行。

通常监理单位开展监理活动前应当编制以上系列监理规划文件。但这也不是一成不变的，就像工程设计一样。对于简单的监理活动只编写监理实施细则就可以了，而有些项目也可以制定较详细的监理规划，而不再编写监理实施细则。

10.4 监理工地例会及监理月报

10.4.1 监理工地例会

1. 工地例会的形式及内容

工地例会在FIDIC中未有规定，但在国际及国内施工监理活动中已经成为一项工作制度。这个制度的核心是FIDIC合同中的三方一起进行工作协调，以便沟通信息、落实责任、相互配合。

(1)工地例会的形式。工地例会根据会议召开的时间、内容及参加人员的不同，可分为第一次工地会议、工地会议和现场协调会三种形式。

(2)工地例会的内容。

①第一次工地会议。第一次工地会议也是工地会议，因为本次会议特别重要，所以突出其名为"第一次工地会议"。开好第一次工地会议，对理顺三方关系、明确办事程序特别重要，为此在会议召开之前各方应充分准备。同时，第一次工地会议宜在正式开工之前召开，并应尽可能地早期举行。第一次工地会议包括以下一些主要内容：

a. 介绍人员及组织机构。业主或业主代表应就其实施工程项目期间的职能机构职责范围及主要人员名单提出书面文件，就有关细节作出说明，总监理工程师向监理工程代表及高级驻地

监理工程师授权，并声明自己仍保留哪些权力；书面将授权书、组织机构框图、职责范围及全体监理人员名单提交承包人并报业主。承包人应书面提出工地代表（项目经理）授权书、主要人员名单、职能机构、职责范围及有关人员的资质材料以取得监理工程师的批准；监理工程师应在本次会议中进行审查并口头予以批准（或有保留的批准），会后正式予以书面确认。

b. 介绍施工进度计划。承包人的施工进度计划应在中标通知书发出后合同规定的时间里提交监理工程师。在第一次工地会议上，监理工程师应就施工进度计划作出说明：施工进度计划可于何日批准或哪些分部已获批准；根据批准或将要批准的施工进度计划，承包人何时可以开始哪些工程施工，有无其他条件限制；有哪些重要的或复杂的分部工程还应单独编制进度计划提交批准。

c. 承包人陈述施工准备。承包人应就施工准备情况按如下主要内容提出陈述报告，监理工程师应逐项予以澄清、检查和评述：主要施工人员（含项目负责人、主要技术人员及主要机械手）是否进场或将于何日进场，并应提交进场人员计划及名单；用于工程的进口材料、机械、仪器和设施是否进场或将于何日进场，是否将会影响施工，并应提交进场计划及清单；用于工程的本地材料来源是否落实，并应提交材料来源分布图及供料计划清单；施工驻地及临时工程建设进展情况如何，并应提交驻地及临时工程建设计划分布和布置图；施工测量的基础资料是否已经落实并经过复核，施工测量是否进行或将于何日完成，并应提交施工测量计划及有关资料；履约保函和动员预付款保函及各种保险是否已经办理或将于何日办理完毕，并应提交有关已办手续的副本；为监理工程师提供的住房、交通、通信、办公等设备及服务设施是否具备或将于何日具备，并应提交有关计划安排及清单；其他与开工条件有关的内容及事项。

d. 业主说明开工条件。业主代表应就工程占地、临时用地、临时道路、拆迁以及其他与开工条件有关的问题进行说明；监理工程师应根据批准或将要批准的施工进度计划内的安排，对上述事项提出建议及要求。

e. 明确施工监理例行程序。监理工程师应沟通与承包人的联系渠道，明确工作例行程序并提出有关表格及说明：质量控制的主要程序、表格及说明；施工进度控制的主要程序、图表及说明；计量支付的主要程序、报表及说明；延期与索赔的主要程序、报表及说明；工程变更的主要程序、图表及说明；工程质量事故及安全事故的报告程序、报表及说明；函件的往来传递交接程序、格式及说明；确定工地会议的时间、地点及程序。

②工地会议。工地会议应在开工后的整个施工活动期内定期举行，宜每月召开一次，其具体时间间隔可根据施工中存在问题的程度由监理工程师决定。施工中如出现延期、索赔及工程事故等重大问题，可另行召开专门会议协调处理。工地会议应由监理工程师主持。会议参加者应为高级驻地监理工程师及有关助理人员；承包人的授权代表、指定分包人及有关助理人员；业主代表及有关助理人员。

会议应按既定的例行议程进行，一般应由承包人逐项进行陈述并提出问题与建议；监理工程师应逐项组织讨论并作出决定或决议的意向。会议一般应按以下议程进行讨论和研究：

a. 确认上次记录：可由监理工程师的记录人对上次会议记录征询意见并在本次会议记录中加以修正。

b. 审查工程进度：主要是关键线路上的施工进展情况及影响施工进度的因素和对策。

c. 审查现场情况：主要是现场机械、材料、劳力的数额以及对进度和质量的适应情况并提出解决措施。

d. 审查工程质量：主要应针对工程缺陷和质量事故，就执行标准控制施工工艺、检查验收等方面提出问题及解决措施。

e. 审查工程费用事项：主要是材料设备预付款、价格调整、额外的暂定金额等发生或将发生的问题及初步的处理意见或意向。

f. 审查安全事项：主要是对发生的安全事故或隐藏的不安全因素以及对交通和民众的干扰提出问题及解决措施。

g. 讨论施工环境：主要是承包人无力防范的外部施工阻挠或不可预见的施工障碍等方面的问题及解决措施。

h. 讨论延期与索赔：主要是对承包人提出延期或索赔的意向，进行初步的澄清和讨论，另按程序申报并约定专门会议的时间和地点。

i. 审议工程分包：主要是对承包人提出的工程分包意向进行初步审议和澄清，确定进行正式审查的程序和安排，并解决监理工程师已批准（或批准进场）分包中管理方面的问题。

j. 其他事项。

③现场协调会。在整个施工活动期间，应根据具体情况定期或不定期召开不同层次的施工现场协调会。会议只对近期施工活动进行证实、协调和落实，对发现的施工质量问题及时予以纠正，对其他重大问题只是提出而不进行讨论，另行召开专门会议或在工地会议上进行研究处理。会议应由监理工程师主持，承包人或代表出席，有关监理及施工人员可酌情参加；现场协调会有下面一些内容：

a. 承包人报告近期的施工活动，提出近期的施工计划安排，简要陈述发生或存在的问题。

b. 监理工程师就施工进度和施工质量予以简要评述，并根据承包人提出的施工活动安排，安排监理人员进行旁站监理、工序检查、抽样试验、测量验收、计量测算、缺陷处理等施工监理工作。

c. 对执行施工合同有关的其他问题交换意见。

2. 工地例会的目的

把握住不同形式会议要达到的目的，是开好会议的关键。

（1）第一次工地会议的目的，在于监理工程师对工程开工前的各项准备工作进行全面的检查，确保工程实施有一个良好的开端。

（2）工地会议的目的，在于监理工程师对工程实施过程中的进度、质量、费用的执行情况进行全面检查，为正确决策提供依据，确保工程的顺利进行。

（3）现场协调会的目的，在于监理工程师对日常或经常性的施工活动进行检查、协调和落实，使监理工作和施工活动密切配合。

10.4.2 监理月报

监理月报应全面反映施工过程的进展及监理工作情况。

1. 监理月报的作用

（1）向建设单位通报本月份工程的各方面进展情况，目前工程尚存在哪些亟待解决的问题。

（2）向建设单位汇报在本月份中项目监理部做了哪些工作，收到什么效果。

监理月报（范本）

（3）项目监理部向监理公司领导及有关部门汇报本月份工程进度控制、工程质量控制、工程造价控制、安全监理工作、合同管理、信息管理、资料管理及协调建设各方之间各种关系中所做的工作、存在的问题及其经验教训。

（4）项目监理部通过编制监理月报总结本月份工作，为下一阶段工作作出计划与部署。

（5）为上级主管部门来项目监理部检查工作时，提供关于工程概况、施工概况及监理工作情况的说明文件。

2. 监理月报编制的依据

(1)《建设工程监理规范》(GB/T 50319—2013)。

(2)地方的《建设工程监理规程》等。

(3)公司的有关规定。

3. 监理月报编制的基本要求

(1)由总监理工程师主持,项目监理部全体人员分工负责提供资料和数据,指定专人负责具体编制,完成后由总监理工程师签发,报送建设单位、监理公司及其他有关单位。

(2)监理月报所含内容的统计周期为上月的26日至本月的25日,原则上下月5日前发送至有关单位。

(3)监理月报的内容与格式应基本固定,如根据工程项目的具体情况及工程进展的不同阶段需要做适当的调整时,应取得公司技术管理部门的同意。

(4)自项目监理部进场后至撤场前每月均应编制监理月报。

(5)工程尚未正式开工、因故暂停施工、竣工验收后的收尾阶段以及工程比较简单、工期很短的工程可以采取编写"监理简报"的形式,向建设单位汇报工程的有关情况。

监理简报的内容包括以下几项:

①工程进展简况。

②本期工程在工程进度控制、质量控制、造价控制、安全监理工作及合同、信息管理方面的情况。

③本期工程变更的发生情况。

④其他需要报告和记录的重要问题。

⑤监理工作小结。

4. 监理月报编写注意事项

(1)月报的内容要实事求是,按提纲要求逐项编写。要求文字简练,表达有层次,突出重点,力免烦琐,多用数据说明,但数据必须有可靠的来源。有分析,有比较,有总结,有展望。

(2)提纲中开列的各项内容编排顺序不得任意调换或合并;各项内容如本期未发生,应将项目照列,并注明"本期未发生"。

(3)月报规定使用A4规格纸打印,所有的图表插页使用A4或A3规格纸。

(4)月报应使用国家标准规定的计量单位,如 m、cm^2、mm^2、t、kPa、MPa 等。不使用中文计量单位名称,如千克、吨、米、平方厘米、千帕、兆帕等。

(5)文中出现的数字尽量使用阿拉伯数字。

(6)各种技术用语应与各种设计、施工技术规范、规程中所用术语相同。

(7)本规定中的各种表格的表号不得任意变动,不得自行增减栏目,也不得颠倒各栏目的排列顺序,以免打印时发生错误。

(8)月报中参加工程建设各方的名称作如下统一规定:

①建设单位:不使用业主、甲方、发包方、建设方。

②承包单位:不使用施工单位、乙方、承包商、承包方;可使用总包单位和分包单位;承包单位分包的包工建筑队一律称劳务分包队伍;承包单位派驻施工现场的执行机构统称项目经理部。

③监理单位:不使用监理方;监理单位派驻施工现场的执行机构统称项目监理部。一般不宜单独使用"监理"一词,应具体注明所指监理公司、监理单位、项目监理部、监理人员或是监理工程师。

④设计单位：不使用设计院、设计、设计人员。

(9)月报中各章节的编号，一律按以下规定的层次顺序：一、(一)、1、(1)、A、a等。

(10)文稿中所用的图表及文件，如"本月实际完成情况与计划进度比较表""气象记录""工程款支付凭证"等，必须保持表面清洁，字体端正(最好用仿宋体)，印章签字清晰，字迹及图表线条清楚，一律使用黑色或蓝黑色墨水，或黑色圆珠笔，不得使用铅笔。

(11)各项目监理部编写的监理月报稿，应按目录顺序排列，各表格应排列至相应适当位置，并装订成册，经总监理工程师检查无误并签认后再打印。

(12)各项图表填报的依据及各表格中填报的统计数字，均应由监理工程师进行实地调查或进行实际计量计算，如需承包单位提供时，也应进行审查与核对，无误后自行填写，严禁将图表、表格交承包单位任何人员代为填报。

10.5 监理记录

监理记录是监理工作的各项活动、决定、问题及环境条件的全面记载，是监理过程中的重要基础工作，在很大程度上反映了监理工作的质量。监理记录可以用作在任何时间对工作进行评估或判断的依据，以解决各种纠纷和索赔，给施工单位定出公平的报酬，还有助于为设计人员及工程验收人员提供翔实的资料。总之，监理记录既是项目监理部门行政管理、内部管理的工具，又是监督施工单位按合同要求施工的重要依据。监理记录可分为以下四大类。

1. 历史性记录

根据工程计划及实际完成的工作，逐步说明工程的进度及相关事项。例如，气象记录与天气报告，工程量计划与完成情况，所使用的人力、材料和机械设备，工程事项的讨论与决议，影响工程进展的其他事项。

2. 工程计量及工程款支付记录

工程计量及工程款支付记录包括所有计量及付款资料，如计量结果、变更工程的计量、价格调整、索赔、计日工、月付款等方面的表格及基础资料。

3. 质量记录

质量记录包括材料检验的记录、施工记录、工序验收记录、试验记录、隐蔽工程检查记录等。

4. 竣工记录

竣工记录包括工程所有部分的验收资料和竣工图，给出其完成时的状态，按实际说明其原有状态和有关操作的指示。

10.5.1 历史性记录

1. 监理日志

监理日志是项目监理部的日常记录，动态地反映出监理工程的实际施工全貌和监理部的工作成效。监理日志填写前要做好相关信息的收集工作，将全部工作内容草拟后整理入册。填写时用词要简洁明了、书写清楚工整。监理日志应包括以下内容：

(1)气候方面。气候方面主要包括当日最高、最低气温，当日降雨(雪)量，当天的风力，因气候原因损失的施工工时等。填写时，既要根据当地气象预报填写，又要做好现场测定工作，如现场设置湿度计进行实地测量。气候条件不仅影响工程进度，也影响工程质量(如同条件试块),因此,监理人员一定要做好现场的气候条件记录。

(2)进度方面。进度方面主要包括当日的施工内容、部位、进度,施工人员工种、数量等,施工投入使用的机械设备名称、数量等,以及当日实际施工进度与计划进度的比较。若发生施工延期或暂停施工应说明原因,如停电、停水、不利气候条件等。一般情况下,即使施工单位有详细的进度计划,但因在每日的施工过程中都存在不同的干扰因素,都会对进度计划的实施造成影响。监理工程师应深入施工现场对每天的进度计划进行跟踪检查,检查施工单位各项资源的投入和施工组织情况,并在监理日志中作出详细记录。

(3)当日进厂的原材料名称、数量、产地、拟用部位及见证取样情况。对进厂的原材料应根据其外包装标识,对照产品合格证、使用说明书、质保书等核实无误后,登记入监理日志;在数量方面,必要时进行复核;需要见证取样的,应及时取样送检,并将取样数量、部位及取样送检人员记录清楚。该部分内容应与材料、设备、构配件报验单闭合。

(4)混凝土、砂浆试块的留置、数量、取样部位,配合比检查结果,混凝土的养护情况。混凝土、砂浆试块涉及结构的安全性能,因此,试块抽取工作必须在监理方见证下进行,该部分内容记录务必真实、详细。混凝土试块取样要记录清楚取样部位、组数、取样人。在记录时要在监理日志中强调试块的取样日期、部位,必须要做到与旁站记录、平行检测记录和试验报告单相吻合。

(5)分部、分项检验批验收情况。要记录清楚验收参加人员、验收时间及结果。及时记录验收、巡视中发现的问题,以及处理意见和处理结果。工序验收情况是监理日志中可记载内容最丰富的部分,对于分部工程,应记录参验的建设、勘察、设计、施工、监理各方人员到位情况及验收结论;对于分项检验批工程验收,应记录监理方、施工方参加人员及验收中发现的问题。对于发现的问题无论是下达了口头通知或书面通知都应记录进施工日志,并应与监理通知(回复单)相闭合。

(6)记录当日签发的工程报验表、监理工作联系单、监理通知等,汇总概括收发文情况。

(7)记录当日处理设计变更、费用索赔、工程款支付内容。设计变更可以由工程参建方任一方提出,经设计方认可后必须由总监理工程师签发至施工方执行;对索赔处理,应记录索赔事件发生的时间及原因,施工方提出索赔意向和索赔报告的时间与概要内容,以及监理部作出的答复。

(8)监理例会、专题会议的主要议题摘要。

(9)施工现场安全施工检查情况以及对安全隐患的处理意见。

(10)有关口头洽商、指示,包括监理方与建设单位的洽商意见,对施工方的口头指示,以及项目总监理工程师对监理部人员的指示等。

监理日志在记录中要注意时效性,每日完成的监理工作要在当日记录,不得拖延。填写监理日志还要注意不能空洞,应详细、准确,应将当日实际完成的内容做全面记载。另外,还要注意闭合问题,日志的内容不仅要与监理通知、旁站记录、平行检测记录及相关报验资料闭合,自身也要闭合。

监理日志力求客观真实,由专人每日填写,总监理工程师每日审阅并应妥善保管,待工程竣工后统一装订存档。

2. 监理工程师日志

监理工程师日志是监理工程师的个人笔记,应记录每天作业的重大决定、对施工单位的指示、发生的纠纷及解决的办法、与工程有关的特殊问题、参观工地及有关细节、与施工单位的口头协议、工程师的指示或协调、对下级的指示、工程主要进度或问题。

3. 监理工程师巡视记录

记录监理工程师巡视工程现场时发现的主要问题及对问题的处理意见。

4. 监理员日报表

监理员日报表应报告每天的监理情况,包括当天的施工内容、当天参加施工的人员(工种、数量、施工单位等)、当天施工机械(名称和数量)、当天发现的施工质量问题和处理措施、当天的施工进度和计划进度的比较、当天天气综合评语、其他说明及应注意的事项等。监理员日报表应采用标准表格进行填写,并依次编号。监理员日报表应交给监理工程师一份。

5. 会议记录

会议记录是各类会议的记录,如第一次工地会议、每日工地协调会、工地碰头会及其他非例行会议的记录。

6. 天气记录

记录每天的温度变化、风力、雨雪情况及其他特殊天气情况,还应记录因天气变化而损失的工作时间。如果工地范围较大,则应多选择几个有代表性的施工单位进行天气观察记录。

7. 对施工单位的指示

监理工程师或总监理工程师对施工单位的指示应以正式函件表达为主。但是工地指示和口头指示也较为常用,均应做好记录,同时,应记录口头指示得到正式确认的方式和时间。还有许多只是体现在各种监理表格中,也要加以留意。

8. 给施工单位的图纸

关于经审核的图纸和补充的图纸的发送均应全面记录,以免遗漏而延误工程,避免施工单位提出索赔。

9. 施工单位的报告或通知

施工单位除正式例行报告和报表外,日常工作中的各种正式函件、口头通知、报告均应做记录。

10.5.2 工程计量及工程款支付记录

1. 工程量记录

工程量是核对财务支出数额的一个重要计量,因而必须以计量结果为标准。根据计量结果进行统计和分析。

工程量记录往往表现在系列计量表格中,这些表格可以参照标准表格格式。

工程量记录的数值必须是工程师和施工单位双方同意认可的数据。

归档的工程量记录可以另编表格累计,也可以直接复制有关的计量单和计量汇总表。

2. 工程款支付记录

工程款支付记录主要记录工程款支付情况,包括每月净支付数额以及各类款项的支出额,这些数据都体现在月付款证书中,不过月付款证书也可以事后由工程师修改,应予以注意。计日工、设计变更、洽商、索赔、材料预付款等项目都可以单独编制统计表。

工程款支付记录表可以单独成册归档,有些项目还需编制专门的工程款支付月报。记录与报表应分类编号后归档。

3. 质量记录

质量记录可分为三类,即试件、试样、样品抽样记录;试验、检验结果与分析记录;各种质量验收记录。可以集中各种工序验收单,分类归档。

对于试验、检验结果与分析记录,应对每一工作阶段分别建立档案。通常情况下应包括土工试验、地下勘探、材料试验、骨料试验及混凝土试验。

应对每一个结构物进行登记,各项的核对表包括:规定必须进行的试验、实际已进行的试验、试验已得到认可或被拒绝的记录、遗漏的试验及已采取的措施。

保持完整的试验结果记录有助于工程师对工程质量做到心中有数。

样品抽样记录是指对样品、试件和试样所做的检验与试验记录。其目的是保证试验工作严格进行,并为复验、复核创造有利条件。

4. 竣工记录

竣工记录既有助于施工过程的控制,也有利于最后的竣工验收工作。如果验收工作包含在质量控制的每一个环节中,每一个环节都按要求完成了,则竣工验收具有了基本的保障,并且工作量会大为减少。有许多工作必须在施工期间及时把好验收关,如确定埋于地下的管道和基础的位置、高度、几何形状等。

竣工记录应包括施工过程中的验收记录和竣工验收阶段的记录两部分。竣工验收阶段记录应包括验收检查、验收试验、验收评定及验收资料等方面的内容。

施工单位负责完成竣工图的绘制,竣工图应包括修正的施工图及在现场绘制的图。

10.5.3 监理工作总结

根据《建设工程监理规范》和《建设工程监理规程》规定,工程项目竣工验收交付使用,全部监理工作任务完成后,项目监理部应向建设单位提交监理工作总结,并作为归档的监理资料之一。监理工作总结包括以下内容:

监理工作总结(范本)

(1)工程概况;
(2)监理组织机构、监理人员和投入的监理设施;
(3)监理合同履行情况;
(4)监理工作成效;
(5)施工过程中曾出现的问题及处理情况和建议;
(6)工程照片。

监理规划案例

本章小结

本章简单而准确地阐述了监理大纲编写依据和内容,详细介绍了监理规划的编写依据和内容。其中,重点是监理实施细则的编写依据和内容,难点是解决监理过程中出现的问题。通过本章的学习,应使学生明确监理大纲、监理规划、监理实施细则的作用。

练习与思考

1. 监理规划、监理实施细则两者之间的关系是什么?
2. 监理规划、监理实施细则的编制依据和要求分别是什么?
3. 编制监理规划、监理实施细则的主要内容有哪些?
4. 项目监理机构需要制定哪些工作制度?
5. 项目监理机构控制建设工程三大目标的工作内容有哪些?
6. 建设工程安全生产管理的监理工作内容有哪些?
7. 监理规划、监理实施细则的报审程序和审核内容分别是什么?

第11章 建设工程监理项目管理服务

内容提要

本章主要内容包括：项目管理知识体系，建设工程风险管理，建设工程勘察、设计、保修阶段服务内容，建设工程监理与项目管理一体化，项目全过程集成化管理。

知识目标

1. 了解项目管理知识体系。
2. 掌握建设工程风险管理。
3. 掌握建设工程勘察、设计、保修阶段服务内容。
4. 掌握建设工程监理与项目管理一体化及项目全过程集成化管理。

能力目标

1. 能理解项目管理知识体系的内容，建设工程风险管理的方法，建设工程勘察、设计、保修阶段服务内容。
2. 能明确建设工程监理与项目管理一体化、项目全过程集成化管理。

项目管理服务是指具有工程项目管理服务能力的单位受建设单位委托，按照合同约定，对建设工程项目组织实施进行全过程或若干阶段的管理服务。工程监理企业集中了大量具有工程技术和管理知识的复合型人才，是以从事工程项目管理服务为专长的企业，未来多种工程项目管理模式为工程监理企业拓展咨询服务业务提供了广阔的发展空间。

从事工程项目管理服务的监理工程师需要掌握项目管理知识体系和工程项目管理服务内容，也要熟悉建设工程监理与项目管理一体化、工程项目全过程集成化管理模式。

11.1 项目管理知识体系(PMBOK)

美国项目管理学会(PMI)提出的项目管理知识体系(PMBOK)是项目管理者应掌握的基本知识体系。PMBOK包括五个基本过程组(Process Group)和九大知识领域(Knowledge Areas)，在每一个知识领域都需要掌握许多工具和技术。

1. 五个基本过程组

PMBOK将项目管理活动归结为五个基本过程组，即启动(Initiating)、计划(Planning)、执行(Executing)、监控(Monitoring and Controlling)和收尾(Closing)。项目作为临时性工作，必然以启动过程组开始，以收尾过程组结束。项目管理的集成化要求项目管理的监控过程组与其他过程组相互作用，形成一个整体。项目管理过程组如图11-1所示。

（1）启动过程组(Initiating Processes)。启动过程组是指获得授权，定义一个新项目或现有项

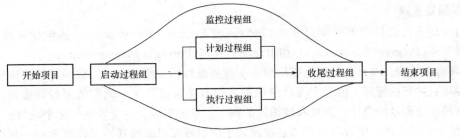

图 11-1 项目管理过程组

目的一个新阶段,正式开始该项目或阶段的一组过程。

(2)计划过程组(Planning Processes)。计划过程组是指明确项目范围,优化目标,为实现目标而制定行动方案的一组过程。

(3)执行过程组(Executing Processes)。执行过程组是指完成项目计划中确定的工作以实现项目目标的一组过程。

(4)监控过程组(Monitoring and Controlling Processes)。监控过程组是指跟踪、检查和调整项目进展和绩效,识别必要的计划变更并启动相应变更的一组过程。

(5)收尾过程组(Closing Processes)。收尾过程组是指为完结所有项目管理过程组的所有活动,以正式结束项目或阶段而实施的一组过程。

2. 九大知识领域

PMBOK 的九大知识领域包括:项目集成管理(Project Integration Management)、项目范围管理(Project Scope Management)、项目时间管理(Project Time Management)、项目费用管理(Project Cost Management)、项目质量管理(Project Quality Management)、项目人力资源管理(Project Human Resource Management)、项目沟通管理(Project Communications Management)、项目风险管理(Project Risk Management)、项目采购管理(Project Procurement Management)。各知识领域均包含有计划及其实施过程中的监控,如图 11-2 所示。

图 11-2 项目管理知识体系中的九大知识领域

3. 多项目管理

项目管理不仅仅是指单一项目管理（Individual Project Management），还包括多项目管理，即项目群管理（Program Management）和组合项目管理（Portfolio Management）。

(1)项目群管理。项目群管理是指组织为实现战略目标、获得收益而以一种综合协调方式对一组相关项目进行的管理。由多个项目组成的通信卫星系统是一个典型的项目群实例，该项目群包括卫星和地面站的设计、卫星和地面站的施工、系统集成、卫星发射等多个项目。

(2)组合项目管理。组合项目管理是指将若干项目或项目群与其他工作组合在一起进行有效管理，以实现组织的战略目标。组合项目中的项目或项目群之间没必要相互关联或直接相关。例如，一个基础设施公司为实现其投资回报最大化的战略目标，可将石油天然气、能源、水利、道路、铁道、机场等多个项目或项目群组合在一起，实施组合项目管理。

11.2 建设工程风险管理

风险管理是项目管理知识体系的重要组成部分，也是建设工程项目管理的重要内容。

风险管理并不是独立于质量控制、造价控制、进度控制、合同管理、信息管理、组织协调，而是将上述项目管理内容中与风险管理相关的内容综合而成的独立部分。监理工程师需要掌握风险管理的基本原理，并将其应用于建设工程监理与相关服务。

11.2.1 建设工程风险及其管理过程

风险管理十大案例

建设工程风险是指在决策和实施过程中，造成实际结果与预期目标的差异性及其发生的概率。项目风险的差异性包括损失的不确定性和收益的不确定性。这里的工程风险是指损失的不确定性。

1. 建设工程风险的分类

建设工程的风险因素有很多，可以从不同的角度进行分类。

(1)按照风险来源进行划分。风险因素包括自然风险、社会风险、经济风险、法律风险和政治风险。

(2)按照风险涉及的当事人划分。风险因素包括建设单位的风险、设计单位的风险、施工单位的风险、工程监理单位的风险等。

(3)按风险可否管理划分。可分为可管理风险和不可管理风险。

(4)按风险影响范围划分。可分为局部风险和总体风险。

2. 建设工程风险管理过程

建设工程风险管理是一个识别风险、确定和度量风险，并制定、选择和实施风险应对方案的过程。风险管理是对建设工程风险进行管理的一个系统、循环过程。风险管理包括风险识别、风险分析与评价、风险对策的决策、风险对策的实施和风险对策实施的监控五个主要环节。

(1)风险识别。风险识别是风险管理的首要步骤，是指通过一定的方式，系统而全面地识别影响建设工程目标实现的风险事件并加以适当归类的过程。必要时，还需对风险事件的后果进行定性估计。

(2)风险分析与评价。风险分析与评价是将建设工程风险事件发生的可能性和损失后果进行定量化的过程。风险分析与评价的结果主要在于确定各种风险事件发生的概率及其对建设工程目标影响的严重程度,如建设投资增加的数额、工期延误的天数等。

(3)风险对策的决策。风险对策的决策是确定建设工程风险事件最佳对策组合的过程。一般来说,风险应对策略有风险回避、损失控制、风险转移和风险自留四种。这些风险对策的适用对象各不相同,需要根据风险评价结果,对不同的风险事件选择最适宜的风险对策,从而形成最佳的风险对策组合。

(4)风险对策的实施。对风险对策所作出的决策还需要进一步落实到具体的计划和措施中。例如,在决定进行风险控制时,要制订预防计划、灾难计划、应急计划等;在决定购买工程保险时,要选择保险公司,确定恰当的保险险种、保险范围、免赔额、保险费等。这些都是进行风险对策决策的重要内容。

(5)风险对策实施的监控。在建设工程实施过程中,要不断地跟踪检查各项风险对策的执行情况,并评价各项风险对策的执行效果。当建设工程实施条件发生变化时,要确定是否需要提出不同的风险对策。

11.2.2 建设工程风险识别与评价

1. 风险识别方法

风险识别的主要内容是:识别引起风险的主要因素,识别风险的性质,识别风险可能引起的后果。风险识别方法:识别建设工程风险的方法有专家调查法、财务报表法、流程图法、初始清单法、经验数据法、风险调查法等。

(1)专家调查法。专家调查法主要包括头脑风暴法、德尔菲法和访谈法。

(2)财务报表法。财务报表有助于确定一个特定工程可能遭受哪些损失以及在何种情况下遭受这些损失。通过分析资产负债表、现金流量表、损益表及有关补充资料,可以识别企业当前的所有资产、负债、责任及人身损失风险。将这些报表与财务预测、预算结合起来,可以发现建设工程未来风险。

(3)流程图法。流程图是按建设工程实施全过程内在逻辑关系制成流程图,针对流程图中的关键环节和薄弱环节进行调查和分析,找出风险存在的原因,从中发现潜在的风险威胁,分析风险发生后可能造成的损失和对建设工程全过程造成的影响。通过流程图分析,工程项目管理人员可以明确地发现建设工程所面临的风险。但流程图分析仅着重于流程本身,而无法显示发生问题的损失值或损失发生的概率。

(4)初始清单法。如果对每一个建设工程风险的识别都从头做起,至少有以下三个方面缺陷:一是耗费时间和精力多,风险识别工作的效率低;二是由于风险识别的主观性,可能导致风险识别的随意性,其结果缺乏规范性;三是风险识别成果资料不便积累,对今后的风险识别工作缺乏指导作用。因此,为了避免以上缺陷,有必要建立建设工程风险初始清单。

初始清单法是指有关人员利用所掌握的丰富知识设计而成的初始风险清单表,尽可能详细地列举建设工程所有的风险类别,按照系统化、规范化的要求去识别风险。建立初始清单有两种途径:一是参照保险公司或风险管理机构公布的潜在损失一览表,再结合某建设工程所面临的潜在损失,对一览表中的损失予以具体化,从而建立特定工程的风险一览表;二是通过适当的风险分解方式来识别风险。对于大型复杂工程,首先将其按单项工程、单位工程分解,再对各单项工程、单位工程分别从时间维、目标维和因素维进行分解,可以较容易地识别出建设工程主要的、常见的风险。建设工程风险初始清单参见表11-1。

表 11-1 建设工程风险初始清单

风险因素		典型风险事件
技术风险	设计	设计内容不全、设计缺陷、错误和遗漏，应用规范不恰当，未考虑地质条件，未考虑施工可能性等
	施工	施工工艺落后，施工技术和方案不合理，施工安全措施不当，应用新技术新方案失败，未考虑场地情况等
	其他	工艺设计未达到先进性指标，工艺流程不合理，未考虑操作安全性等
非技术风险	自然与环境	洪水、地震、火灾、台风、雷电等不可抗拒自然力，不明的水文气象条件，复杂的工程地质条件，恶劣的气候，施工对环境的影响等
	政治法律	法律法规的变化、战争、骚乱、罢工、经济制裁或禁运等
	经济	通货膨胀或紧缩，汇率变化，市场动荡，社会各种摊派和征费的变化，资金不到位，资金短缺等
	组织协调	建设单位、项目管理咨询方、设计方、施工方、监理方之间的不协调及各方主体内部的不协调等
	合同	合同条款遗漏、表达有误，合同类型选择不当，承发包模式选择不当，索赔管理不力，合同纠纷等
	人员	建设单位人员、项目管理咨询人员、设计人员、监理人员、施工人员的素质不高、业务能力不强等
	材料设备	原材料、半成品、成品或设备供货不足或拖延，数量差错或质量规格问题，特殊材料和新材料的使用问题，过度损耗和浪费，施工设备供应不足、类型不配套、故障、安装失误、选型不当等

初始清单只是为了便于人们较全面地认识风险的存在，而不至于遗漏重要的建设工程风险，但并不是风险识别的最终结论。在初始风险清单建立后，还需要结合特定工程的具体情况进一步识别风险，从而对初始风险清单作一些必要的补充和修正。为此，需要参照同类建设工程风险的经验数据，或者针对具体工程的特点进行风险调查。

(5) 经验数据法。经验数据法也称统计资料法，即根据已建各类建设工程与风险有关的统计资料来识别拟建工程风险。长期从事建设工程监理与相关服务的监理单位，应该积累大量的建设工程风险数据，尽管每一个建设工程及其风险有差异，但经验数据或统计资料足够多时，这些差异会大大减少，呈现出一些规律性。因此，已建各类建设工程与风险有关的数据是识别拟建工程风险的重要基础。

(6) 风险调查法。由建设工程的特殊性可知，两个不同的建设工程不可能有完全一致的风险。因此，在建设工程风险识别过程中，花费人力、物力、财力进行风险调查是必不可少的，这既是一项非常重要的工作，也是建设工程风险识别的重要方法。

风险调查应当从分析具体工程特点入手，一方面对通过其他方法已识别出的风险（如初始清单所列出的风险）进行鉴别和确认；另一方面，通过风险调查有可能发现此前尚未识别出的重要风险。通常，风险调查可以从组织、技术、自然及环境、经济、合同等方面分析拟建工程的特点以及相应的潜在风险。

2. 风险识别成果

风险识别成果是进行风险分析与评价的重要基础。风险识别的最主要成果是风险清单。风险清单最简单的作用是描述存在的风险并记录可能减轻风险的行为。风险清单格式见表 11-2。

表 11-2 建设工程风险清单

风险清单		编号：	日期：
工程名称：		审核：	批准：
序号	风险因素	可能造成的后果	可能采取的措施
1			
2			
3			
…			

3. 风险分析与评价

风险分析与评价是指在定性识别风险因素的基础上，进一步分析和评价风险因素发生的概率、影响的范围、可能造成损失的大小以及多种风险因素对建设工程目标的总体影响等，达到更清楚地辨识主要风险因素，有利于工程项目管理者采取更有针对性的对策和措施，从而减少风险对建设工程目标的不利影响。

风险分析与评价的任务包括：确定单一风险因素发生的概率；分析单一风险因素的影响范围大小；分析各个风险因素的发生时间；分析各个风险因素的结果，探讨这些风险因素对建设工程目标的影响程度。在单一风险因素量化分析的基础上，考虑多种风险因素对建设工程目标的综合影响、评估风险的程度并提出可能的措施作为管理决策的依据。

(1)风险度量。

①风险事件发生的概率及概率分布。根据风险事件发生的频繁程度，可将风险事件发生的概率分为 3~5 个等级。等级的划分反映了一种主观判断。因此，等级数量的划分也可根据实际情况作出调整。一般应用概率分布函数来描述风险事件发生的概率及概率分布。由于连续型的实际概率分布较难确定，因此在实践中，均匀分布、三角分布及正态分布最为常用。

②风险度量方法。风险度量可用下列一般表达式来描述：

$$R=F(O, P) \tag{11-1}$$

式中 R——某一风险事件发生后对建设工程目标的影响程度；

O——该风险事件的所有后果集；

P——该风险事件对应于所有风险结果的概率值集。

最简单的一种风险量化方法是：根据风险事件产生的结果与其相应的发生概率，求解建设工程风险损失的期望值和风险损失的方差(或标准差)来具体度量风险的大小，即：

若某一风险因素产生的建设工程风险损失值为离散型随机变量 X，其可能的取值为 x_1，x_2，…，x_n，这些取值对应的概率分别为 $P(x_1)$，$P(x_2)$，…，$P(x_n)$，则随机变量 X 的数学期望值和方差分别为

$$E(X) = \sum x_i P(x_i) \tag{11-2}$$

$$D(X) = \sum \left[x_i - E(X)\right]^2 P(x_i) \tag{11-3}$$

若某一风险因素产生的建设工程风险损失值为连续型随机变量 X，其概率密度函数为 $f(x)$，则随机变量 X 的数学期望值和方差分别如下：

$$E(X) = \int_{-\infty}^{+\infty} x f(x) \mathrm{d}x \tag{11-4}$$

$$D(X) = \int_{-\infty}^{+\infty} \left[x - E(X)\right]^2 f(x) \mathrm{d}x \tag{11-5}$$

(2) 风险评定。

①风险后果的等级划分。为了在采取措施时能分清轻重缓急，需要评定风险因素等级。通常，可按事故发生后果的严重程度划分为 3～5 个等级。

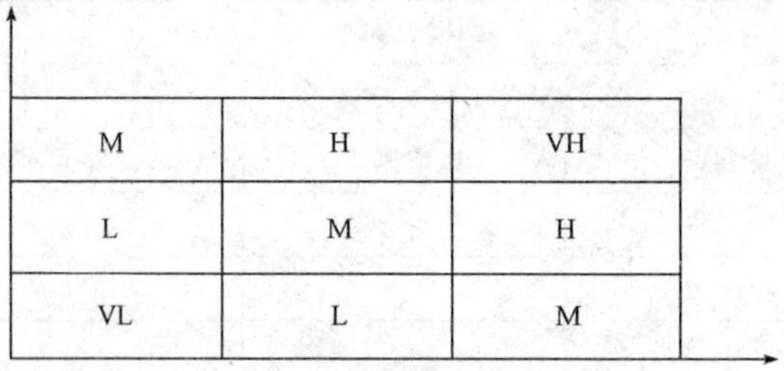

②风险重要性评定。将风险事件发生概率（P）的等级和风险后果（O）的等级分别划分为大（H）、中（M）、小（L）三个区间，即可形成如图 11-3 所示的 9 个不同区域。在这 9 个不同

M	H	VH
L	M	H
VL	L	M

图 11-3 风险等级图

区域中，有些区域的风险量是大致相等的，因此，可以将风险量的大小分为 5 个等级，即 VL（很小）、L（小）、M（中等）、H（大）、VH（很大）。

③风险可接受性评定。根据风险重要性评定结果，可以进行风险可接受性评定。在图 11-3 中，风险等级为大、很大的风险因素表示风险重要性较高，是不可接受的风险，需要给予重点关注；风险等级为中等的风险因素是不希望有的风险；风险等级为小的风险因素是可接受的风险；风险等级为很小的风险因素是可忽略的风险。

(3) 风险分析与评价的方法。风险的分析与评价往往采用定性与定量相结合的方法来进行，这二者之间并不是相互排斥的，而是相互补充的。目前，常用的风险分析与评价方法有调查打分法、蒙特卡洛模拟法、计划评审技术法和敏感性分析法等。这里仅介绍调查打分法。

调查打分法又称综合评估法或主观评分法，是指将识别出的建设工程风险列成风险表，将风险表提交给有关专家，利用专家经验，对风险因素的等级和重要性进行评价，确定出建设工程主要风险因素。调查打分法是一种最常见、最简单且易于应用的风险评价方法。

调查打分法的基本步骤：

①针对风险识别的结果，确定每个风险因素的权重，以表示其对建设工程的影响程度。

②确定每个风险因素的等级值，等级值按经常、很可能、偶然、极小、不可能分为五个等级。当然，等级数量的划分和赋值也可根据实际情况进行调整。

③将每个风险因素的权重与相应的等级值相乘，求出该项风险因素的得分。计算式如下：

$$r_i = \sum_{j=1}^{m} \omega_{ij} S_{ij} \tag{11-6}$$

式中　r_i——风险因素 i 的得分；

　　　ω_{ij}——j 专家对风险因素 i 的权重；

　　　S_{ij}——j 专家对风险因素 i 的等级值；

　　　m——参与打分的专家数。

④将各个风险因素的得分逐项相加得出建设工程风险因素的总分，总分越高，风险越大。总分计算如下：

$$R = \sum_{i=1}^{n} r_i \tag{11-7}$$

式中　R——项目风险得分；

　　　r_i——风险因素 i 的得分；

　　　n——风险因素的个数。

调查打分法的优点在于简单易懂，能节约时间，而且可以比较容易地识别主要风险因素。

⑤风险调查打分表。表 11-3 给出了建设工程风险调查打分表的一种格式。在表 11-3 中，风险发生的概率按照高、中、低三个档次来进行划分，考虑风险因素可能对质量、成本、工期、

安全、环境五个方面的影响，分别按照较轻、一般和严重来加以度量。

表 11-3　风险调查打分表

序号	风险因素	可能性			影响程度													
					成本			工期			质量			安全			环境		
		高	中	低	较轻	一般	严重	较轻	一般	严重	较轻	一般	严重	较轻	一般	严重	较轻	一般	严重
1	地质条件失真																		
2	设计失误																		
3	设计变更																		
4	施工工艺落后																		
5	材料质量低劣																		
6	施工水平低下																		
7	工期紧迫																		
8	材料价格上涨																		
9	合同条款有误																		
10	成本预算粗略																		
11	管理人员短缺																		

11.2.3　建设工程风险对策及监控

1. 风险对策

建设工程风险对策包括风险回避、损失控制、风险转移和风险自留。

(1)风险回避。风险回避是指在完成建设工程风险分析与评价后，如果发现风险发生的概率很高，而且可能的损失也很大，又没有其他有效的对策来降低风险时，应采取放弃项目、放弃原有计划或改变目标等方法，使其不发生或不再发展，从而避免可能产生的潜在损失。通常，当遇到风险事件发生概率很大且后果损失也很大的工程项目，或发生损失的概率并不大、但当风险事件发生后产生的损失是灾难性的、无法弥补的，应考虑风险回避的策略。

(2)损失控制。损失控制是一种主动、积极的风险对策。损失控制可分为预防损失和减少损失两个方面。预防损失措施的主要作用在于降低或消除(通常只能做到降低)损失发生的概率，而减少损失措施的作用在于降低损失的严重性或遏制损失的进一步发展，使损失最小化。一般来说，损失控制方案都应当是预防损失措施和减少损失措施的有机结合。制订损失控制措施必须考虑其付出的代价，包括费用和时间两个方面的代价，而时间方面的代价往往又会引起费用方面的代价。损失控制措施的最终确定，需要综合考虑其效果和相应的代价。在采用风险控制对策时，所制订的风险控制措施应当形成一个周密的、完整的损失控制计划系统。该计划系统一般应由预防计划、灾难计划和应急计划三部分组成。

①预防计划。预防计划的目的在于有针对性地预防损失的发生，其主要作用是降低损失发生的概率，在许多情况下也能在一定程度上降低损失的严重性。在损失控制计划系统中，预防计划的内容最广泛，具体措施最多，包括组织措施、经济措施、合同措施、技术措施。

②灾难计划。灾难计划是一组事先编制好的、目的明确的工作程序和具体措施，为现场人员提供明确的行动指南，使其在灾难性的风险事件发生后，不至于惊慌失措，也不需要临时讨

论研究应对措施,可以做到从容不迫、及时妥善地处理风险事故,从而减少人员伤亡以及财产和经济损失。灾难计划的内容应满足以下要求:安全撤离现场人员;援救及处理伤亡人员;控制事故的进一步发展,最大限度地减少资产和环境损害;保证受影响区域的安全尽快恢复正常。灾难计划在灾难性风险事件发生或即将发生时付诸实施。

③应急计划。应急计划就是事先准备好若干种替代计划方案,当遇到某种风险事件时,能够根据应急预案对建设工程原有计划范围和内容作出及时调整,使中断的建设工程能够尽快全面恢复,并减少进一步的损失,使其影响程度减至最小。应急计划不仅要制定所要采取的相应措施,而且要规定不同工作部门相应的职责。应急计划应包括的内容有:调整整个建设工程实施进度计划、材料与设备的采购计划、供应计划;全面审查可使用的资金情况;准备保险索赔依据;确定保险索赔的额度;起草保险索赔报告;必要时需调整筹资计划等。

(3)风险转移。风险转移是建设工程风险管理中十分重要且广泛应用的一项对策。当有些风险无法回避、必须直接面对,而以自身的承受能力又无法有效地承担时,风险转移就是一种十分有效的选择。风险转移可分为非保险转移和保险转移两大类。

①非保险转移。非保险转移又称为合同转移,因为这种风险转移一般是通过签订合同的方式将建设工程风险转移给非保险人的对方当事人。建设工程风险最常见的非保险转移有以下三种情况:

a. 建设单位将合同责任和风险转移给对方当事人。建设单位管理风险必须要从合同管理入手,分析合同管理中的风险分担。在这种情况下,被转移者多数是施工单位。例如,在合同条款中规定,建设单位对场地条件不承担责任;又如,采用固定总价合同将涨价风险转移给施工单位等。

b. 施工单位进行工程分包。施工单位中标承接某工程后,将该工程中专业技术要求很强而自己缺乏相应技术的内容分包给专业分包单位,从而更好地保证工程质量。

c. 第三方担保。合同当事人一方要求另一方为其履约行为提供第三方担保。担保方所承担的风险仅限于合同责任,即由于委托方不履行或不适当履行合同以及违约所产生的责任。第三方担保主要有建设单位付款担保、施工单位履约担保、预付款担保、分包单位付款担保、工资支付担保等。

与其他的风险对策相比,非保险转移的优点主要体现在:一是可以转移某些不可保的潜在损失,如物价上涨、法规变化、设计变更等引起的投资增加;二是被转移者往往能较好地进行损失控制,如施工单位相对于建设单位能更好地把握施工技术风险,专业分包单位相对于总承包单位能更好地完成专业性强的工程内容。但是,非保险转移的媒介是合同,这就可能因为双方当事人对合同条款的理解发生分歧而导致转移失效。另外,在某些情况下,可能因被转移者无力承担实际发生的重大损失而导致仍然由转移者来承担损失。例如,在采用固定总价合同的条件下,如果施工单位报价中所考虑涨价风险费很低,而实际的通货膨胀率很高,从而导致施工单位亏损破产,最终只得由建设单位自己来承担涨价造成的损失。另外,非保险转移一般都要付出一定的代价,有时转移风险的代价可能会超过实际发生的损失,从而对转移者不利。

②保险转移。保险转移通常直接称为工程保险。通过购买保险,建设单位或施工单位作为投保人将本应由自己承担的工程风险(包括第三方责任)转移给保险公司,从而使自己免受风险损失。保险之所以能得到越来越广泛的运用,原因在于其符合风险分担的基本原则,即保险人较投保人更适宜承担建设工程有关的风险。对于投保人来说,某些风险的不确定性很大,但是对于保险人来说,这种风险的发生则趋近于客观概率,不确定性降低,即风险降低。

在决定采用保险转移这一风险对策后,需要考虑与保险有关的几个具体问题:一是保险的安排方式;二是选择保险类别和保险人,一般是通过多家比选后确定,也可委托保险经纪人或保险咨询公司代为选择；三是可能要进行保险合同谈判，这项工作最好委托保险经纪人或保险咨询公司完成，但免赔额的数额或比例要由投保人自己确定。

需要说明的是，保险并不能转移建设工程所有风险，一方面是因为存在不可保风险；另一方面则是因为有些风险不宜保险。因此，对于建设工程风险，应将保险转移与风险回避、损失控制和风险自留结合起来运用。

(4) 风险自留。风险自留是指将建设工程风险保留在风险管理主体内部，通过采取内部控制措施等来化解风险。

风险自留可分为非计划性风险自留和计划性风险自留两种。

①非计划性风险自留。由于风险管理人员没有意识到建设工程某些风险的存在，或者不曾有意识地采取有效措施，以致风险发生后只好保留在风险管理主体内部。这样的风险自留就是非计划性的和被动的。导致非计划性风险自留的主要原因有：缺乏风险意识、风险识别失误、风险分析与评价失误、风险决策延误、风险决策实施延误等。

②计划性风险自留。计划性风险自留是主动的、有意识的、有计划的选择，是风险管理人员在经过正确的风险识别和风险评价后制定的风险对策。风险自留绝不可能单独运用，而应与其他风险对策结合使用。在实行风险自留时，应保证重大和较大的建设工程风险已经进行了工程保险或实施了损失控制计划。

2. 风险监控

(1) 风险监控的主要内容。风险监控是指跟踪已识别的风险和识别新的风险，保证风险计划的执行，并评估风险对策与措施的有效性。其目的是考察各种风险控制措施产生的实际效果、确定风险减少的程度、监视风险的变化情况，进而考虑是否需要调整风险管理计划以及是否启动相应的应急措施等。风险管理计划实施后，风险控制措施必然会对风险的发展产生相应的效果，监控风险管理计划实施过程的主要内容包括：评估风险控制措施产生的效果；及时发现和度量新的风险因素；跟踪、评估风险的变化程度；监控潜在风险的发展，监测工程风险发生的征兆；提供启动风险应急计划的时机和依据。

(2) 风险跟踪检查与报告。

①风险跟踪检查。跟踪风险控制措施的效果是风险监控的主要内容。在实际工作中，通常采用风险跟踪表格来记录跟踪的结果，然后定期地将跟踪的结果制成风险跟踪报告，使决策者及时掌握风险发展趋势的相关信息，以便及时地作出反应。

②风险的重新估计。无论什么时候，只要在风险监控的过程中发现新的风险因素，就要对其进行重新估计。除此之外，在风险管理进程中，即使没有出现新的风险，也需要在工程进展的关键时段对风险进行重新估计。

③风险跟踪报告。风险跟踪的结果需要及时地进行报告，报告通常供高层次的决策者使用。因此，风险报告应该及时、准确并简明扼要，向决策者传达有用的风险信息，报告内容的详细程度应按照决策者的需要而定。编制和提交风险跟踪报告是风险管理的一项日常工作，报告的格式和频率应视需要和成本而定。

11.3 建设工程勘察、设计、保修阶段服务内容

建设工程勘察、设计、保修阶段的项目管理服务是工程监理企业需要拓展的业务领域。工程监理企业既可接受建设单位委托，将建设工程勘察、设计、保修阶段项目管理服务与建设工程监理一并纳入建设工程监理合同，使建设工程勘察、设计、保修阶段项目管理服务成为建设

工程监理相关服务;也可单独与建设单位签订项目管理服务合同,为建设单位提供建设工程勘察、设计、保修阶段项目管理服务。

根据《建设工程监理合同(示范文本)》(GF—2012—0202),建设单位需要工程监理单位提供的相关服务(如勘察阶段、设计阶段、保修阶段服务及其他专业技术咨询、外部协调工作等)的范围和内容应在附录A中约定。

11.3.1 勘察设计阶段服务内容

1. 协助委托工程勘察设计任务

工程监理单位应协助建设单位编制工程勘察设计任务书和选择工程勘察设计单位,并协助建设单位签订工程勘察设计合同。

2. 工程勘察设计任务书的编制

工程勘察设计任务书应包括以下主要内容:

(1)工程勘察设计范围,包括:工程名称、工程性质、拟建地点、相关政府部门对工程的限制条件等。

(2)建设工程目标和建设标准。

(3)对工程勘察设计成果的要求,包括:提交内容、提交质量和深度要求、提交时间、提交方式等。

3. 工程勘察设计单位的选择

(1)选择方式。根据相关法律法规要求,采用招标或直接委托方式。如果是采用招标方式,需要选择公开招标或邀请招标方式。有的工程可能需要采用设计方案竞赛方式选定工程勘察设计单位。

(2)工程勘察设计单位的审查。应审查工程勘察设计单位的资质等级、勘察设计人员资格、勘察设计业绩以及工程勘察设计质量保证体系等。

4. 工程勘察设计合同谈判与订立

(1)合同谈判。根据工程勘察设计招标文件及任务书要求,在合同谈判过程中,进一步对工程勘察设计工作的范围、深度、质量、进度要求予以细化。

(2)合同订立。应注意以下事项:

①应界定由于地质情况、工程变化造成的工程勘察、设计范围变更,工程勘察设计单位的相应义务。

②应明确工程勘察设计费用涵盖的工作范围,并根据工程特点确定付款方式。

③应明确工程勘察设计单位配合其他工程参建单位的义务。

④应强调限额设计,将施工图预算控制在工程概算范围内。鼓励设计单位应用价值工程优化设计方案,并以此制订奖励措施。

11.3.2 工程勘察过程中的服务

1. 工程勘察方案的审查

工程监理单位应审查工程勘察单位提交的勘察方案,提出审查意见,并报建设单位。工程勘察单位变更勘察方案时,应按原程序重新审查。

工程监理单位应重点审查以下内容:

(1)勘察技术方案中工作内容与勘察合同及设计要求是否相符,是否有漏项或冗余。

(2)勘察点的布置是否合理,其数量、深度是否满足规范和设计要求。

(3)各类相应的工程地质勘察手段、方法和程序是否合理,是否符合有关规范的要求。

(4)勘察重点是否符合勘察项目特点,技术与质量保证措施是否还需要细化,以确保勘察成果的有效性。

(5)勘察方案中配备的勘察设备是否满足本工程勘察技术要求。

(6)勘察单位现场勘察组织及人员安排是否合理,是否与勘察进度计划相匹配。

(7)勘察进度计划是否满足工程总进度计划。

2. 工程勘察现场及室内试验人员、设备及仪器的检查

工程监理单位应检查工程勘察现场及室内试验主要岗位操作人员的资格,所使用设备、仪器计量的检定情况。

(1)主要岗位操作人员。现场及室内试验主要岗位操作人员是指钻探设备操作人员、记录人员和室内试验的数据签字和审核人员,这些人员应具有相应的上岗资格。

(2)工程勘察设备、仪器。对于工程现场勘察所使用的设备、仪器,要求工程勘察单位做好设备、仪器计量使用及检定台账。工程监理单位不定期检查相应的检定证书。发现问题时,应要求工程勘察单位停止使用不符合要求的勘察设备、仪器,直至提供相关检定证书后方可继续使用。

3. 工程勘察过程控制

(1)工程监理单位应检查工程勘察进度计划执行情况,督促工程勘察单位完成勘察合同约定的工作内容,审核工程勘察单位提交的勘察费用支付申请。对于满足条件的,签发工程勘察费用支付证书并报建设单位。

(2)工程监理单位应检查工程勘察单位执行勘察方案的情况,对重要点位的勘探与测试应进行现场检查。发现问题时,应及时通知工程勘察单位一起到现场进行核查。当工程监理单位与勘察单位对重大工程地质问题的认识不一致时,工程监理单位应提出书面意见供工程勘察单位参考,必要时可建议邀请有关专家进行专题论证并及时报建设单位。工程监理单位在检查勘察单位执行勘察方案的情况时,需重点检查以下内容:

①工程地质勘察范围、内容是否准确、齐全;

②钻探及原位测试等勘探点的数量、深度及勘探操作工艺、现场记录和勘探测试成果是否符合规范要求;

③水、土、石试样的数量和质量是否符合要求;

④取样、运输和保管方法是否得当;

⑤试验项目、试验方法和成果资料是否全面;

⑥物探方法的选择、操作过程和解释成果资料是否准确、完整;

⑦水文地质试验方法、试验过程及成果资料是否准确、完整;

⑧勘察单位操作是否符合有关安全操作规章制度;

⑨勘察单位内业是否规范。

4. 工程勘察成果审查

工程监理单位应审查工程勘察单位提交的勘察成果报告,并向建设单位提交工程勘察成果评估报告,同时应参与工程勘察成果验收。

(1)工程勘察成果报告。工程勘察报告的深度应符合国家、地方及有关部门的相关文件要求,同时需满足工程设计和勘察合同相关约定的要求。

①岩土工程勘察应正确反映场地工程地质条件,查明不良地质作用和地质灾害,并通过对原始资料的整理、检查和分析,提出资料完整、评价正确、建议合理的勘察报告。

②工程勘察报告应有明确的针对性。详勘阶段报告应满足施工图设计的要求。
③勘察文件的文字、标点、术语、代号、符号、数字均应符合有关标准要求。
④勘察报告应有完成单位的公章(法人公章或资料专用章),应有法人代表(或其委托代理人)和项目主要负责人签章。图表均应有完成人、检查人或审核人签字。各种室内试验和原位测试,其成果应有试验人、检查人或审核人签字。测试、试验项目委托其他单位完成时,受托单位提交的成果还应有该单位公章、单位负责人签章。

(2)工程勘察成果评估报告。勘察评估报告由总监理工程师组织各专业监理工程师编制,必要时可邀请相关专家参加。工程勘察成果评估报告的内容包括:勘察工作概况;勘察报告编制深度、与勘察标准的符合情况;勘察任务书的完成情况;存在问题及建议;评估结论。

11.3.3 工程设计过程中的服务

1. 工程设计进度计划的审查

工程监理单位应依据设计合同及项目总体计划要求审查各专业、各阶段设计进度计划。审查内容包括以下几项:
(1)计划中各个节点是否存在漏项;
(2)出图节点是否符合建设工程总体计划进度节点要求;
(3)分析各阶段、各专业工种设计工作量和工作难度,并审查相应设计人员的配置安排是否合理;
(4)各专业计划的衔接是否合理,是否满足工程需要。

2. 工程设计过程控制

工程监理单位应检查设计进度计划执行情况,督促设计单位完成设计合同约定的工作内容,审核设计单位提交的设计费用支付申请。对于符合要求的,签认设计费用支付证书并报建设单位。

3. 工程设计成果审查

工程监理单位应审查设计单位提交的设计成果,并提出评估报告。评估报告应包括以下主要内容:
(1)设计工作概况;
(2)设计深度、与设计标准的符合情况;
(3)设计任务书的完成情况;
(4)有关部门审查意见的落实情况;
(5)存在的问题及建议。

4. 工程设计"四新"的审查

工程监理单位应审查设计单位提出的新材料、新工艺、新技术、新设备在相关部门的备案情况,必要时应协助建设单位组织专家评审。

5. 工程设计概算、施工图预算的审查

工程监理单位应审查设计单位提出的设计概算、施工图预算,提出审查意见,并报建设单位。设计概算和施工图预算的审查内容包括以下几项:
(1)工程设计概算和工程施工图预算的编制依据是否准确。
(2)工程设计概算和工程施工图预算内容是否充分反映自然条件、技术条件、经济条件,是否合理运用各种原始资料提供的数据,编制说明是否齐全等。
(3)各类取费项目是否符合规定,是否符合工程实际,有无遗漏或在规定之外的取费。

(4)工程量计算是否正确,有无漏算、重算和计算错误,对计算工程量中各种系数的选用是否有合理的依据。

(5)各分部分项套用定额单价是否正确,定额中参考价是否恰当。编制的补充定额,取值是否合理。

(6)若建设单位有限额设计要求,则审查设计概算和施工图预算是否控制在规定的范围以内。

11.3.4 工程勘察设计阶段其他相关服务

1. 工程索赔事件防范

工程勘察设计合同履行中,一旦发生约定的工作、责任范围变化或工程内容、环境、法规等变化,势必导致相关方索赔事件的发生。为此,工程监理单位应对工程参建各方可能提出的索赔事件进行分析,在合同签订和履行过程中采取防范措施,尽可能减少索赔事件的发生,避免对后续工作造成影响。

工程监理单位对工程勘察设计阶段索赔事件进行防范的对策包括以下几项:

(1)协助建设单位编制符合工程特点及建设单位实际需求的勘察设计任务书、勘察设计合同等;

(2)加强对工程设计勘察方案和勘察设计进度计划的审查;

(3)协助建设单位及时提供勘察设计工作必需的基础性文件;

(4)保持与工程勘察设计单位沟通,定期组织勘察设计会议,及时解决工程勘察设计单位提出的合理要求;

(5)检查工程勘察设计工作情况,发现问题及时提出,减少错误;

(6)及时检查工程勘察设计文件及勘察设计成果,并报送建设单位;

(7)严格按照变更流程,谨慎对待变更事宜,减少不必要的工程变更。

2. 协助建设单位组织工程设计成果评审

工程监理单位应协助建设单位组织专家对工程设计成果进行评审。工程设计成果评审程序如下:

(1)事先建立评审制度和程序,并编制设计成果评审计划,列出预评审的设计成果清单;

(2)根据设计成果特点,确定相应的专家人选;

(3)邀请专家参与评审,并提供专家所需评审的设计成果资料、建设单位的需求及相关部门的规定等;

(4)组织相关专家对设计成果评审的会议,收集各专家的评审意见;

(5)整理、分析专家评审意见,提出相关建议或解决方案,形成会议纪要或报告,作为设计优化或下一阶段设计的依据,并报建设单位或相关部门。

3. 协助建设单位报审有关工程设计文件

工程监理单位可协助建设单位向政府有关部门报审有关工程设计文件,并根据审批意见,督促设计单位予以完善。

工程监理单位协助建设单位报审工程设计文件时,第一,需要了解政府设计文件审批程序、报审条件及所需提供的资料等信息,以做好充分准备;第二,提前向相关部门进行咨询,获得相关部门咨询意见,以提高设计文件质量;第三,应事先检查设计文件及附件的完整性、合规性;第四,及时与相关政府部门联系,根据审批意见进行反馈和督促设计单位予以完善。

4. 处理工程勘察设计延期、费用索赔

工程监理单位应根据勘察设计合同,协调处理勘察设计延期、费用索赔等事宜。

11.3.5 保修阶段服务内容

1. 定期回访

工程监理单位承担工程保修阶段服务工作时，应进行定期回访。为此，应制订工程保修期回访计划及检查内容，并报建设单位批准。保修期期间，应按保修期回访计划及检查内容开展工作，做好记录，定期向建设单位汇报。遇突发事件时应及时到场，分析原因和责任并妥善处理，将处理结果报建设单位。保修期相关服务结束前，应组织建设单位、使用单位、勘察设计单位、施工单位等相关单位对工程进行全面检查，编制检查报告，作为工程保修期相关服务工作总结内容一起报建设单位。

2. 工程质量缺陷处理

对建设单位或使用单位提出的工程质量缺陷，工程监理单位应安排监理人员进行现场检查和调查分析，并与建设单位、施工单位协商确定责任归属。同时，要求施工单位予以修复，还应监督实施过程，合格后予以签认。对于非施工单位原因造成的工程质量缺陷，应核实施工单位申报的修复工程费用，并应签认工程款支付证书，同时报建设单位。工程监理单位核实施工单位申报的修复工程费用时应注意以下内容：

(1) 修复工程费用核实应以各方确定的修复方案作为依据；
(2) 修复质量合格验收后，方可计取全部修复费用；
(3) 修复工程的建筑材料费、人工费、机械费等价格应按正常的市场价格计取，所发生的材料、人工、机械台班数量一般按实结算，也可按相关定额或事先约定的方式结算。

11.4 建设工程监理与项目管理一体化

11.4.1 建设工程监理与项目管理服务的区别

尽管建设工程监理与项目管理服务均是由社会化的专业单位为建设单位（业主）提供服务，但在服务的性质、范围及侧重点等方面有着本质区别。

1. 服务性质不同

建设工程监理是一种强制实施的制度。属于国家规定强制实施监理的工程，建设单位必须委托建设工程监理，工程监理单位不仅要承担建设单位委托的工程项目管理任务，还需要承担法律法规所赋予的社会责任，如安全生产管理方面的职责和义务。工程项目管理服务属于委托性质，建设单位的人力资源有限、专业性不能满足工程建设管理需求时，才会委托工程项目管理单位协助其实施项目管理。

2. 服务范围不同

目前，建设工程监理定位于工程施工阶段，而工程项目管理服务可以覆盖项目策划决策、建设实施（设计、施工）的全过程。

3. 服务侧重点不同

建设工程监理单位尽管也要采用规划、控制、协调等方法为建设单位提供专业化服务，但其中心任务是目标控制。工程项目管理单位能够在项目策划决策阶段为建设单位提供专业化的项目管理服务，更能体现项目策划的重要性，更有利于实现工程项目的全寿命期、全过程管理。

11.4.2 建设工程监理与项目管理一体化的实施条件和组织职责

建设工程监理与项目管理一体化是指工程监理单位在实施建设工程监理的同时，为建设单位提供项目管理服务。由同一家工程监理单位为建设单位同时提供建设工程监理与项目管理服务，既符合国家推行建设工程监理制度的要求，也能满足建设单位对于工程项目管理专业化服务的需求，而且从根本上避免了建设工程监理与项目管理职责的交叉重叠。

推行建设工程监理与项目管理一体化，对于深化我国工程建设管理体制和工程项目实施组织方式的改革，促进工程监理企业的持续健康发展具有十分重要的意义。

1. 实施条件

实施建设工程监理与项目管理一体化，须具备以下条件：

(1)建设单位的信任和支持是前提。建设单位的信任和支持是顺利推进建设工程监理与项目管理一体化的前提。首先，建设单位要有建设工程监理与项目管理一体化的需求；其次，建设单位要严格履行合同，充分信任工程监理单位，全力支持建设工程监理与项目管理机构的工作，尊重建设工程监理与项目管理机构的意见和建议，这是鼓舞和激发建设工程监理与项目管理机构人员积极主动开展工作的重要条件。

(2)建设工程监理与项目管理队伍素质是基础。高素质的专业队伍是提供优质建设工程监理与项目管理一体化服务的基础。建设工程监理与项目管理一体化服务对建设工程监理与项目管理人员提出了更高的要求，专业管理人员必须是复合型人才，需要懂技术、会管理、善协调。如果没有集工程技术、工程经济、项目管理、法规标准于一体的综合素质，不具有工程项目集成化管理能力，很难得到建设单位的认可和信任。

(3)建立健全相关制度和标准是保证。建设工程监理与项目管理一体化模式的实施，需要相关制度和标准加以规范。对建设工程监理与项目管理机构而言，需要在总监理工程师的全面管理和指导下，建立健全相关规章制度，并进一步明确建设工程监理与项目管理一体化服务的工作流程，不断完善建设工程监理与项目管理一体化服务的工作指南，实现建设工程监理与项目管理一体化服务的规范化、标准化。

2. 组织机构及岗位职责

对于工程监理企业而言，实施建设工程监理与项目管理一体化，首先需要结合工程项目特点、建设工程监理与项目管理要求，建立科学的组织机构，合理划分管理部门和岗位职责。

(1)组织机构设置。实施建设工程监理与项目管理一体化，仍应实行总监理工程师负责制。在总监理工程师全面管理下，工程监理单位派驻工程现场的机构可下设工程监理部、规划设计部、合同信息部、工程管理部等。建设工程监理与项目管理一体化组织机构如图11-4所示。

(2)部门及岗位职责。总监理工程师是工程监理单位在建设工程项目的代表人。总监理工程师将全面负责履行建设工程监理与项目管理合同、主持建设工程监理与项目管理机构的工作。

总监理工程师负责确定建设工程监理与项目管理机构的人员分工和岗位职责；组织编写工程监理与项目管理计划大纲，并负责建设工程监理与项目管理机构的日常工作；负责对建设工程监理与项目管理情况进行监控和指导；组织制定和实施建设工程监理与项目管理制度；组织建设工程监理与项目管理会议；定期组织形成工程监理与项目管理报告；发布有关建设工程监理与项目管理指令；协调有关各方之间的关系等。

除建设工程监理部负责完成建设工程监理合同和《建设工程监理规范》(GB/T 50319—2013)中规定的监理工作外，规划设计、合同信息、工程管理等部门将分别负责承担工程项目管理服务相关职责。

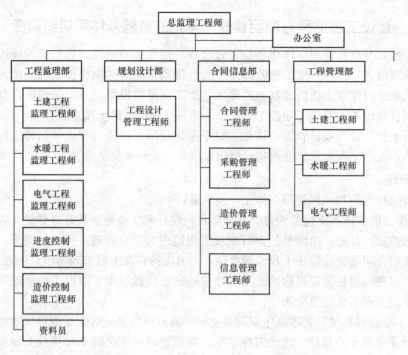

图11-4 建设工程监理与项目管理一体化组织机构

①规划设计部职责。规划设计部负责协助建设单位进行工程项目策划以及设计管理工作。工程项目策划包括：项目方案策划、融资策划、项目组织实施策划、项目目标论证及控制策划等。工程设计管理工作包括：协助建设单位组织重大技术问题的论证；组织审查各阶段设计方案；组织设计变更的审核和咨询；协助建设单位组织设计交底和图纸会审会议等。

②合同信息部职责。合同信息部协助建设单位组织工程勘察、设计、施工及材料设备的招标工作；协助建设单位进行各类合同管理工作；审核与合同有关的实施方案、变更申请、结算申请；协助建设单位进行材料设备的采购管理工作；负责工程项目信息管理工作等。

③工程管理部职责。协助建设单位编制工程项目管理计划、办理前期有关报批手续、进行外部协调等工作，为建设工程顺利实施创造条件。

11.5 项目全过程集成化管理

建设工程项目全过程集成化管理是指工程项目单位受建设单位委托，为其提供覆盖工程项目策划决策、建设实施阶段全过程的集成化管理。工程项目单位的服务内容可包括项目策划、设计管理、招标代理、造价咨询、施工过程管理等。

11.5.1 全过程集成化管理服务模式

目前在我国工程建设实践中，按照工程项目管理单位与建设单位的结合方式不同，全过程集成化项目管理服务可归纳为咨询式、一体化和植入式三种模式。

1. 咨询式服务模式

在通常情况下，工程项目管理单位派出的项目管理团队置身于建设单位外部，为其提供项目管理咨询服务。此时，项目管理团队具有较强的独立性，如图11-5所示。

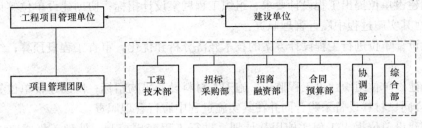

图 11-5　咨询式服务模式

2. 一体化服务模式

工程项目管理单位不设立专门的项目管理团队或设立的项目管理团队中留有少量管理人员，而将大部分项目管理人员分别派到建设单位各职能部门中，与建设单位项目管理人员融合在一起，如图11-6所示。

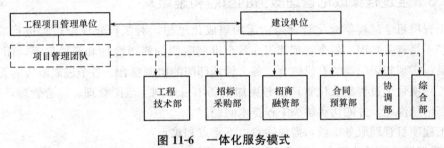

图 11-6　一体化服务模式

3. 植入式服务模式

在建设单位充分信任的前提下，工程项目管理单位设立的项目管理团队直接作为建设单位的职能部门。此时，项目管理团队具有项目管理和职能管理的双重功能，如图11-7所示。

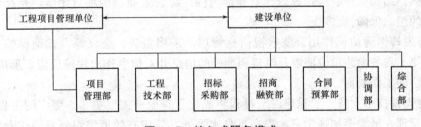

图 11-7　植入式服务模式

需要指出的是，对于属于强制监理范围内的建设工程项目，无论采用何种项目管理服务模式，由具有高水平的专业化单位提供建设工程监理与项目管理一体化服务是值得提倡的；否则，建设单位既委托项目管理服务，又委托建设工程监理，而实施单位不是同一家单位时，会造成管理职责重叠，降低工程效率，增加交易成本。

11.5.2　全过程集成化管理服务内容

工程项目策划决策与建设实施全过程集成化管理服务可包括以下内容：
(1)协助建设单位进行工程项目策划、投资估算、融资方案设计、可行性研究、专项评估等。

(2)协助建设单位办理土地征用、规划许可等有关手续。

(3)协助建设单位提出工程设计要求、组织工程勘察设计招标;协助建设单位签订工程勘察设计合同并在其实施过程中履行管理职责。

(4)组织设计单位进行工程设计方案的技术经济分析和优化,审查工程概预算;组织评审工程设计方案。

(5)协助建设单位组织建设工程监理、施工、材料设备采购招标;协助建设单位签订工程总承包或施工合同、材料设备采购合同并在其实施过程中履行管理职责。

(6)协助建设单位提出工程实施用款计划,进行工程变更控制,处理工程索赔,结算工程价款。

(7)协助建设单位组织工程竣工验收,办理工程竣工结算,整理、移交工程竣工档案资料。

(8)协助建设单位编制工程竣工决算报告,参与生产试运行及工程保修期管理,组织工程项目后评估。

11.5.3　全过程集成化管理服务的重点和难点

建设工程项目全过程集成化管理是指运用集成化思想,对工程建设全过程进行综合管理。这种"集成"不是有关知识、各个管理部门、各个进展阶段的简单叠加和简单联系,而是以系统工程为基础,实现知识门类的有机融合、各个管理部门的协调整合、各个进展阶段的无缝衔接。

建设工程项目全过程集成化管理服务更加强调项目策划、范围管理、综合管理,更加需要组织协调、信息沟通,并能切实解决工程技术问题。

作为工程项目管理服务单位,需要注意以下重点和难点:

(1)准确把握建设单位需求。要准确判断建设单位的工程项目管理需求,明确工程项目管理服务范围和内容,这是进行工程项目管理规划、为建设单位提供优质服务、获得用户满意的重要前提和基础。

(2)不断加强项目团队建设。工程项目管理服务主要依靠项目团队。要配备合理的专业人员组成项目团队。结构合理、运作高效、专业能力强、综合素质高的项目团队,是高水平工程项目管理服务的组织保障。

(3)充分发挥沟通协调作用。要重视信息管理,采用报告、会议等方式确保信息准确、及时、畅通,使工程各参建单位能够及时得到准确的信息并对信息作出快速反应,形成目标明确、步调一致的协同工作局面。

(4)高度重视技术支持。工程建设全过程集成化管理服务需要更多、更广的工程技术支持。除工程项目管理人员需要加强学习、提高自身水平外,还应有效地组织外部协作专家进行技术咨询。工程项目管理单位应将切实帮助建设单位解决实际技术问题作为首要任务,技术问题的解决也是使建设单位能够直观感受服务价值的重要途径。

▶ 本章小结

本章简单而准确地阐述了项目管理知识体系、建设工程风险管理,详细介绍了建设工程勘察、设计、保修阶段服务内容。其中,重点是建设工程监理与项目管理一体化、项目全过程集成化管理,难点是解决项目管理过程中出现的问题。通过本章的学习,应使学生明确建设工程监理与项目管理一体化的区别。

练习与思考

1. 项目管理知识体系中包括哪五个基本过程组?九大知识领域是指什么?
2. 建设工程风险管理过程包括哪些环节?风险对策有哪些?
3. 建设工程风险识别方法有哪些?建设工程风险分析与评价方法有哪些?
4. 建设工程勘察、设计、保修阶段服务内容有哪些?
5. 建设工程监理与项目管理服务有哪些区别?
6. 建设工程监理与项目管理一体化的实施条件有哪些?
7. 建设工程监理与项目管理一体化管理组织的职责有哪些?
8. 建设工程项目全过程集成化管理服务模式有哪些?
9. 建设工程项目全过程集成化管理内容有哪些?
10. 建设工程项目全过程集成化管理的重点和难点有哪些?

第12章 建设工程安全生产管理

内容提要

本章主要内容包括：建设工程安全生产管理的相关知识、建设工程安全生产管理的内容、建设工程各方的安全责任。

知识目标

1. 了解建设工程安全生产的特点。
2. 了解建设工程安全管理的相关知识。
3. 掌握建设工程安全生产管理的内容。
4. 掌握建设工程各方的安全责任。

能力目标

1. 能理解建设工程安全生产管理的内容。
2. 能明确建设工程各方的安全责任。

12.1 建设工程安全生产管理概述

12.1.1 建设工程安全生产

从一般意义上讲，安全生产是指在社会生产活动中，通过人、机、物料、环境的和谐动作，使生产过程中潜在的各种事故风险和伤害因素始终处于有效的控制状态，切实保护劳动者的生命安全和身体健康。

建设工程安全生产特指建筑行业的安全生产。

长期以来，由于人员流动性大、劳动对象复杂和劳动条件变化等特点，建筑业在各个国家都是高风险的行业，伤亡事故发生率一直位于各行业的前列。尤其是现代社会建设项目趋向大型化、高层化、复杂化，加之建设场地的多变性，使得建设工程生产，特别是安全生产，与其他生产行业相比有明显的区别。建设工程安全生产的特点主要体现在以下几个方面：

(1) 建筑施工大多在露天的环境中进行，所进行的活动必然受到施工现场的地理条件和气象条件的影响。恶劣的气候环境很容易导致施工人员心理或生理上的疲劳，注意力不集中，造成事故。

(2) 建设工程是一个庞大的人机工程，这个系统的安全性不仅仅取决于施工人员的行为，还取决于各种施工机具、材料以及建筑产品的状态。建设工程中的人、物以及施工环境中存在的导致事故的风险因素非常多，如果不及时发现并且排除，很容易导致安全事故。

(3) 建筑施工具有单一性的特点。不同的建设项目所面临的事故风险的大小和种类都是不同的。建筑业从业人员每天所面对的几乎都是一个全新的物理工作环境，在完成一个建筑产品之后,又转移到下一个新项目的施工。项目施工过程中层出不穷的事故风险是导致建筑事故频发的重要原因。

(4)建筑施工还具有分散性的特点。建筑业的主要制造者是现场施工人员,在施工过程中分散于施工现场的各个部位。当他们面对各种具体的生产问题时,一般依靠自己的经验和知识进行判断,从而增加了建筑业生产过程中由于不安全行为而导致事故的风险。

(5)工程建设中往往有很多方参与,仅施工现场就涉及建设单位、总承包单位、分包单位、供应单位和监理单位等各方,管理层次比较多,管理关系复杂。各种错杂复杂的人的不安全行为、物的不安全状态,以及环境的不安全因素往往互相作用,是构成安全事故的直接原因。

(6)目前,我国建筑业仍属于劳动密集型产业,技术含量相对偏低,建筑业中部分从业人员的文化素质较一般行业人员低。其中,没有经过全面职业培训和严格的安全教育的农民工的数量占到施工一线人数的80%,这也增加了建设工程安全生产的风险。

(7)建筑业作为一个传统的产业部门,工期、质量和成本的管理往往是项目生产人员关注的主要对象。部分建筑管理人员认为建筑安全事故完全是由一些偶然因素引起的,因而是不可避免的、无法控制的,没有从科学的角度深入认识事故发生的根本原因并采取积极的预防措施,从而造成了建设项目安全管理不力,使发生事故的可能性增加。

12.1.2 安全生产管理的相关知识

1. 安全生产管理

安全生产管理是管理的重要组成部分,是安全科学的一个分支。所谓安全生产管理,就是针对人们在生产过程中的安全问题,动用有效的资源,发挥人们的智慧,通过人们的努力,进行有关决策、计划、组织和控制等活动,实现生产过程中人与机械设备、物料和环境的和谐,达到安全生产的目的。

安全生产管理的目标是:减少和控制危害,减少和控制事故,尽量避免生产过程中由于事故所造成的人身伤害、财产损失、环境污染及其他损失。安全生产管理包括安全生产法治管理、行政管理、监督检查、工艺技术管理、设备设施管理、作业环境和条件管理等方面。

安全生产管理的基本对象是企业的员工,涉及企业中的所有人员、设备设施、物料、环境、财务、信息等各方面。安全生产管理的内容包括:安全生产管理机构和安全生产管理人员、安全生产责任制、安全生产管理规章制度、安全生产策划、安全教育培训、安全生产档案等。

2. 建设工程安全生产管理工作的重要性

建设工程安全生产管理工作的重要性不言而喻,一旦发生安全事故,将直接导致单位及个人的利益受损,严重的还会面对法律的制裁。在安全控制工作的实施中,可能很多人会有一个理解的误区,即把建设工程安全管理工作当成一个孤立的工作,认为它就是安全管理工作,把它放在其他工作的一个附带面上。事实上,建设工程安全管理工作不是一项孤立的工作,它与质量、进度、投资控制的各个环节是相辅相成的。

(1)安全生产管理是质量控制的基础,一项工程的施工质量越好,其产生的安全效应就越高。同样,只有在良好的安全措施保证下,施工人员才能较好地发挥技术水平。

(2)安全生产管理是进度控制的前提。工期过紧是埋下安全隐患的原因之一。由于建设项目的工期一般都较长,业主总是希望其投入的资金能尽快产生效益,常对工期提出不合理的要求。由于目前建筑市场为买方市场,承包方为承揽到工程,只能答应其不合理要求。长时间的加班、加点,造成的结果往往是人员和设备的疲劳及施工安全条件无法保证,安全事故也多发生在工作日上下班及加班的时间内。

3. 我国安全生产管理概述

（1）安全生产方针。《中华人民共和国安全生产法》在总结我国安全生产管理经验的基础上，将"安全第一，预防为主"规定为我国安全生产工作的基本方针。"安全第一"就是在生产经营过程中，在处理保证安全与生产经营活动的关系上，要始终把安全放在首要位置，优先考虑从业人员和其他人员的人身安全，在确保安全的前提下，努力实现生产的其他目标。

"预防为主"就是按照系统化、科学化的管理思想，根据事故发生的规律和特点，千方百计预防事故的发生，做到防患于未然，将事故消灭在萌芽状态。只要思想重视，预防措施得当，事故是可以减少的。

（2）"以人为本"的安全发展理念。安全发展强调"以人为本"，首先是以人的生命和健康为本，保护人的生命安全与健康，在确保广大人民群众生命安全与健康及财产安全的前提下实现又好又快的发展。

（3）安全生产政策措施。我国建立、完善了企业安全保障，政府监管和社会监督，安全科技支撑，法律、法规和政策标准，应急救援，宣教培训等"六大体系"，提高了企业本质安全水平和事故防范、监管监察执法和群防群治、技术装备安全保障、依法依规安全生产、事故救援和应急处置、从业人员安全素质和社会公众自救互救的"六个能力"，加快了安全生产长效机制建设，推动了安全生产状况的持续稳定好转。

（4）安全生产监管监察体系。我国目前实行的是国家监察、地方监管、企业负责的安全工作体制。在国家和行政管理部门之间，实行的是综合监管和行业监管；在中央政府与地方政府之间，实行的是国家监管与地方监管；在政府与企业之间，实行的是政府监管与企业管理。

在国务院领导下，国务院安全生产委员会负责全面统筹协调安全生产工作；应急管理部对全国安全生产实施综合监管，并负责煤矿安全监察和煤矿山、危险化学品、烟花爆竹等行业领域的安全生产监督管理工作；工业和信息化部、公安部、住房和城乡建设部、农业农村部、交通运输部、国家电力监管委员会和国务院国有资产监督管理委员会等部门，分别负责本系统、本领域的安全工作；国家市场监督管理总局负责锅炉压力容器等四类特种设备的安全监督检查；卫健委负责职业病防治工作；人力资源和社会保障部负责工伤保险管理、未成年及女工的劳动保护。

（5）安全生产科技保障体系。科技是第一生产力，安全科技是安全生产的重要支撑和保障。安全科技对安全生产的保障作用主要体现在为政府安全生产监管监察和企业安全生产实践活动提供技术支撑。安全生产科技保障体系主要包括政府引导推动、技术装备研发转化、专家智力支持、中介技术服务、企业推广应用和技术标准转化等组成部分。

（6）安全生产法律、法规体系。随着我国改革开放事业的不断发展，经济结构和生产方式不断变化，市场主体和利益主体日益多样化、多元化。在新形势下，我国大大加快了有关安全生产的立法步伐，中央和地方有关部门陆续颁布了一系列与安全生产有关的法律、法规、部门规章、地方性法规、地方行政规章和其他规范性文件。经过多年的持续努力，基本建立了以《中华人民共和国安全生产法》为主体，由国家法律、法规和标准规程、部门规章、规范性文件等所构成的安全生产法律、法规体系。安全生产各方面工作大致可以做到有法可依，有章可循。

（7）安全生产应急管理体系。安全生产应急管理体系主要是由组织体系，运行机制，法律、法规体系以及支撑保障系统等部分构成。同时，安全生产应急管理体系还包括与其建设相关的资金、政策支持等，以保障本体系的建设和正常运行。组织体系是全国安全生产应急管理体系的基础，主要包括应急管理的领导决策层、管理与协调指挥系统以及应急救援队伍。运行机制是全国安全生产应急管理体系的重要保障。目标是实现统一领导、分级管理，条块结合、以块为主，分级响应、统一指挥，资源共享、协同作战，一专多能、专兼结合，防救结合、平战结合，以及动员公众参与，以切实加强安全生产应急管理体系内部的应急管理，明确和规范响应程序。

法律、法规体系是安全生产应急体系的法制基础和保障，也是开展各项应急活动的依据。与应急有关的法律、法规主要包括：由立法机关通过的法律，政府和有关部门颁发的规章、规定，以及与应急救援活动直接有关的标准和管理办法等。支持保障系统是安全生产应急管理体系的有机组成部分，是体系运转的物质条件和手段，主要包括通信信息系统、培训演练系统、技术支持系统、物资和装备保障系统等。

(8)安全生产教育培训体系。安全生产培训教育是安全生产工作的重要组成部分，是通过提高全体劳动者安全生产素质、安全生产技能，保证安全生产的一项重要手段。安全生产教育培训工作的主要任务有：完善国家和省、市、县四级安全生产教育培训体系；建立、健全安全生产教育培训法规标准；继续深化高危行业企业全员安全生产教育培训；进一步提高监管监察人员的业务素质和能力；开展地方政府分管安全生产工作领导干部和安全监管部门负责人新一轮专题培训；巩固和加强安全生产教育培训"三项"基础建设；进一步提高安全生产培训质量；建立安全生产教育培训信息化管理系统；大力培养安全生产领域专业人才队伍，打造一支适应新时期安全发展需要，规模适当、结构合理、素质过硬的注册安全工程师队伍；开展安全培训国际交流与合作。

(9)安全生产控制考核指标体系。目前，我国的安全生产控制考核指标体系主要由事故死亡人数总量控制指标、绝对指标、相对指标、重大和特大事故起数控制考核指标4类、26个具体指标构成。

4. 建设工程施工安全监理

2003年11月24日，国务院颁布了《建设工程安全生产管理条例》，并于2004年2月1日起实行，正式提出了监理单位在工程建设中应承担的安全监理责任及相关法则。

该条例明确了监理单位对建设工程安全生产承担的三大职责：审核查验职责、安全检查职责和督促整改职责。

建设工程安全监理是建设工程监理的重要组成部分，也是建设工程安全生产管理的重要保障。建设工程安全监理的实施是提高施工现场管理水平的有效方法，也是建设管理体制改革中加强安全管理、控制重大伤亡事故的一种有效手段。

12.1.3 建设工程安全生产管理的相关工作内容

1. 安全监理的具体工作

(1)严格执行《建设工程安全生产管理条例》，贯彻执行国家现行的安全生产的法律、法规，住房城乡建设主管部门的安全生产规章制度和建设工程强制性标准。

(2)督促施工单位落实安全生产的组织保证体系，建立、健全安全生产责任制。

(3)督促施工单位对工人进行安全生产教育及分部、分项工程的安全技术交底。

(4)审核施工方案及安全技术措施。

(5)检查并督促施工单位按照建筑施工安全技术标准和规范的要求，落实分部、分项工程或各工序的安全防护措施。

(6)监督、检查施工现场的消防、冬季防寒、夏季防暑、文明施工、卫生防疫等各项工作。

(7)进行质量和安全综合检查。发现违章、冒险作业的，要责令其停止作业；发现安全隐患的，应要求施工单位整改。情况严重的，应责令停工整改并及时报告建设单位。

(8)对于施工单位拒不整改或不停止施工的，监理人员应及时向住房城乡建设主管部门报告。

2. 施工阶段安全监理的程序

(1)审查施工单位有关安全生产的文件。

(2)审核施工单位的安全资质和证明文件(总承包单位要统一管理分包单位的安全生产工作)。

(3)审核施工单位施工组织设计中的安全技术措施或者专项施工方案。审核施工组织设计中安全技术措施的编写和审批,具体包括以下几个方面的内容:

①安全技术措施应由施工企业工程技术人员编写。

②安全技术措施应由施工企业技术、质量、安全、工会、设备等有关部门进行联合会审。

③安全技术措施应由具有法人资格的施工企业技术负责人批准。

④安全技术措施应由施工企业报建设单位审批认可。

⑤安全技术措施变更或修改时,应按原程序由原编制、审批人员批准。

审核施工组织设计中安全技术措施或专项施工方案是否符合工程建设强制性标准,具体包括以下几个方面的内容:

①土方工程。地上障碍物的防护措施,地下隐蔽物的保护措施,相邻建筑物的保护措施,场区的排水防洪措施,土方开挖时的施工组织及施工机械的安全生产措施,基坑边坡的稳定支护措施,基坑四周的安全防护措施,计算书是否齐全、完整。

②脚手架。脚手架设计方案,脚手架设计验算书,脚手架施工方案及验收方案,脚手架使用安全措施,脚手架拆除方案是否准确、齐全、完整。

③模板施工。模板结构设计计算书的荷载取值计算方法是否正确;模板支撑系统自身及支撑模板的楼面、地面承受能力的强度是否满足要求;模板设计图是否安全、合理,图纸是否齐全;模板设计中安全措施是否周全。

④高处作业。临边作业、洞口作业、悬空作业的安全防护措施是否齐全、完整。

⑤交叉作业。交叉作业时的安全防护措施是否齐全、完整,安全防护棚的设置是否满足安全要求,安全防护棚的搭设方案是否齐全、完整。

⑥塔式起重机。地基与基础工程施工是否能满足使用安全要求,起重机拆装的安全措施、起重机使用过程中的检查维修方案是否齐全、完整,起重机驾驶员的安全教育计划和班前检查制度是否齐全,起重机的安全使用制度是否健全。

⑦临时用电。电源的进线、总配电箱的装置装设位置和线路走向是否合理,负荷计算、电气平面图、接线系统图是否正确、完整,导线截面和电气设备的类型规格是否正确,是否采用TN-S接零保护系统,是否实行"一机一闸"制,是否满足分级分段漏电保护,照明用电措施是否满足安全要求。

⑧安全文明管理。检查现场挂牌制度、封闭管理制度、现场围挡措施、总平面布置、现场宿舍、生活设施、保健急救、垃圾污水、防火、宣传等安全文明施工措施是否符合安全文明施工的要求。

(4)审核安全管理体系和安全专职管理人员资格。

(5)审核新工艺、新技术、新材料、新结构的使用安全技术方案及安全措施。

(6)审核安全设施和施工机械、设备的安全控制措施。施工单位应提供安全设施的产地、厂址以及出厂合格证书。

(7)严格依照法律、法规和工程建设强制性标准实施监理。

(8)现场监督检查,发现安全事故隐患时及时下达监理通知,要求施工单位整改或暂停施工。

(9)对于施工单位拒不整改或不停止施工的,及时向建设单位和住房城乡建设主管部门报告。

12.1.4 建设工程安全生产管理的工作方法

1. 施工安全危险源的分析和预控

建筑业是一个事故多发的行业,如高处坠落、物体打击、机械伤害、起重伤害、触电、坍塌及拆除工程坍塌等均能引起伤亡事故。对施工安全危险源进行分析和预控，可减少事故的发生。

(1)施工现场危险源的识别方法。分析施工现场危险源的方法有以下几种：

①现场调查。通过询问交谈、现场观察、查阅有关记录来获取外部信息，并加以分析研究，来识别有关的危险源。

②工作任务分析。通过分析现场施工人员工作任务中所涉及的危害来识别有关的危险源。

③安全检查表。运用编制好的安全检查表对施工现场和工作人员进行系统的安全检查，进而识别出存在的危险源。

④危险与操作性研究。它是一种对工艺过程中的危险源实行严格审查和控制的技术，通过指导语句和标准格式寻找工艺偏差，以识别系统存在的危险源，并确定控制危险源的对策。

⑤事件树分析即时序逻辑分析判断方法。它是一种从初始原因事件开始，分析各环节事件正常或不正常的变化发展过程，并预测各种可能结果的方法。

⑥故障树分析。这种方法是根据系统可能发生的或已发生的事故结果，去寻找与事故发生有关的原因、条件和规律，进而识别有关的危险源。

上述几种危险源识别方法都有其各自的特点，也有各自的适用范围和局限性。所以，在识别危险源的过程中，使用一种方法还不足以全面地分析所有存在的危险源，必须综合运用两种或两种以上的方法。

根据国务院《建设工程安全生产管理条例》的相关规定和《危险化学品重大危险源辨识》(GB 18218—2018)的有关原理进行施工安全重大危险源的辨识，是加强施工安全生产管理、预防重大事故发生的基础性的、迫在眉睫的工作。而这方面的工作在一些工程建设管理中尚未引起人们足够的重视。

(2)基本活动中常见的危险源。基本建设活动中常见的危险源主要是指存在于施工场所中可能造成危害的活动，具体包括以下内容：

①脚手架(包括落地架、悬挑架、爬架等)、模板和支承、起重塔吊、物料提升机、施工电梯安装与运行、人工挖孔桩、基坑施工及局部结构工程或临时建筑(工棚、围墙等)失稳，造成坍塌、倒塌意外。

②高度大于 2 m 的作业面(包括高空、洞口、临边作业)，因安全防护设施不符合要求或无防护设施、人员未配备防护绳(带)等造成人员踏空、滑倒、失稳等意外。

③焊接、金属切割、冲击钻孔(凿岩)等施工及各种施工电气设备的安全保护(如漏电、绝缘、接地保护、一机一闸)不符合要求，造成人员触电、局部火灾等意外。

④工程材料、构件及设备的堆放与搬(吊)运等发生高空坠落、堆放散落、撞击人员等意外。

⑤工程拆除、人工挖孔、浅岩基及隧道凿进等爆破，因误操作、防护不足等发生人员伤亡、建筑及设施损坏等意外。

⑥人工挖孔桩、隧道凿进、室内涂料(油漆)及粘贴等因通风排气不畅造成人员窒息或气体中毒意外。

⑦施工用易燃易爆化学物品临时存放或使用不符合规定，防护不到位，造成火灾或人员中毒意外。

⑧工地饮食卫生不合格，造成集体中毒或疾病。

(3)基本建设场所常见的危险源。基本建设场所常见的危险源主要是指施工场所及周围地段可能危害周围社区的活动，具体包括以下内容：

①临街或居民聚集、居住区的工程深基坑、隧道、地铁、竖井、大型管沟的施工，因为支护、顶撑等设施失稳、坍塌，不仅造成施工场所破坏，往往还会引起地面、周边建筑物的坍塌、坍陷、爆炸与火灾等意外。

②基坑开挖、人工挖孔桩等施工降水，造成周围建筑物因地基不均匀沉降而倾斜开裂、倒塌等意外。

③临街施工高层建筑或高度大于 2 m 的临空（街）作业面，因无安全防护设施或防护设施不符合要求，造成外脚手架、滑模失稳等出现坠落物体打击人员等意外。

④工程拆除、人工挖孔、浅岩基及隧道凿进等爆破，因设计方案、误操作、防护不足等造成施工场所周围已有建筑及设施损坏、人员伤亡等意外。

2. 监理人员控制施工安全的方法和手段

监理人员对施工安全的控制主要体现在审核查验职责、安全检查职责和督促整改职责三大监理职责上。施工过程安全监理的具体方法和手段如下。

(1) 审核技术文件、报告和报表。对技术文件、报告和报表进行审核是监理工程师对建设工程施工安全进行全面监督检查和控制的重要手段。审核内容包括有关技术证明文件、专项施工方案、有关安全物资的检验报告、反映工序施工安全的图表、有关安全设施和施工机械验收核查资料等。

(2) 现场安全检查和监督。

①现场安全检查的内容包括以下几个方面：

a. 监督、检查在施工作业和管理过程中，施工人员、机械设备、材料、施工方法、施工工艺、施工操作以及施工环境条件等是否均处于良好的状态，是否符合保证工程施工安全的要求。若发现有问题，及时进行纠偏和控制。

b. 对于重要的和对工程施工安全有重大影响的工序、工程部位、作业活动，监理人员还应在现场对施工过程进行监控。

c. 对安全记录资料进行检查，确保各项安全管理制度的有效落实。

②现场安全检查的类型。现场安全检查的类型有日常安全检查、定期安全检查、专业性安全检查、季节性及节假日安全检查等。

③现场安全检查的方式有以下几种：

a. 旁站。旁站是指在关键部位或关键工序施工过程中，由监理人员在现场进行的监督活动。一般而言，在高空作业、爆破作业、深基础工程、地下暗挖工程、起重吊装工程、起重机械安装、拆卸施工等高危作业时需进行旁站监控。

b. 巡视。巡视是监理人员对正在施工的部位及工序现场进行的定期或不定期的监督活动。

c. 平行检验。平行检验是监理人员利用一定的检查检测手段，在施工单位自检的基础上，按照一定的比例独立进行检查和检测的活动。平行检验在安全技术复核及复验工作中采用较多，是监理人员对安全设施、施工机械等进行安全验收核查，作出独立判断的重要依据之一。

(3) 安全隐患的处理。监理人员应按下列规定对安全隐患进行处理：

①监理人员应区别"通病"、"顽症"、首次出现、不可抗力等类型，要求施工单位修订和完善安全隐患整改措施。

②监理人员对检查发现的安全隐患应立即发出安全隐患整改通知单，督促施工单位对安全隐患原因进行分析，制定纠正和预防措施。安全隐患整改措施经监理人员确认后实施。

③监理人员对检查发现的违章指挥和违章作业行为应立即向责任人当场指出，督促其立即纠正。

④监理人员对安全隐患整改措施的实施过程和实施效果应进行跟踪检查，并保存检查记录。

(4) 工地例会和安全专题会议。

①工地例会是施工过程中参加建设工程各方沟通情况、解决分歧、达成共识、作出决定的主要渠道。通过工地例会，监理人员分析施工过程的安全状况，指出存在的安全问题，提出整

改意见，要求施工单位限期整改完成。

②针对某些专门安全问题，监理人员还应组织专题会议，集中解决较重大或普遍存在的安全问题。

(5)规定安全监理工作程序。规定双方必须遵守的安全监理工作程序也是监理人员按规定的程序进行安全控制的必要手段。

(6)安全生产奖惩制度。执行安全生产协议书中安全生产奖惩制度，确保施工过程中的安全，促使施工顺利进行。

12.2 现场安全控制

12.2.1 做好现场安全控制的宣传工作

要想做好施工现场安全控制工作，应该有一个良好的工作条件和氛围。在这方面，现场的监理人要通过主动、积极的工作来创造和争取。首先，监理人员应该向施工单位宣传《中华人民共和国建筑法》《建设工程安全生产管理条例》等国家法规，包括很多地方政府制定的安全生产法规，宣传施工安全的有关规定和重要性，说明施工安全与单位以及个人的关系，引起工程项目建设参与者的高度重视。

建设单位是工程款的支付方，他在工地安全问题上具有权力及影响力，监理单位必须争取业主对安全工作的支持。在实际建设工程建设中，有不少业主想以最低的价格在最短的时间内完工，这直接影响施工单位安全施工的开支，并可能削减安全基本要求。在这种情况下，监理人员应该及时、耐心地和业主说明当中的利弊，争取让建设单位创造和提供能安全施工的环境条件。

在进行施工安全控制工作时，要注意形成书面文件，如召开安全生产专题会议形成的会议纪要、工程业务联系单、监理工作联系单、建设单位与总承包单位的安全生产协议书、总承包单位和分包单位的安全生产协议书等。

12.2.2 安全隐患的整改控制

《建设工程安全生产管理条例》规定，在实施监理过程中，监理单位发现存在安全事故隐患的，应当要求施工单位整改；情况严重的，应当要求施工单位暂时停止施工，并及时报告建设单位。

上述规定在具体操作时存在诸多不确定性。因为如果施工现场真的出现安全事故时，就涉及下面的问题：监理单位是否发现过事故隐患，对该事故隐患是否提出了整改要求，如果在没有发出过整改通知的情况下出现安全事故就很难判定监理人员在事故发生前是否发现过事故隐患，这涉及事故责任。此时，判断的准则很可能会变成监理单位是否应该发现这些事故隐患，这就涉及监理单位安全控制的标准问题。《建设工程安全生产管理条例》第14条要求监理单位按照法律、法规和工程建设强制性标准实施监理，这实际上就是规定了监理单位安全控制标准。应当认为，凡是条例及强制性标准规定的事项，都应随时处在监理单位的控制范围之内。所以，监理单位要想真正回避该风险，必须熟悉条例及工程建设强制性标准关于安全施工的所有相关规定，并按照这些规定进行经常性的安全检查，对所发现的安全隐患，及时发出书面整改通知。

12.2.3 安全检查的方法

1. 资料审核

(1)施工单位资质、管理层人员资质和特殊工种人员上岗的审核。

(2)各种重要施工机械安装及整体提升脚手架、模板等自升式架设设施的合格性审核(施工单位应出具检测部门的合格性检测证明)。
(3)重要的施工安全制度及安全技术交底。
(4)施工单位安全管理、责任、检查、教育制度等。

2. 验收检查

(1)验收各种施工质量验收规范明文规定需要验收的事项,如模板工程、土方开挖工程等一些既涉及施工质量,又涉及施工安全的项目。
(2)某些分项工程开工前的开工条件验收。
(3)为迎接政府或建设单位上级主管部门的各种检查验收而由监理单位提前组织进行的内部验收等。

一般情况下,验收检查后都会有书面验收意见和验收总结会议。对于发现的安全隐患,可以通过验收记录和验收会议纪要的形式要求施工单位整改。

3. 定期检查

定期检查一般由建设单位、施工单位、监理单位三方共同参加。监理机构应规定定期现场检查的周期,通常有季节转换时的现场准备检查、每月评比检查、每周例行检查等。

季节转换检查主要检查因季节转换可能导致的不安全因素的预防情况,如冬季、雨期的现场防滑设施检查,夏季预防高温措施检查等;每月评比检查适合于多施工单位的施工现场,通过评比能起到表扬先进,督促落后的作用;每周例行检查一般安排在周例会前进行,对检查中发现的问题及时在例会上提出整改要求。所有定期检查完成后都应召开总结会议,并编制会议纪要。

4. 日常检查

日常检查通常与监理机构的现场日常巡查相结合,安全检查作为其中的一项内容。对日常检查中发现的安全隐患,应及时填写《建筑工程施工安全自查表(监理单位用表)》,并及时报告总监理工程师,由总监理工程师及时发出整改通知。如遇到下列情况,监理人员应直接下达暂停施工令,并及时向项目总监理工程师和建设单位汇报:

(1)施工中出现安全异常,提出后,施工单位未采取改进措施或改进措施不符合要求。
(2)对已发生的工程事故未进行有效处理而继续作业。
(3)安全措施未经自检而擅自使用。
(4)擅自变更设计图纸进行施工。
(5)使用没有合格证明的材料或擅自替换、变更工程材料。
(6)未经安全资质审查的分包单位的施工人员进入施工现场施工。
(7)出现安全事故。

5. 施工单位拒不整改时及时向政府有关部门报告

当施工单位拒不整改或不停止施工时,监理单位应及时向有关部门报告。为此,监理机构应与各级质量安全监督站建立良好的工作关系和通畅的联系机制。

6. 确立监理机构内部的安全控制责任制度

监理机构中各监理人员的工作将直接决定安全控制的效果。由于专业知识的限制,任何监理人员不可能样样精通,因此有必要进行安全控制的职责分工,建立监理机构内部的安全控制责任制度。

在确立安全控制责任制度时,可由各专业监理工程师负责本专业施工范围内的安全控制工作,包括日常检查、定期检查、登记备案制度等,并及时向总监理工程师汇报检查结果。对所发现的问题应及时提醒总监理工程师注意。总监理工程师负责全面的组织、协调及内部工作检查。对各专业所发生的安全事故,在监理机构内部,各专业监理工程师应负直接监理责任,总监理工程师负管理责任。对一些大型群体项目,总监理工程师应做好监理人员分工安排;对某些可能同时涉及多个专业的检查项目,总监理工程师应明确其中的分工协作方法和相应的责任划分。

12.3 建设工程安全生产管理体制

1. 我国安全生产工作格局

国务院 2004 年 1 月 9 日颁发了《国务院关于进一步加强安全生产工作的决定》(以下简称《决定》)。《决定》中指出,要构建社会齐抓共管的安全生产工作格局,努力构建"政府统一领导、部门依法监管、企业全面负责、群众参与监督、全社会广泛支持"的安全生产工作格局。

2. 建设工程各方责任主体的安全责任

我国在 1998 年开始实施的《中华人民共和国建筑法》中就规定了有关部门和单位的安全生产责任,国务院在 2004 年开始实施的《建设工程安全生产管理条例》中对各级部门和建设工程有关单位的安全职责有了更为明确的规定。

3. 建设单位的安全责任

建设单位应当向施工单位提供施工现场及毗邻区供水、排水、供电、供热、供气、通信、广播电视等地下管线资料,气象和水文观测资料,相邻建筑物和构筑物、地下工程的有关资料,并保证资料的真实、准确、完整。

建设单位不得对勘察、设计、施工、工程监理等单位提出不符合建设工程安全生产法律、法规和强制性标准规定的要求,不得压缩合同约定的工期。

建设单位在编制工程概算时,应当确定建设工程安全作业环境及安全施工措施所需费用。建设单位与施工企业应当在施工合同中明确安全生产费用的费率、数额、支付计划、使用要求、调整方式等条款。合同工期在一年以内的,建设单位应当自合同签订之日起 5 日内预付安全生产费用,并不得低于该费用总额的 70%;合同期在一年以上的(含一年),预付安全生产费用不得低于该项费用总额的 50%。建设单位收到监理企业"其余安全生产费用支付证书"后 5 日内支付安全生产费用。支付凭证报住房城乡建设主管部门或有关行业主管部门备案。

建设单位不得明示或者暗示施工单位购买、租赁、使用不符合安全施工要求的安全防护用具、机械设备、施工机具及配件、消防设施和器材。

建设单位在申请领取施工许可证时,应当提供建设工程有关安全施工措施的资料。依法批准开工报告的建设工程,建设单位应当自开工报告批准之日起 15 日内,将保证安全施工措施报送建设工程所在地的县级以上的地方人民政府住房城乡建设主管部门或者其他有关部门备案。建设单位应当将拆除工程发包给具有相应资质等级的施工单位,并应在拆除工程施工 15 日前,将下列资料报送建设工程所在地的县级以上地方人民政府住房城乡建设主管部门或者其他有关部门备案:

(1)施工单位资质等级证明;

(2)拟拆除建筑物、构筑物以及可能危及毗邻建筑的说明;

(3)拆除施工组织方案;

(4)堆放、清除废弃物的措施。

4. 勘察单位的安全责任

勘察单位应当按照法律法规和工程建设强制性标准进行勘察,提供的勘察文件应当真实、准确,满足建设工程安全生产的需要。

勘察单位在进行勘查作业时，应当严格执行操作规程，采取措施保证各类管线、设施和周边建筑物、构筑物的安全。

5. 设计单位的安全责任

设计单位应当按照法律、法规和工程建设强制性标准进行设计，防止因设计不合理导致生产安全事故的发生。设计单位和注册建筑师等注册执业人员应当对其设计负责。

设计单位应当考虑施工安全操作和防护的需要，将涉及施工安全的重点部位和环节在设计文件中注明，并对防范安全生产安全事故提出指导意见。

对于采用新结构、新材料、新工艺的建设工程和特殊结构的建设工程，设计单位应当在设计中提出保障施工作业人员安全和预防生产安全事故的措施建议。

6. 监理单位的安全责任

工程监理单位和监理工程师应当按照法律、法规和工程建设强制性标准实施监理，并对建设工程安全生产承担监理责任。具体内容如下：

(1)监理单位按照《建设工程监理规范》(GB/T 50319—2013)和相关行业监理规范要求编制含有安全监理内容的监理规划和监理实施细则。

(2)工程监理单位应当审查施工组织设计中的安全技术措施或者专项施工方案是否符合工程强制性标准。

(3)当施工企业有工程量和施工进度完成50%时，项目负责人应当按照《建设工程监理规范》(GB/T 50319—2013)的要求填报《其余安全生产费用支付申请表》，并经企业负责人签字盖章后报监理企业。监理企业应当在3日内审核工程进度和现场安全管理情况，发现施工现场存在安全隐患的，应责令施工企业立即整改。经审核符合要求或整改合格的，总监方可签署"其余安全生产费用支付证书"，并提请建设单位及时支付。工程监理企业发现建设单位未按本规定或合同约定支付安全生产费用的，应当及时提醒建设单位支付。

(4)工程监理企业发现施工企业在施工现场存在安全隐患、未落实安全生产措施的，有权要求其改正。施工企业拒不改正的，工程监理企业应当及时向建设单位和建设主管部门报告，必要时依法责令其暂停施工。

7. 施工单位的安全责任

(1)施工单位从事建设工程的新建、扩建、改建和拆除等活动应当具备国家规定的注册资本、专业技术人员、技术装备和安全生产等条件，依法取得相应等级的资质证书，并在资质证书许可的范围内承揽工程。

(2)施工单位主要负责人依法对本单位的安全生产工作全面负责。施工单位应当建立健全安全生产责任制度和安全生产教育培训制度，制定安全生产规章制度和操作规程，对所承担的建设工程进行定期和专项安全检查，并做好安全检查记录。要保证本单位安全生产条件所需资金的投入，对于列入建设工程概算的安全作业环境及安全施工措施所需费用，应当说明用于施工安全防护用具及设施的采购和更新、安全施工措施的落实、安全生产条件的改善，不得挪作他用。

(3)施工单位应当设立安全生产管理机构，配备专职安全生产管理人员。

(4)施工单位应当在施工组织设计中编制安全技术措施和施工现场临时用电方案，对下列达到一定规模的危险性较大的分部、分项工程编制专项施工方案，并附具安全验算的结果：基坑支护与降水工程；土方开挖工程；模板工程；起重吊装工程；脚手架工程；拆除、爆破工程；国务院住房城乡建设主管部门或其他有关部门规定的其他危险性较大的工程。各措施和方案经施工单位技术负责人、总监理工程师签字后实施，由专职安全生产管理人员进行现场监督。对工程中涉及深基坑、地下暗挖工程、高大模板工程的专项施工方案，施工单位还应当组织专家进行论证、审查。

(5)施工单位应当在施工现场入口处、施工起重机械、临时用电设施、脚手架、出入通道口、楼梯口、电梯井口、孔洞口、桥梁口、隧道口、基坑边沿、爆破物及有害危险气体和液体存放处等危险部位，设置明显的安全警示标志。安全警示标志必须符合国家标准。

(6)施工单位应当根据不同施工阶段和周围环境及季节、气候的变化，在施工现场采取相应的安全施工措施。施工现场暂时停止施工的，施工单位应当做好现场防护工作，所需费用由责任方承担，或者按照合同约定执行。

(7)施工单位应当将施工现场的办公、生活区与作业区分开设置，并保持安全距离，办公、生活区的选址应当符合安全性要求。职工的膳食、饮水、休息场所等应当符合卫生标准。施工单位不得在尚未竣工的建筑物内设置员工集体宿舍。

(8)施工现场临时搭建的建筑物应当符合安全使用要求。施工现场使用的装配式活动房屋应当具有产品合格证。

(9)施工单位对因建设工程施工可能造成损害的毗邻建筑物、构筑物和地下管线等，应当采取专项防护措施。

(10)施工单位应当遵守有关环境保护法律、法规的规定，在施工现场采取措施，防止或者减少粉尘、废气、废水、固体废物、噪声、振动和施工照明对人和环境的危害和污染。在城市市区内的建设工程，施工单位应当对施工现场实行封闭围挡。

(11)施工单位应当在施工现场建立消防安全责任制度，确定消防安全责任人，制定用火、用电、使用易燃易爆材料等各项消防安全管理制度和操作规程，设置消防通道、消防水源，配备消防设施和灭火器材，并在施工现场入口处设置明显标志。

(12)施工单位应当向作业人员提供安全防护用具和安全防护服装，并书面告知危险岗位的操作规程和违章操作的危害。

(13)施工单位采购、租赁的安全防护用具、机械设备、施工机具及配件，应当具有生产(制造)许可证、产品合格证，并在进入施工现场前进行查验。

(14)施工现场的安全防护用具、机械设备、施工机具及配件必须有专人管理，定期进行检查、维修和保养，建立相应的资料档案，并按照国家有关规定及时报废。

(15)施工单位在使用施工起重机械和整体提升脚手架、模板等自升式架设设施前，应当组织有关单位进行验收，也可以委托具有相应资质的检验检测机构进行验收；使用承租的机械设备和施工机具及配件的由施工总承包单位、分包单位、出租单位和安装单位共同进行验收，验收合格的方可使用。《特种设备安全监察条例》规定的施工起重机械，在验收前应当经有相应资质的检验检测机构监督检验合格。

(16)施工单位应当自施工起重机械和整体提升脚手架、模板等自升式架设设施验收合格之日起30日内，向住房城乡建设主管部门或者其他有关部门登记。登记标志应当置于或者附着于该设备的显著位置。

(17)施工单位的主要技术负责人、项目负责人、专职安全生产管理人员应当经住房城乡建设主管部门或其他有关部门考核合格后方可任职。

(18)施工单位应当对管理人员和作业人员每年进行一次安全生产教育培训，其教育培训情况记入个人工作档案。安全生产教育培训考核不合格的人员不得上岗。

(19)施工单位在采用新技术、新工艺、新设备、新材料时，应当对作业人员进行相应的安全生产教育培训。

(20)施工单位应当为施工现场从事危险作业的人员办理意外伤害保险。意外伤害保险费由施工单位支付。实施施工总承包的，由总承包单位支付意外伤害保险费。意外伤害保险期限自建设工程开工之日起至竣工验收合格日止。

(21)施工单位应当制定本单位生产安全事故应急救援预案，建立应急组织或者配备应急救援人员，配备必要的应急救援器材、设备，并定期组织操练。

(22)施工单位应当根据建设工程的特点、范围，对施工现场易发生重大事故的部位、环节进行监控，制定施工现场生产安全事故应急预案。工程总承包单位和分包单位按照应急救援预案，各自建立应急救援组织或者配备应急救援人员、救援器材、设备，并定期组织操练。

(23)施工单位发生生产安全事故时，应当按照国家有关伤亡事故报告和调查处理的规定，及时、如实地向负责安全生产监督管理的部门、住房城乡建设主管部门或其他有关部门报告。特种设备发生事故的，还应当同时向特种设备安全监督管理部门报告。

(24)发生生产安全事故后，施工单位应当采取措施防止事故扩大，保护施工现场；需要移动现场物品时，应当作出标记和书面记录，妥善保管有关证物。

8. 其他有关单位的安全责任

为建设工程提供机械设备和配件的单位应当按照安全施工的要求配备齐全有效的保险、限位等安全设施和装置。所出租的机械设备和施工机具及配件，应当具有生产(制造)许可证、产品合格证。

出租单位应当对出租的机械设备和施工机具及配件的安全性能进行检测，在签订租赁协议时，应当出具检测合格证明。禁止出租检测不合格的机械设备和施工机具及配件。

在施工现场安装、拆卸施工起重机械和整体提升脚手架、模板等自升式架设设施，必须由具有相应资质的单位承担。

安装、拆卸施工起重机械和整体提升脚手架、模板等自升式架设设施，应当编制拆装方案、制定安全施工措施，并由专业技术人员现场监督。施工起重机械和整体提升脚手架、模板等自升式架设设施安装完毕后，安装单位应当自检，出具自检合格证明，并向施工单位进行安全使用说明，办理验收手续并签字。

案例：建筑施工安全事故案例分析

本章小结

本章简单而准确地阐述了建设工程安全生产管理的相关知识。其中，重点是建设工程安全生产管理的内容、建设工程各方的安全责任，难点是建设工程的安全管理。通过本章的学习，应使学生明确建设工程安全管理的重要性。

练习与思考

1. 建设工程安全生产管理工作的重要性有哪些？
2. 安全监理的具体工作有哪些？试述施工阶段安全监理的程序。
3. 常见的危险源有哪些？
4. 监理人员控制施工安全的方法和手段有哪些？
5. 简述我国安全生产工作格局。

第13章 建设工程监理的组织协调

内容提要

本章主要内容包括：建设工程监理的组织协调模式。

知识目标

1. 了解组织协调的概念、范围和层次。
2. 熟悉组织协调的工作内容、组织协调的方法。

能力目标

能明确组织协调的工作内容、组织协调的方法。

13.1 建设工程监理组织协调概述

1. 组织协调的概念

协调就是联结、联合、调和所有的活动及力量，使各方配合得当，其目的是促使各方协同一致，以实现预定目标。协调工作应贯穿于整个建设工程实施及其管理过程中。

建设工程系统就是一个由人员、物质、信息等构成的人为组织系统。用系统方法分析，建设工程的协调一般有三大类：一是"人员/人员界面"；二是"系统/系统界面"；三是"系统/环境界面"。

建设工程组织是由各类人员组成的工作班子，由于每个人的性格、习惯、能力、岗位、任务、作用不同，即使只有两个人在一起工作，也有潜在的人员矛盾或危机。这种人和人之间的间隔就是所谓的"人员/人员界面"。

建设工程系统是由若干个子项目组成的完整体系，子项目即子系统。由于子系统的功能、目标不同，容易产生各自为政的趋势和相互推诿的现象。这种子系统和子系统之间的间隔，就是所谓的"系统/系统界面"。

建设工程系统是一个典型的开放系统。它具有环境适应性，能主动从外部世界取得必要的能量、物质和信息。在取得的过程中，不可能没有障碍和阻力。这种系统与环境之间的间隔，就是所谓的"系统/环境界面"。

项目监理机构的协调管理就是在"人员/人员界面""系统/系统界面""系统/环境界面"之间，对所有的活动及力量进行联结、联合、调和的工作。系统方法强调，要把系统作为一个整体来研究和处理，因为总体的作用，其规模要比各子系统的作用规模之和大。为了顺利实现建设工程系统目标，必须重视协调管理，发挥系统整体功能。在建设工程监理中，要保证项目参与各方围绕建设工程开展工作，使项目目标顺利实现。组织协调工作最为重要，也最为困难，是监理工作是否成功的关键，只有通过积极的组织协调才能实现整个系统全面协调控制的目的。

2. 组织协调的范围和层次

从系统方法的角度看，项目监理机构协调的范围可分为系统内部的协调和系统外部的协调。系统外部协调又可分为近外层协调和远外层协调。近外层和远外层的主要区别是建设工程与近外层关联单位一般有合同关系，与远外层关联单位一般没有合同关系。

13.2 项目监理机构组织协调的工作内容

1. 项目监理机构的内部协调

（1）监理机构内部人际关系的协调。项目监理机构是由人组成的工作体系，工作效率很大程度上取决于人际关系的协调程度，总监理工程师应首先抓好人际关系的协调，激励项目监理机构成员。

①在人员安排上要量才录用。对项目监理机构各种人员，要根据每个人的专长进行安排，做到人尽其才。人员的搭配应注意能力互补和性格互补，人员配置应尽可能少而精，防止力不胜任和忙闲不均现象。

②在工作委任上要职责分明。对项目监理机构内的每一个岗位，都应订立明确的目标和岗位责任制，应通过职能清理，使管理职能不重不漏，做到事事有人管，人人有专责，同时明确岗位职权。

③在成绩评价上要实事求是。谁都希望自己的工作作出成绩，并得到肯定。但工作成绩的取得，不仅需要主观努力，而且需要一定的工作条件和相互配合。要发扬民主作风，实事求是，以免人员无功自傲或有功受屈，应该使每个人热爱自己的工作，并对工作充满信心和希望。

④在矛盾调解上要恰到好处。人员之间的矛盾总是存在的，一旦出现矛盾就应进行调解，要多听取项目监理机构成员的意见和建议，及时沟通，使人员始终处于团结、和谐、热情高涨的工作氛围之中。

（2）项目监理机构内部组织关系的协调。项目监理机构是由若干部门（专业组）组成的工作体系。每个专业组都有自己的目标和任务。如果每个子系统都从建设工程的整体利益出发，理解和履行自己的职责，则整个系统会处于有序的良性状态，否则，整个系统便处于紊乱状态，导致功能失调，效率下降。

项目监理机构内部组织关系的协调，可从以下几个方面进行：

①在目标分解的基础上设置组织机构，根据工程对象及委托监理合同所规定的工作内容，设置配套的管理部门。

②明确规定每个部门的目标、职责和权限，最好以规章制度的形式作出明文规定。

③事先约定各个部门在工作中的相互关系。在工程建设中许多工作是由多个部门完成的，其中有主办、牵头和协作、配合之分，事先约定，才不至于出现误事、脱节等贻误工作的现象。

④建立信息沟通制度，如采用工作例会、业务碰头会、发会议纪要、工作流程图或信息传递卡等方式来沟通信息，这样可使局部了解全局，服从并适应全局需要。

⑤及时消除工作中的矛盾或冲突。总监理工程师应采用民主的作风，注意从心理学、行为科学的角度激励各个成员的工作积极性；采用公开信息政策，让大家了解建设工程实施情况、遇到的问题或危机；经常性的指导工作，和成员一起商讨遇到的问题，多倾听他们的意见、建议，鼓励大家同舟共济。

（3）项目监理机构内部需求关系的协调。建设工程监理实施中有人员需求、试验设备需求、材料需求等，而资源是有限的，因此，内部需求平衡至关重要。需求关系的协调可从以下环节进行：

①对监理设备、材料的平衡。建设工程监理开始时要做好监理规划和监理实施细则的编写工作，提出合理的监理资源配置，要注意抓住期限上的及时性、规格上的明确性、数量的准确性、质量的规定性。

②对监理人员的平衡。要抓住调度环节，注意各专业监理工程师的配合。一个工程包括多个分部分项工程，复杂性和技术性要求各不相同，这就存在监理人员配备、衔接和调度问题。如土建工程的主体阶段，主要是钢筋混凝土工程或预应力钢筋混凝土工程；设备安装阶段，材料、工艺和测试手段就不同；还有配套、辅助工程等。监理力量的安排必须考虑到工程进展情况，作出合理的安排，以保证工程监理目标的实现。

2. 与业主的协调

监理实践证明，监理目标的顺利实现和与业主协调的好坏有很大的关系。

我国长期的计划经济体制使得业主合同意识差、随意性大，主要体现在：一是沿袭计划经济时期的基建管理模式，搞"大业主，小监理"，在一个建设工程上，业主的管理人员要比监理人员多或管理层次多，对监理工作干涉多，并插手监理人员应做的具体工作；二是不把合同中规定的权利交给监理单位，致使监理工程师有职无权，发挥不了作用；三是科学管理意识差，在建设工程目标确定上压工期、压造价，在建设工程实施过程中变更多或时效不按要求，给监理工作的质量、进度、投资控制带来困难。因此，与业主的协调是监理工作的重点和难点。监理工程师应从以下几个方面加强与业主的协调：

(1)监理工程师首先要理解建设工程总目标、理解业主的意图。对于未能参加项目决策过程的监理工程师，必须了解项目构思的基础、起因、出发点，否则可能对监理目标及完成任务有不完整的理解，会给监理工程师的工作造成很大的困难。

(2)利用工作之便做好监理宣传工作，增进业主对监理工作的理解，特别是对建设工程管理各方职责及监理程序的理解；主动帮助业主处理建设工程中的事务性工作，以自己规范化、标准化、制度化的工作去影响和促进双方工作的协调一致。

(3)尊重业主，让业主一起投入建设工程全过程。尽管有预定的目标，但建设工程实施必须执行业主的指令，使业主满意。对业主提出的某些不适当的要求，只要不属于原则问题，都可以先执行，然后利用适当时机、采取适当方式加以说明或解释；对于原则性问题，可采取书面报告等方式说明原委，尽量避免发生误解，以使建设工程顺利实施。

3. 与承包商的协调

监理工程师对质量、进度和投资的控制都是通过承包商的工作来实现的，所以，做好与承包商的协调工作是监理工程师组织协调工作的重要内容。

(1)坚持原则，实事求是，严格按规范、规程办事，讲究科学态度。监理工程师在监理工作中应强调各方利益的一致性和建设工程总目标；监理工程师应鼓励承包商将建设工程实施状况、实施结果和遇到的困难和意见向他汇报，以寻找对目标控制可能的干扰。双方了解得越多越深刻，监理工作中的对抗和争执就越少。

(2)协调不仅是方法、技术问题，更多的是语言艺术、感情交流和用权适度问题。有时尽管协调意见是正确的，但由于方式或表达不妥，反而会激化矛盾。而高超的协调能力则往往能起到事半功倍的效果，令各方面都满意。

(3)施工阶段的协调工作内容。施工阶段协调工作的主要内容如下：

①与承包商项目经理关系的协调。从承包商项目经理及其工地工程师的角度来说，他们最希望监理工程师是公正、通情达理并容易理解别人的；希望从监理工程师处得到明确而不是含糊的指示，并且能够对他们所询问的问题给予及时的答复；希望监理工程师的指示能够在他们工作之前发出。他们可能对本本主义者以及工作方法僵硬的监理工程师最为反感。这些心理现

象，作为监理工程师，应该非常清楚。一个既懂得坚持原则，又善于理解承包商项目经理的意见，工作方法灵活，随时可能提出或愿意接受变通办法的监理工程师肯定是受欢迎的。

②进度问题的协调。由于影响进度的因素错综复杂，因而进度问题的协调工作也十分复杂。实践证明，有两项协调工作很有效：一是业主与承包商双方共同商定一级网络计划，并由双方主要负责人签字，作为工程施工合同的附件；二是设立提前竣工奖，由监理工程师按一级网络计划节点考核，分期支付阶段工期奖，如果整个工程最终不能保证工期，由业主从工程款中将已付的阶段工程奖扣回并按合同规定予以罚款。

③质量问题的协调。在质量控制方面应实行监理工程师质量签字认可制度。对没有出厂证明、不符合使用要求的原材料、设备和构件不准使用；对工序交接实行报验签证；对不合格的工程部位不予验收签字，也不予计算工程量，不予支付工程款。在建设工程实施过程中，设计变更或工程内容的增减是经常出现的，有些是合同签订时无法预料和明确规定的。对于这种变更，监理工程师要认真研究，合理计算价格，与有关方面充分协商，达成一致意见，并实行监理工程师签证制度。

④对承包商违约行为的处理。在施工过程中，监理工程师对承包商的某些违约行为进行处理是一件很慎重而又难免的事情。当发现承包商采用一种不适当的方法进行施工，或使用了不符合合同规定的材料时，监理工程师除立即制止外，可能还要采取相应的处理措施。遇到这种情况，监理工程师应该考虑的是自己的处理意见是否是监理权限以内的，根据合同要求，自己应该怎么做等。在发现质量缺陷并需要采取措施时，监理工程师必须立即通知承包商。监理工程师要有时间期限的概念，否则承包商有权认为监理工程师对已完成的工程内容是满意或认可的。

监理工程师最担心的可能是工程总进度和质量受到影响。有时，监理工程师会发现，承包商的项目经理或某个工地工程师不称职。此时明智的做法是继续观察一段时间，待掌握足够的证据时，总监理工程师可以正式向承包商发出警告。万不得已时，总监里工程师有权要求撤换承包商的项目经理或工地工程师。

⑤合同争议的协调。对于工程中的合同争议，监理工程师应首先采用协商解决的方式，协商不成时才由当事人向合同管理机关申请调解。只有当对方严重违约而使自己的利益受到重大损失且不能得到补偿时才采用仲裁或诉讼手段。如果遇到非常棘手的合同争议问题，不妨暂时搁置等待时机，另谋良策。

⑥对分包单位的管理。主要是对分包单位明确合同管理范围，分层次管理。将总包合同作为一个独立的合同单元进行投资、进度、质量控制和合同管理，不直接和分包合同发生关系。对分包合同中的工程质量、进度进行直接跟踪监控，通过总承包商进行调控、纠偏。分包商在施工中发生的问题，由总承包商负责协调处理，必要时，总监理工程师帮助协调。当分包合同条款与总包合同发生抵触，以总包合同条款为准。另外，分包合同不能解除总承包商对总包合同所承担的任何责任和义务。分包合同发生的索赔问题，应由总承包商负责，涉及总包合同中业主义务和责任时，由总承包商通过监理工程师向业主提出索赔，由监理工程师进行协调。

⑦处理好人际关系。在监理过程中，监理工程师处于一种十分特殊的位置。业主希望得到独立、专业的高质量服务，而承包商则希望监理单位能对合同条件有个公正的解释。因此，监理工程师必须善于处理各种人际关系，既要严格遵守职业道德，礼貌而坚决地拒收任何礼物，以保障行为的公正性，也要利用各种机会增进与各方面人员的友谊与合作，以利于工程的进展。否则，便有可能引起业主或承包商对其可信赖程度的怀疑。

4. 与设计单位的协调

监理单位必须协调与设计单位的工作，以加快工程进度，确保质量，降低消耗。

(1)真诚尊重设计单位的意见，在设计单位向承包商介绍工程概况、设计意图、技术要求、施工难点等时,注意标准过高、设计遗漏、图纸差错等问题,并将其解决在施工之前;施工阶段,严格按图施工;结构工程验收、专业工程验收、竣工验收等工作,约请设计代表参加;若发生质量事故,认真听取设计单位的处理意见。

(2)在施工中发现设计问题时,应及时按工作程序向设计单位提出,以免造成大的直接损失;若监理单位掌握比原设计更先进的新技术、新工艺、新材料、新结构、新设备时,可主动与设计单位沟通。为使设计单位有修改设计的余力而不影响施工进度,应协调各方达成协议,约定一个期限,争取设计单位、承包商的理解和配合。

(3)注意信息传递的及时性和程序性。对于监理工作联系单、工程变更单的传递,要按规定的程序进行。这里注意的是,在施工监理的条件下,监理单位与设计单位都是受业主委托进行工作的,两者之间并没有合同关系,所以监理单位主要是和设计单位做好交流工作,协调要靠业主的支持。设计单位应就其设计质量对建设单位负责,因此《中华人民共和国建筑法》指出:工程监理人员发现工程设计不符合建筑工程质量标准或者合同约定的质量要求的,应当报告建设单位要求设计单位改正。

5. 与政府部门及其他单位的协调

一个建设工程的开展还存在政府部门及其他单位的影响,如政府部门、金融组织、社会团体、新闻媒介等,他们对建设工程起着一定的控制、监督、支持、帮助作用,这些关系若协调不好,建设工程实施也可能严重受阻。

(1)与政府部门的协调。

①工程质量监督站是由政府授权的工程质量监督的实施机构,对委托监理的工程,质量监督站主要是核查勘察设计单位、施工单位和监理单位的资质,监督这些单位的质量行为和工程质量。监理单位在进行工程质量控制和质量问题处理时,要做好与工程质量监督站的交流和协调。

②重大质量、安全事故,在承包商采取急救、补救措施的同时,应敦促承包商立即向政府有关部门报告情况,接受检查和处理。

③建设工程合同应送公证机关公证,并报政府建设管理部门备案;协助业主的征地、拆迁、移民等工作要争取政府有关部门支持和协作;现场消防设施的配置,宜请消防部门检查认可;要敦促承包商在施工中注意防止环境污染,坚持做到文明施工。

(2)协调与社会团体的关系。一些大中型建设工程建成后,不仅会给业主带来效益,还会给该地区的经济发展带来好处,同时给当地人民生活带来方便,因此必然会引起社会各界关注。业主和监理单位应把握机会,争取社会各界对建设工程的关心和支持。这是一种争取良好社会环境的协调。

对本部分的协调工作,从组织协调的范围看是属于远外层的管理。根据目前的工程监理实践,对远外层关系的协调,应由业主主持,监理单位主要是协调近外层关系。如业主将部分或全部远外层关系协调工作委托监理单位承担,则应在委托合同专用条件中明确委托的工作和相应的报酬。

13.3 建设工程监理组织协调的方法

1. 会议协调法

会议协调法是建设工程监理中最常用的一种协调方法,实践中常用的会议协调法包括第一次工地会议、监理例会、专业监理会议等。

(1)第一次工地会议。

①第一次工地会议是建设工程尚未全面开展前,履约各方相互认识、确定联络方式的会议,

也是检查开工前各项准备工作是否就绪,并明确监理程序的会议。

②第一次工地会议应在项目总监理工程师下达开工令之前举行,由建设单位主持召开,监理单位、总包单位的授权代表参加,也可要求分包单位参加,必要时邀请有关设计单位人员参加。

(2)监理例会。

①监理例会是由总监理工程师组织与主持,按一定程序召开,研究施工中出现的计划、进度、质量及工程款支付等问题的工地会议。监理工程师将会议讨论的问题和决定记录下来,形成会议纪要,供与会者确认和落实。

②监理例会应当定期召开,宜每周召开一次。

③参加人包括项目总监理工程师(也可为总监理工程师代表)、其他有关监理人员、承包商项目经理、承包单位其他有关人员。需要时,还可邀请其他有关单位代表参加。

④会议的主要议题如下:

a. 对上次会议存在的问题的解决和纪要的执行情况进行检查。

b. 工程进展情况。

c. 对下月(或下周、下旬)的进度预测及其落实措施。

d. 施工质量、加工订货、材料的质量与供应情况。

e. 质量改进措施。

f. 有关技术问题。

g. 索赔及工程款支付情况。

h. 需要协调的有关事宜。

⑤会议纪要。会议纪要由项目监理机构起草,经与会各方代表会签,然后分发给有关单位。会议纪要内容如下:

a. 会议地点及时间。

b. 出席者姓名、职务及他们代表的单位。

c. 会议中发言者的姓名及所要发表的主要内容。

d. 决定事项。

e. 诸事项分别由何人何时执行。

(3)专业监理会议。除定期召开工地监理例会外,还应根据需要组织召开一些专业协调会议,如加工订货会、业主直接分包的工程内容承包单位与总包单位之间的协调会、专业性较强的分包单位进场协调会等,均由监理工程师主持会议。

2. 交谈协调法

在实践中,并不是所有问题都需要开会来解决,有时采用"交谈"这一方法。交谈包括面对面的交谈和电话交谈两种形式。

无论是内部协调还是外部协调,这种方法使用频率都是相当高的。

(1)保持信息畅通。由于交谈本身没有合同效力的方便性和及时性,所以建设工程参与各方之间及监理机构内部都愿意采用这一方法进行。

(2)寻求协作和帮助。在寻求别人协助和协作时,往往要及时了解对方的反应和意见,以便采取相应的对策。另外,相对于书面寻求协作,人们更难于拒绝面对面的请求。因此,采用交谈方式请求协助和帮助比采用书面方法实现的可能性更大。

(3)及时发布工程指令。在实践中,监理工程师一般都采用交谈方式先发布口头指令,这样,一方面可以使对方及时地执行指令;另一方面可以和对方进行交流,了解对方是否正确理解了指令。然后,再以书面形式加以确认。

3. 书面协调法

当会议或者交谈不方便或不需要时，或者需要精确地表达自己的意见时，就会用到书面协调的方法。书面协调方法的特点是具有合同效力，一般常用于以下几个方面：

(1)不需要双方直接交流的书面报告、报表、指令和通知等。

(2)需要以书面形式向各方提供详细信息和情况通报的报告、信函和备忘录等。

(3)事后对会议记录交谈内容和口头指令的书面确认。

4. 访问协调法

访问协调法主要用在外部协调中，有走访和邀访两种形式。走访是指专业监理工程师在建设工程施工前或施工过程中，对与工程施工有关的各政府部门、公共事业机构、新闻媒介或工程毗邻单位等进行访问，向他们解释工程的情况，了解他们的意见；邀访是指监理工程师邀请上述各单位(包括业主)代表到施工现场对工程进行指导性巡视，了解现场工作。因为在多数情况下，这些有关方面并不了解工程，不清楚现场的实际情况，如果进行一些不恰当的干预，会对工程产生不利影响。这个时候采用访问法可能是一个相当有效的协调方法。

5. 情况介绍法

情况介绍法通常是与其他协调方法紧密结合在一起的，它可能是在一次会议前，或是在一次交谈前，或是一次走访或邀访前向对方进行的情况介绍。形式上主要是口头的，有时也伴有书面的。介绍往往作为其他协调的引导，目的是使别人首先了解情况。因此，监理工程师应重视任何场合下的每一次介绍，要使别人能够理解你介绍的内容、问题和困难，你想得到的协助等。

总之，组织协调是一种管理艺术和技巧，监理工程师尤其是总监理工程师需要掌握领导科学、心理学、行为科学方面的知识和技能，如激励、交际、表扬和批评的艺术，开会的艺术，谈话的艺术，谈判的技巧等。只有这样，监理工程师才能进行有效地协调。

建设工程监理实例解析

本章主要介绍了建设工程监理的组织协调模式。通过本章的学习，应使学生明确组织协调的工作内容、组织协调的方法。

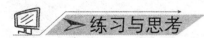

1. 什么是协调？
2. 项目监理机构协调的工作内容有哪些？
3. 组织协调的方法有哪些？

参考文献

[1] 中国建设监理协会. 建设工程监理概论[M]. 北京：中国建筑工业出版社，2015.
[2] 中国建设监理协会. 建设工程投资控制[M]. 北京：中国建筑工业出版社，2015.
[3] 中国建设监理协会. 建设工程进度控制[M]. 北京：中国建筑工业出版社，2015.
[4] 中国建设监理协会. 建设工程质量控制[M]. 北京：中国建筑工业出版社，2015.
[5] 中国建设监理协会. 建设工程合同管理[M]. 北京：中国建筑工业出版社，2015.
[6] 中国建设监理协会. 建设工程监理案例分析[M]. 北京：中国建筑工业出版社，2015.
[7] 赵亮，刘光忱. 建设工程监理概论[M]. 大连：大连理工大学出版社，2017.
[8] 米军，闫兵. 工程监理概论[M]. 天津：天津科学技术出版社，2013.
[9] 张建隽，王照雯. 工程监理概论[M]. 北京：北京邮电大学出版社，2013.